Elektronische Meßtechnik

Meßsysteme und Schaltungen

Von Prof. Dr.-Ing. Jürgen Winfried Klein,
Prof. Dr.-Ing. Peter Dullenkopf
und Prof. Dr.-Ing. Albrecht Glasmachers
Ruhr-Universität Bochum

Mit 100 Abbildungen

 B.G.Teubner Stuttgart 1992

Die Deutsche Bibliothek – CIP-Einheitsaufnahme

Klein, Jürgen W.:
Elektronische Meßtechnik : Meßsysteme und Schaltungen /
von Jürgen Winfried Klein, Peter Dullenkopf und Albrecht
Glasmachers. – Stuttgart : Teubner, 1992
    (Teubner-Studienbücher : Elektrotechnik)
    ISBN 3-519-06135-X
NE: Dullenkopf, Peter:; Glasmachers, Albrecht:

© B. G. Teubner Stuttgart 1992
Printed in Germany
Gesamtherstellung: Druckhaus Beltz, Hemsbach / Bergstraße
Umschlaggestaltung: P.P.K,S-Konzepte Tabea Koch, Ostfildern/Stgt.

Vorwort

Dieses Studienbuch behandelt die Elektronische Meßtechnik aus der Sicht des Schaltungstechnikers. Es werden Komponenten, Schaltungen und Methoden der Signalverarbeitung in der Meßtechnik vorgestellt, die es ermöglichen, den Teil der Meßkette zwischen dem analog arbeitenden Sensor und der digitalen Meßwertverarbeitung zu analysieren, aufzubauen und zu optimieren.

Das Buch basiert auf Lehrveranstaltungen des Studiengangs Elektrotechnik der Ruhr-Universität Bochum. Es wendet sich an Studenten im Hauptstudium der Elektrotechnik sowie als ergänzende Literatur an Naturwissenschaftler, die Elektronische Meßtechnik anwenden. Schließlich soll dieses Studienbuch auch eine Hilfe für den Ingenieur in der Praxis sein, der sein Wissen auf diesem Gebiet ergänzen oder auffrischen will.

Voraussetzung für das Verständnis des hier dargebotenen Lehrstoffes sind die Kenntnis der mathematischen Grundlagen, wie sie im Grundstudium der Ingenieurwissenschaften und Naturwissenschaften geboten werden, die Kenntnis der Grundlagen der Elektrotechnik, zumindest phänomenologische Kenntnisse der Halbleitertechnik sowie Grundkenntnisse der Elektronischen Schaltungstechnik. Schließlich werden auch Grundkenntnisse über die allgemeine Meßtechnik sowie über die verschiedenen Fehlerarten und deren Fortpflanzung in der Meßkette vorausgesetzt. Andererseits werden in diesem Lehrbuch theoretische Grundlagen nur so weit und so tiefgründig vorgestellt, wie dies im Rahmen der Elektronischen Meßtechnik nötig ist. Die hier gebotenen theoretischen Abhandlungen erheben also keinen Anspruch auf Vollständigkeit und ersetzen nicht entsprechende spezielle Lehrbücher.

Das Gebiet der Elektronischen Meßtechnik ist beliebig weit und umfangreich interpretierbar. Deshalb haben sich die Autoren für den Inhalt dieses Studienbuches wohldefinierte Grenzen gesetzt: in der Kette des Informationsflusses vom Meßwertaufnehmer bis zum Ausgang des in modernen Meßsystemen meist verwendeten Digitalrechners wird hier der rein elektronische, meßtechnikspezifische Teil behandelt. Der eingangsseitige Meßwertaufnehmer selbst und die ausgangsseitige rein digitale Signalverarbeitung sind nicht Gegenstand dieses Studienbuches. Wir setzen also voraus, daß der zu verarbeitende Meßwert als elektrisches Signal in irgendeiner Form, z. B. als Strom, Spannung oder Ladung vorliegt, und daß ausgangsseitig die Aufgabe der elektronischen Meßtechnik damit endet, ein elektrisches Signal in analoger Form oder als digitales Datenwort zur Verfügung zu stellen, mit dem ein Anzeigegerät (z. B. ein Zeigerinstrument, ein Schreiber oder eine Elektronenstrahlröhre), ein Aktuator (z. B. ein Stellmotor oder ein Ventil) oder eine Rechenanlage angesteuert werden können.

Bei der Darstellung und Methode des Lehrstoffes haben die Autoren das Schwergewicht auf die systematische Beschreibung der Komponenten, Schaltungen und Methoden gelegt, die in der Elektronischen Meßtechnik eine wichtige Rolle spielen und aus denen elektronische Meßgeräte und auch ganze Meßsysteme aufgebaut sind. Dies hat gegenüber der gerätebezogenen Behandlung den Vorteil, daß das hier Erlernte auch dann noch gültig und anwendbar bleibt, wenn sich die aus diesen Komponenten und Schaltungen kombinierten Meßgeräte im Laufe der Zeit, z. B. aufgrund neuer Anforderungen oder neuer technologischer Möglichkeiten, geändert haben.

Aus diesem Grunde erschien es auch nicht sinnvoll, spezifische Meßaufgaben der verschiedenen wissenschaftlichen Disziplinen getrennt voneinander zu behandeln: beispielsweise wird also nicht unterschieden zwischen Hochfrequenzmeßtechnik, Informationsmeßtechnik, Energiemeßtechnik etc., sondern es werden Komponenten, Schaltungen und Verfahren vorgestellt und diskutiert, die in der Elektronischen Meßtechnik allgemein eine wichtige Rolle spielen. Diese werden dann, unabhängig von den verschiedenen Einsatzgebieten, im ingenieurwissenschaftlichen Sinne in ihrem systematischen Verhalten behandelt.

Für das Verständnis dieses systematischen Verhaltens eines elektronischen Meßsystems ist weitestgehend das Verständnis der verwendeten Schaltungsstrukturen maßgeblich. Es ist kaum möglich, das Verhalten eines komplexen Systems als "black box" vollständig zu beschreiben, insbesondere, wenn man Grenzbelastungen einbezieht, durch die das System an den Rand oder gar außerhalb seines vorgesehenen Meßbereichs gesteuert wird (und dann vielleicht eben nicht "Null" oder "Vollausschlag" anzeigt). Dies alles spricht dafür, das Gebiet der Elektronischen Meßtechnik vom Verständnis der Schaltungstechnik her anzugehen.

Die drei Autoren haben sich diese Aufgabe geteilt, wobei sich jeder bemüht hat, die von ihm bearbeiteten Teilstücke möglichst kontinuierlich und ohne "Stoßstellen" in das Gesamtwerk einzubringen. Inwieweit dies bereits jetzt, in der ersten Auflage, gelungen ist, wird der Leser beurteilen können.

Die wahrlich nicht immer einfache Aufgabe des computergerechten Textschreibens, der computergerechten Anfertigung von Zeichnungen, Schaltbildern und

Diagrammen sowie die gesamte administrative Abwicklung lag in den Händen von Herrn Dipl.-Ing. Joachim Bergmann. Für seine mit hervorragender Sachkenntnis und großer Sorgfalt durchgeführte Arbeit danken die Autoren Herrn Bergmann herzlich. Herrn cand.-ing. Andreas Ziegler danken die Autoren herzlich für die druckfertige Erstellung der Abbildungen. Unser besonderer Dank gilt dem Teubner Verlag und hier insbesondere Herrn Dr. Schlembach, der uns mit viel Einfühlungsvermögen und einer Menge guter Tips und Verbesserungsvorschläge für die Struktur und den Aufbau des Buches unterstützt hat, uns als Autoren jedoch dankenswerterweise ein Maximum an Spielraum für eigene Ausführungswünsche ließ.

Abschließend noch eine Bitte an die Leser dieses Werkes: Erfahrungsgemäß ist es nicht möglich, ein Buch fehlerfrei zu schreiben. Das gilt insbesondere für Erstauflagen wie diese. Wir möchten uns deshalb bei Ihnen, verehrte Leser, vorab für all die Fehler und Unebenheiten entschuldigen, die trotz unserer sorgfältigen Bearbeitung noch in diesem Buche stecken. Wir bitten Sie um Nachsicht und insbesondere darum, uns solche Fehler, welcher Art sie auch immer sein mögen, mitzuteilen und uns dazu wissen zu lassen, wie wir dies in einer nächsten Auflage besser machen sollten. In diesem Sinne danken wir auch Ihnen im voraus für Ihre Kooperationsbereitschaft und wünschen, daß möglichst viele Studenten sowie fertige Ingenieur- und Naturwissenschaftler von dem Inhalt dieses Buches profitieren mögen.

Bochum, Juli 1992

J. Winfried Klein   Peter Dullenkopf   Albrecht Glasmachers

Inhaltsverzeichnis

1 Einleitung

Der im Vorwort beschriebene elektronische Bereich der Meßtechnik hat sich im vergangenen Jahrzehnt zu einer Schlüsselposition in vielen wissenschaftlichen und technischen Disziplinen entwickelt und wird auch zukünftig weiter an Bedeutung gewinnen. Der Einfluß der Elektronischen Meßtechnik auf Bereiche wie Physik, Chemie, Maschinenbau, Automatisierung, Raumfahrt, Medizin, Umwelttechnik, um nur einige zu nennen, ist so offenkundig, daß es keiner weiteren Erklärung bedarf.

In den meisten Fällen handelt es sich darum, nicht-elektrische Größen meßtechnisch zu erfassen, in elektrische Signale umzuwandeln, diese mit elektronischen Mitteln weiterzuverarbeiten und davon schließlich Entscheidungen in Form von Steuer- oder Regelungsfunktionen abzuleiten. In diesem Sinne spricht man häufig auch, gewissermaßen in einem Atemzug, von "Meß-, Steuer- und Regelungstechnik".

Die hierfür notwendige Meßkette der Elektronischen Meßtechnik ist schematisch in Bild 1.1 dargestellt: Die Meßgrößen werden in Meßfühlern erfaßt und in elektrische Signale umgewandelt. Dem eigentlichen Meßfühler nachgeschaltet und üblicherweise mit diesem in einer gemeinsamen Funktionseinheit gekoppelt ist häufig eine erste elektronische Schaltung in Form eines Vorverstärkers. Wenn hier bereits eine nennenswerte Signalverarbeitung mit einer standardisierten Schnittstelle stattfindet, spricht man von einem "Intelligenten Sensor" bzw. "Smart Sensor". Je nach Anwendungszweck und Aufgabenstellung findet dann eine Signalübertragung über mehr oder weniger lange Leitungen statt; es werden verschiedene Meßsignale in analoger Form oder nach Analog/Digital-Umsetzung rechnerisch verknüpft oder gespeichert, eventuell danach wieder in analoge Form umgesetzt und schließlich, je nach Aufgabenstellung, Anzeige- und Registriereinheiten zugeführt oder zur Ansteuerung von Stellgliedern in einem geregelten Prozeß verwendet.

In diesem Studienbuch wird vorausgesetzt, daß die Meßsignale bereits in elektrischer Form vorliegen. Die Sensoren zur Umsetzung nicht-elektrischer Meßgrößen in elektrische Signale gehören also nicht zum Umfang dieses Buches. Eine sorgfältige Betrachtung ist den elektronischen Funktionseinheiten zur Verarbeitung analoger elektrischer Signale gewidmet, ihrer Umwandlung, Verstärkung, Verknüpfung und Analog/Digital- sowie der Digital/Analog-Umsetzung. Die digitale Signalverarbeitung ist wiederum nicht Bestandteil dieses Lehrbuchs, weil es sich hier nicht um meßtechnik-spezifische Funktionseinheiten, sondern vielmehr um Funktionseinheiten der digitalen Datenverarbeitung handelt. Weiter ist besondere Sorgfalt gelegt auf die Beschreibung und Diskussion von Schnittstellen zwischen einzelnen elektronischen Funktionsblöcken. Dies ist deshalb von besonderer Bedeutung, weil durch nicht-optimale Kopplung verschiedener Funktionseinheiten miteinander Fehlmessungen entstehen können, jedenfalls aber die Qualität des Gesamt-Meßsystems verschlechtert wird.

In diesem Sinne sind die nachfolgenden Kapitel dieses Lehrbuchs in ihrem Inhalt und ihrer Reihenfolge zu sehen: Im nächsten Kapitel werden die Komponenten von Meßschaltungen vorgestellt (Kapitel 2). Danach werden diese Komponenten zu kompletten Meßschaltungen integriert (Kapitel 3 und 4). Das Kapitel 5 befaßt sich mit der oben erwähnten Kopplung zwischen einzelnen Schaltungen und Geräten. Die letzten zwei Kapitel (6, 7) sind dann speziellen Meßaufgaben gewidmet, bei denen die vorher beschriebenen Komponenten und Schaltungen eingesetzt werden.

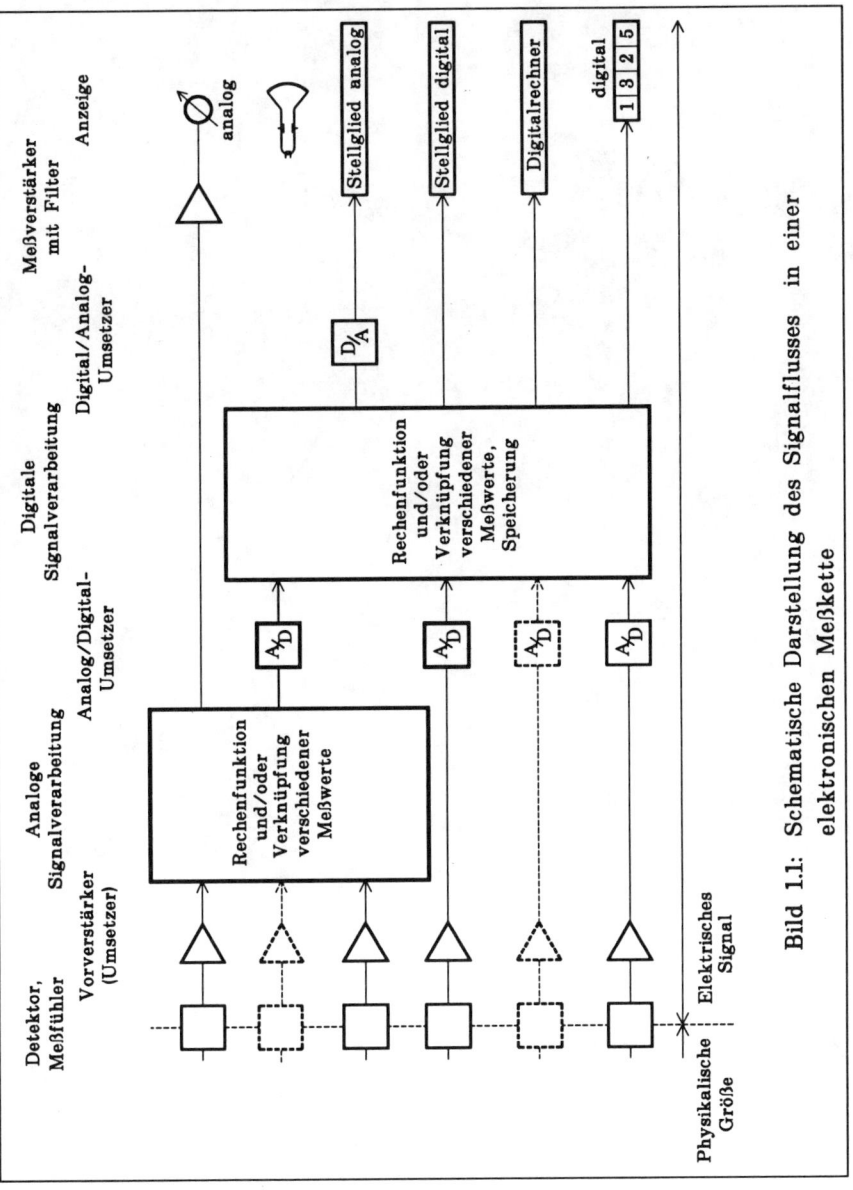

Bild 1.1: Schematische Darstellung des Signalflusses in einer elektronischen Meßkette

2 Komponenten von Meßschaltungen

2.1 Der Operationsverstärker mit und ohne Rückkopplung

2.1.0 Der ideale Operationsverstärker

Eine exakte und allgemein anerkannte Definition und Eingrenzung des Begriffes "Operationsverstärker" gibt es nicht. Ursprünglich wurden "operational amplifiers" (= Operationsverstärker, OP) als Verstärkergrundelemente in Analogrechnern eingesetzt, wo mit ihrer Hilfe mathematische Operationen durchgeführt wurden. Das wichtigste Kennzeichen eines (idealen) Operationsverstärkers ist, daß die Eigenschaften des mit ihm realisierten (Rechen-) Verstärkers nur durch die **äußere** Beschaltung bestimmt werden. Ein idealer OP ist eine spannungsgesteuerte Spannungsquelle mit der Leerlaufspannungsverstärkung $v_0 \to \infty$.

Das Schaltbild nach Bild 2.1 dient der Aufstellung der Gleichungen zur Beschreibung von Schaltungen mit Operationsverstärkern. Es zeigt das dreieckige OP-Symbol, das vorläufig, zum besseren Verständnis, durch die Ausgangsspannungsquelle $v_0 \cdot U_D$ erweitert wurde. Dem Bild entnimmt man unmittelbar, daß der OP definitionsgemäß die Eingangsdifferenzspannung

$$U_D = U_P - U_N \qquad (2.1)$$

zum Ausgang des OP mit

$$U_A = v_0 \cdot U_D \qquad (2.2)$$

verstärkt. Beim idealen OP fließen keine Ströme in die Eingänge, d. h. bei ihm sind kennzeichnend:

$$I_N = 0 \; ; \quad I_P = 0 \,. \qquad (2.3)$$

Außerdem soll (im Gegensatz zu vielen anderen Darstellungen in der Literatur) hier und im weiteren die Leerlaufspannungsverstärkung (open loop gain) v_0 des idealen OP als **endlich** aber stets **beliebig groß** angenommen werden (dies erleichtert erfahrungsgemäß den Übergang zum realen OP!).

Die beiden Eingangsklemmen tragen ihre Bezeichnungen N und P bzw. – und +, weil für $U_N = 0$ die Ausgangsspannung entsprechend $U_A = v_0 \cdot U_P$ nicht-invertierend (positiv) auftritt. Entsprechend liefert die Ansteuerung am Eingang N, d. h. im

Betriebsfall $U_P = 0$, mit $U_A = -v_0 \cdot U_N$ eine gegenphasige (invertierende, **negative**) Ausgangsspannung.

Bild 2.1: Schaltbild zur Ableitung der elementaren Operationsverstärkergleichungen.

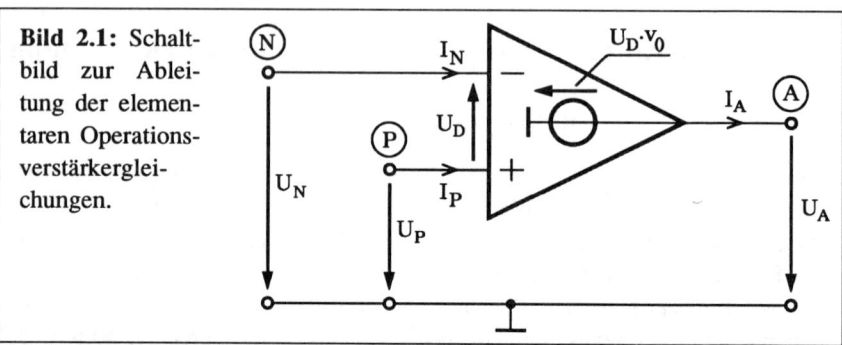

Im Betriebsfall $U_N = U_P = U_{Gl}$ (Gleichtaktansteuerung) liefert der ideale OP die Ausgangsspannung $U_A = 0$. Die Eigenschaften des idealen OP lassen sich also folgendermaßen definieren:

1) *Leerlaufspannungsverstärkung:*
   endlich, aber beliebig groß (bei allen Frequenzen!).

2) *Eingangsruheströme:*
   $$I_N = 0; I_P = 0 .$$
   Dies bedeutet auch: Differenz-Eingangsimpedanz Z_D zwischen den Klemmen **N** und **P**:
   $$Z_D \to \infty$$
   und Ableit-Impedanzen Z_P bzw. Z_N zwischen **N** bzw. **P** und Masse:
   $$Z_P = Z_N \to \infty .$$

3) *Ausgangsimpedanz Z_0 zwischen der Klemme* A *und Masse:*
   $$Z_0 = 0 \quad \text{(ideale Spannungsquelle!)}.$$

4) *Alle Eigenschaften sind frequenzunabhängig!*

5) *Alle Eigenschaften sind temperaturunabhängig!*

6) *Gleichtaktverstärkung:*
   $$v_{Gl} = \frac{U_A}{U_{Gl}} = 0 \quad \text{(für } U_N = U_P = U_{Gl}) .$$

7)   *Phasenwinkel zwischen* U_A *und* U_D: 0 .
     (U_A und U_D sind "in Phase"!)

8)   *Zulässige Spannungsaussteuerbereiche an allen OP-Klemmen:* $-\infty \ldots +\infty$.

Unter Berücksichtigung dieser Eigenschaften lassen sich die in Tab. 2.1 zusammengestellten "Grundschaltungen mit idealen OPs" verstehen und die Beziehungen zwischen den Eingangsspannungen und der Ausgangsspannung berechnen. Der grundsätzliche Berechnungsablauf besteht aus der Aufstellung von Knoten- und Maschengleichungen, in denen die Größen U_A, U_E, U_D sowie die passiven Bauelemente der Beschaltung vorkommen. (Selbstverständlich wird entsprechend den Definitionen des idealen OPs stets $I_N = I_P = 0$ berücksichtigt.) Die über (2.2) in's Gleichungssystem gebrachte Größe v_0 wird durch Grenzwert-Bildung mit $v_0 \to \infty$ eliminiert.

Beispielhaft sei hier der Rechnungsgang für den invertierenden Verstärker aufgeführt.

Bild 2.2: Invertierender Verstärker.

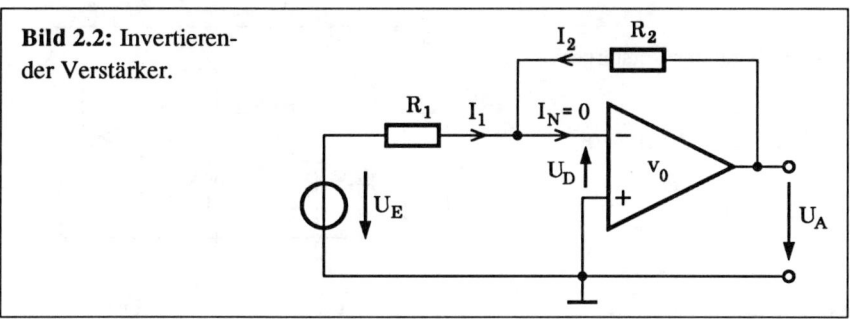

$$U_A = R_2 I_2 - U_D$$

$$U_E = R_1 I_1 - U_D$$ $\left. \begin{array}{} \\ \\ \\ \end{array} \right\}$ (2.4)

$$I_1 + I_2 = 0 , \quad U_A = v_0 \cdot U_D$$

$$\Rightarrow \quad U_A = \frac{-\dfrac{R_2}{R_1}}{1 + \dfrac{1}{v_0}\left(1 + \dfrac{R_2}{R_1}\right)} U_E \qquad (2.5)$$

Tabelle 2.1: Grundschaltungen mit idealen Operationsverstärkern.

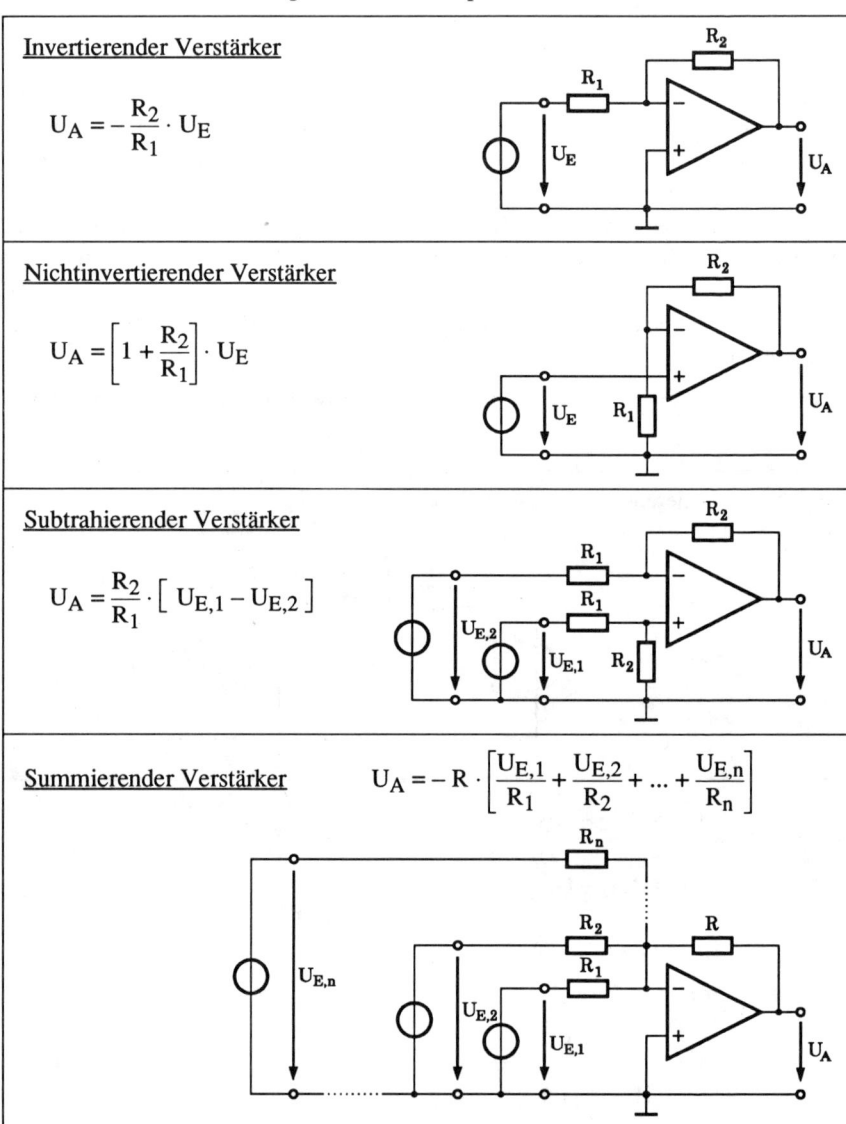

Invertierender Verstärker

$$U_A = -\frac{R_2}{R_1} \cdot U_E$$

Nichtinvertierender Verstärker

$$U_A = \left[1 + \frac{R_2}{R_1}\right] \cdot U_E$$

Subtrahierender Verstärker

$$U_A = \frac{R_2}{R_1} \cdot \left[U_{E,1} - U_{E,2}\right]$$

Summierender Verstärker $U_A = -R \cdot \left[\dfrac{U_{E,1}}{R_1} + \dfrac{U_{E,2}}{R_2} + \dots + \dfrac{U_{E,n}}{R_n}\right]$

Tabelle 2.1: Grundschaltungen mit idealen Operationsverstärkern (Fortsetzung).

<u>Spannungsfolger</u>

$$U_A = U_E$$

<u>Integrator</u>

$$U_A(j\omega) = -\frac{1}{j\omega R_1 C_2} \cdot U_E(j\omega)$$

$$u_A(t) = -\frac{1}{R_1 C_2} \cdot \int u_E(t)\,dt$$

<u>Differentiator (Prinzip)</u>

$$U_A(j\omega) = -j\omega R_2 C_1 \cdot U_E(j\omega)$$

$$u_A(t) = -R_2 C_1 \cdot \frac{du_E(t)}{dt}$$

<u>Differentiator (technisch verwendbar)</u>

$$U_A(j\omega) = -\frac{j\omega R_2 C_1}{(1+j\omega R_1 C_1)(1+j\omega R_2 C_2)}\, U_E(j\omega)$$

$$\text{für } \omega \ll \frac{1}{R_1 C_1}\,;\, \frac{1}{R_2 C_2} \text{ gilt:}$$

$$U_A(j\omega) \approx -j\omega R_2 C_1 \cdot U_E(j\omega)$$

$$u_A(t) \approx -R_2 C_1 \cdot \frac{du_E(t)}{dt}$$

Für $v_0 \to \infty$ folgt:

$$U_A = -\frac{R_2}{R_1} U_E \qquad (2.6)$$

Für alle in Tab. 2.1 dargestellten Schaltungen mit idealen Operationsverstärkern gilt wie für alle linearen Schaltungen das Superpositionsprinzip. Bei allen Schaltungen wird außerdem ein Teil der Ausgangsspannung auf den $\ominus$-Eingang des OP zurückgeführt, d. h. es liegt Gegenkopplung vor. Dies erlaubt die einfache Berechnung nach dem "Prinzip der verschwindenden Eingangsgröße", d. h. man führt die elementaren Knoten- und Maschengleichungsberechnungen für $U_D = 0$ durch. Dieses Prinzip wird leicht verständlich, wenn man berücksichtigt, daß bei endlicher Ausgangsspannung U_A und $v_0 \to \infty$ die Eingangsspannung U_D verschwindet. Für das Beispiel nach Bild 2.2 bedeutet dies:

$$\left.\begin{array}{l} U_A = R_2 \cdot I_2 \\ U_E = R_1 \cdot I_1 \\ I_1 + I_2 = 0 \end{array}\right\} \qquad (2.7)$$

Die Annahme $U_D = 0$ darf niemals dazu verleiten, sich die Eingangsklemmen $\ominus$ und $\oplus$ kurzgeschlossen vorzustellen; U_D wird selbst beim idealen, gegengekoppelten OP wegen $v_0 \to \infty$ nicht Null, sondern nur **beliebig klein**!

2.1.1 Der reale Operationsverstärker

Ein realer Operationsverstärker weicht in einer Reihe von wichtigen Eigenschaften vom idealen ab.

Leerlaufspannungsverstärkung (open loop gain):

Wie sich noch zeigen wird, ist eine der gravierendsten Abweichungen durch die endliche und frequenzabhängige Leerlaufspannungsverstärkung gegeben.

Der Frequenzgang technisch brauchbarer OPs ist im Bereich $\left| v_0 \right| > 1$ im allgemeinen durch:

$$v_0(j\omega) = \frac{v_{0,DC}}{\left[1 + j\dfrac{\omega}{\omega_1}\right] \cdot \left[1 + j\dfrac{\omega}{\omega_2}\right]} \qquad (2.8)$$

mit $\omega_1 \ll \omega_2$ gegeben. Der Betrag der Leerlaufverstärkung fällt also ab der Kreisfrequenz ω_1 vom Wert $v_{0,DC}$ (bei $\omega = 0$) entsprechend einem zuerst praktisch
einpoligen und dann ab ω_2 zweipoligem Tiefpaßverhalten gegen Null ab. (Bei dem
sogenannten universell frequenzgangkompensierten OP ist darüber hinaus sogar
häufig die Beschreibung als einpoliger Tiefpaß, d. h. mit $\omega_2 \to \infty$ möglich!)

Der in (2.8) gegebene v_0-Verlauf ist dem OP vom Entwickler durch spezielle
Schaltungsmaßnahmen zielbewußt angezüchtet, weil, wie noch gezeigt wird, sonst
keine Verstärkerschaltung hoher Qualität mit ihm aufgebaut werden kann.

Ein aus einem Datenblatt entnommenes typisches v_0-Diagramm nach Betrag und
Phase ist in Bild 2.3 dargestellt. Aus den Diagrammen lassen sich entnehmen:

$$v_{0,DC} = 2 \cdot 10^5 \triangleq 106 \text{ dB}; \quad f_1 \approx 10 \text{ Hz } (\varphi_{0,1} = -45°); \quad f_2 > 5 \text{ MHz}^{1).}$$

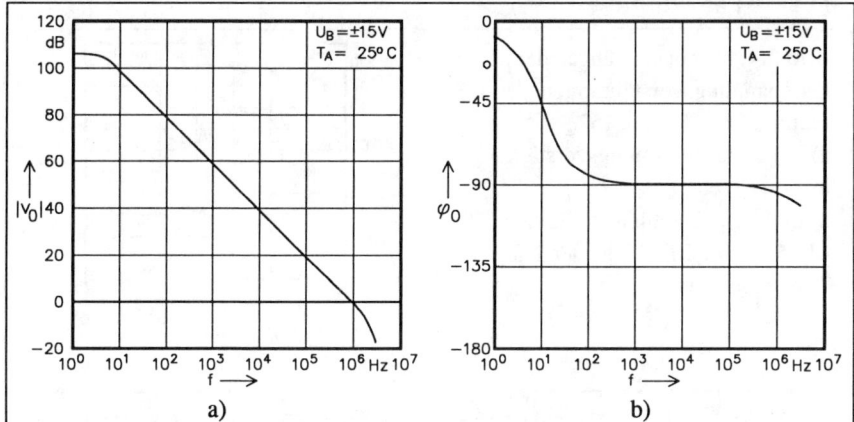

a)   b)

Bild 2.3: Frequenzgang der Leerlaufspannungsverstärkung des Operationsverstärkers µA741: a) Betrag, b) Phasenwinkel.

---

[1] Die Genauigkeitserwartung bezüglich der Datenblattdiagramme sollte generell nicht überstra-
paziert werden. So liefert für diese Diagramme beispielsweise die Asymptotennäherung für $|v_0|$
aus dem Schnittpunkt der -20dB/Dekade-Tangente und der Horizontalen mit $v_{0,DC} = 2 \cdot 10^5$
den Wert $f_1 = 5$ Hz, während das Phasendiagramm erst bei $f_1 = 10$ Hz den Winkel $\varphi_{0,1} = -45°$
aufweist. Noch gravierender ist die Abweichung der f_2-Bestimmung. Der Schnittpunkt der beiden Asymptoten für -20dB/Dek. und -40dB/Dek. im Betragsdiagramm liefert $f_2 = 2$ MHz; der
extrapolierte Phasenwinkelwert $\varphi_{0,2} = -135°$ tritt dagegen erst bei $f_2 = 10$ Mhz auf!

In Bild 2.4 sind beispielhaft aus einem Datenblatt entnommene Kennlinien einer OP-Familie beschrieben, die aus drei verschieden kompensierten Mitgliedern besteht. Bild 2.4 a) zeigt den Vergleich der Betragskurven, die für alle drei Typen praktisch einpolige v_0-Verläufe aufweisen. In Bild 2.4 b) und c) sind Ausschnitte im Frequenzbereich um $\mid v_0 \mid \approx 1$ herum nach Betrag und Phase für zwei Typen dargestellt. Aus Bild 2.4 b) ergibt sich, daß $\varphi_{0,2} = -135°$ beim LF 156 bei $f_2 \approx 10$ MHz auftritt. Da bei diesem OP jedoch die Transitfrequenz (d. h. die Frequenz, bei der $\mid v_0 \mid = 1$ ist) $f_T = 5$ MHz beträgt, ist im Bereich $\mid v_0 \mid = (v_{0,DC} \ldots 1)$ ein fast einpoliger Tiefpaßverlauf von v_0 gegeben. Entsprechende Betrachtungen für den LF 157 im Diagramm Bild 2.4 c) liefern $f_2 \approx 12$ MHz und $f_T \approx 30$ MHz. Hier darf im Bereich $v_0 = (v_{0,DC} \ldots 1)$ offensichtlich kein rein einpoliges Tiefpaßverhalten angenommen werden. Für alle betrachteten OP-Typen gilt jedoch stets sehr gut $\omega_1 \ll \omega_2$.

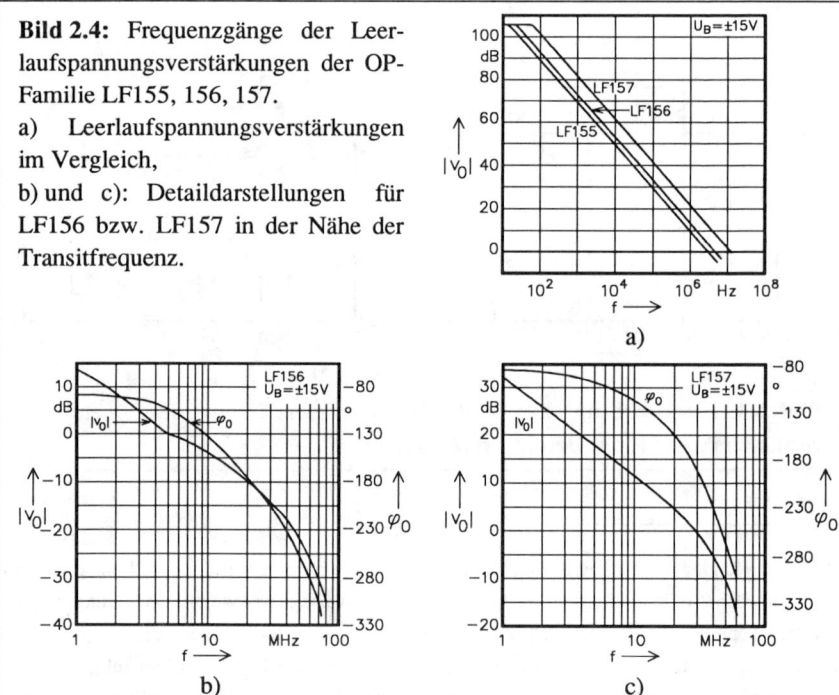

Bild 2.4: Frequenzgänge der Leerlaufspannungsverstärkungen der OP-Familie LF155, 156, 157.
a)   Leerlaufspannungsverstärkungen im Vergleich,
b) und c): Detaildarstellungen für LF156 bzw. LF157 in der Nähe der Transitfrequenz.

Gleichtaktverstärkung (common mode gain):

Im Gegensatz zum idealen OP ist beim realen die Ausgangsspannung U_A nicht nur von der Differenzeingangsspannung U_D, sondern auch von U_N und U_P abhängig.

Für $U_N \neq U_P$ gilt weiterhin (2.1) und

$$U_{Gl} = \frac{U_P + U_N}{2}, \tag{2.9}$$

wobei U_{Gl} als Gleichtaktansteuerspannung bezeichnet wird, die wegen der endlichen Gleichtaktverstärkung v_{Gl} des realen OP die Ausgangsspannung

$$U_{A,Gl} = v_{Gl} \cdot U_{Gl} \tag{2.10}$$

erzeugt. In Datenblättern wird im allgemeinen nicht v_{Gl}, sondern der Gleichtakt-Unterdrückungsfaktor (Commmon Mode Rejection Ratio) angegeben:

$$CMRR = \frac{v_0}{v_{Gl}}. \tag{2.11}$$

Generell weist CMRR meist näherungsweise einpoliges Tiefpaßverhalten auf mit CMRR-Werten größer 90 dB bei Gleichspannung und Tiefpaßfrequenzen von 100 Hz bis 1 kHz.

Im Ersatzschaltbild (s. Bild 2.6) kann die endliche Gleichtaktverstärkung durch eine Ersatz-Differenzspannung

$$U_M = \frac{U_{Gl}}{CMRR}$$

berücksichtigt werden.

Eingangsströme:

Die Eingangstransitoren eines Operationsverstärkers benötigen zur Funktion grundsätzlich einen Basis- bzw. Gatestrom. Selbst bei OP-Strukturen mit einer sogenannten inneren Bias-Stromversorgung sind die Ströme I_N und I_P ungleich Null und müssen durch die äußere Beschaltung aufgebracht werden können. Trotz möglichst symmetrischen Aufbaus der meisten Differenzeingangsstufen ist darüber hinaus $I_N \neq I_P$. In Datenblättern sind stets die Mittelwerte von I_N und I_P sowie der Betrag ihrer Abweichungen voneinander angegeben. Es gelten dabei folgende Definitionen (vergl. hierzu Bild 2.1):

Mittlerer Eingangsruhestrom (Biasstrom, Input Bias Current):

$$I_B = \frac{I_N + I_P}{2}\bigg|_{U_N = U_P = 0}{}^{2)} \tag{2.12}$$

Eingangs-Unsymmetriestrom (Offsetstrom, Input Offset Current):

$$I_{OS} = \big|I_N - I_P\big|\,\bigg|_{U_A = 0}{}^{2)} \tag{2.13}$$

I_B und I_{OS} sind temperaturabhängig.

Da die Eingangsströme I_N und I_P an ihren Quellwiderständen $R_{Q,N}$ und $R_{Q,P}$ der äußeren Beschaltung Eingangsgleichspannungen erzeugen, die ihrerseits eine Ausgangsfehlspannung erzeugen, müssen nach Möglichkeit Kompensationsmaßnahmen vorgenommen werden. Vollständige Kompensation ist nur erreichbar für:

$$I_N \cdot R_{Q,N} = I_P \cdot R_{Q,P}.$$

Sind für den zu beschaltenden OP nur Datenblattangaben für I_B und I_{OS} vorhanden (also keine gemessenen I_N- und I_P-Werte), so versucht man eine möglichst brauchbare Kompensation auf folgende Weise:

a) Man prüft, ob $\big|I_B\big| \gg I_{OS}$, d. h. ob der "Unsymmetriestrom" I_{OS} wesentlich kleiner als der "Grundbetriebsstrom" I_B ist. Ist dies so, so hat es Zweck, den aus physikalischen Gründen mit gleichem Vorzeichen auftretenden Strom I_B nach b) zu kompensieren. (In OPs mit internen Eingangsstromkompensationen liegen I_B und I_{OS} in gleicher Größenordnung. Bei ihnen ist also nicht bekannt, ob nicht gar I_N und I_P unterschiedliches Vorzeichen besitzen. Hier sind externe Kompensationsmaßnahmen für I_N und I_P zwecklos).

b) Man dimensioniert die Gleichstrom-Quellwiderstände $R_{Q,P}$ und $R_{Q,N}$ so, als ob $I_N = I_P = I_B$ vorläge, d. h. man wählt als Kompensationswiderstand R_{Bias} zwischen ⊕-Klemme des OP und Masse in den Schaltungen der Tab. 2.1 folgende Werte:

– beim invertierenden Verstärker: $R_{Bias} = R_1 \parallel R_2$
(dabei muß in R_1 der eventuell vorhandene ohmsche Quellwiderstand der realen Steuerquelle U_E berücksichtigt werden),

---

2) Strenggenommen sind die beiden Randbedingungen für I_B und I_{OS} nicht konsistent aber ausreichend für die Praxis bei guten OPs.

- beim summierenden Verstärker: $R_{Bias} = R_1 \parallel R_2 \parallel ... R_n \parallel R$,

- beim Integrator: $R_{Bias} = R_1$
  (auch hier muß in R_1 der Quellwiderstand der realen Eingangsspannungsquelle mit berücksichtigt werden),

- beim technisch verwendbaren Differentiator: $R_{Bias} = R_2$,

- beim nicht-invertierenden Verstärker muß R_{Bias} in Serie zwischen $\oplus$-Eingang des OP und (unter Einbeziehung des Quellwiderstandes) der Eingangssteuerquelle geschaltet werden und den Wert: $R_{Bias} = R_1 \parallel R_2$ erhalten.

Wie man leicht berechnen kann, verursacht der Strom I_{OS} nach der Kompensationsmaßnahme b) mit $R_{Bias} = R_1 \parallel R_2$ beim invertierenden und nicht-invertierenden Vestärker dann eine Rest-Ausgangsfehlspannung

$$\left| U_{A,I_{OS}} \right| = R_2 \cdot \left| I_{OS} \right|.$$

Um diese möglichst klein zu halten, sollte generell ein möglichst niederohmiger Widerstand R_2 gewählt werden.

Eingangs-Offset-Spannung:

Nicht-identische Eingangstransistoren des OP verursachen auch bei $U_N = U_P = 0$ eine Ausgangsspannung $U_A \neq 0$. Zum Abgleich dieser Unsymmetriespannung muß dem Eingang eine Offset-Spannung U_{OS} zugeführt werden. Sie ist folgendermaßen definiert:

$$\left| U_{OS} \right| = \left| U_P - U_N \right| \quad \text{für } \frac{U_N + U_P}{2} = 0; \ U_A = 0 \qquad (2.14)$$

Bei den meisten Operationsverstärkern sind zwei spezielle Klemmen für die U_{OS}-Abgleichbeschaltung vorgesehen. Die "Unsymmetriespannung" U_{OS} ist naturgemäß nur dem Betrage nach entsprechend (2.14) im Datenblatt angegeben. U_{OS} liegt bei Standard-OPs im Bereich $(1 ... 10)$ mV und ändert sich über der Temperatur mit etwa

$$\Delta U_{OS} / \Delta T \approx U_{OS} / T \, ,$$

d. h. bei Raumtemperatur mit $(3 ... 30)$ µV/K.

Ausgangswiderstand:

Selbstverständlich stellt der Ausgang eines realen OP keine ideale Spannungsquelle dar. Der reale Ausgangswiderstand R_0 von Standard-OPs liegt im Bereich einiger $10\,\Omega$ bis einiger $100\,\Omega$ und hängt wesentlich von der Größe der Ruheströme in der Endstufe des OP ab.

Rauschen:

Im realen OP treten statistische Schwankungen der Ströme und Spannungen auf, die sich letztendlich als statistische Schwankungen der Ausgangsspannung bemerkbar machen. Dieses "OP-Rauschen" tritt unkorreliert mit den vom OP verstärkten Rauschanteilen der Eingangssignale und der externen rauschenden ohmschen Widerstände auf. Das OP-Rauschen wird vereinbarungsgemäß durch Angabe **eingangsbezogener** spektraler Rauschspannungs- und Rauschstrom**dichte**quellen berücksichtigt.

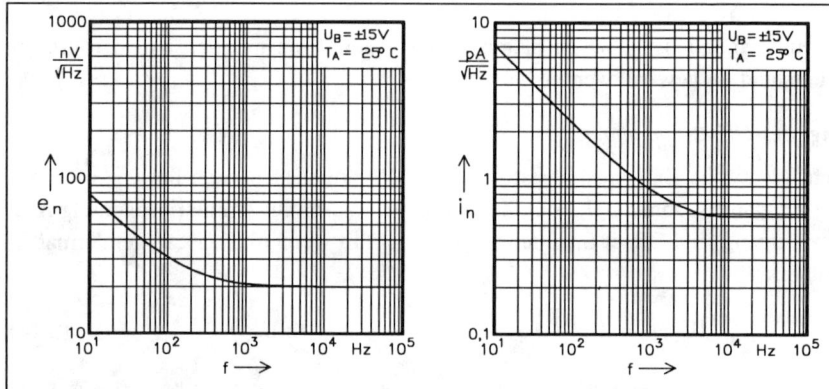

Bild 2.5: Spektrale Rauschspannungs- (e_n) und Rauschstrom- (i_n) Dichte eines typischen Standard-Operationsverstärkers μA741 als Funktion der Frequenz f.

In Bild 2.5 sind die typischen Frequenzgänge der spektralen Rauschspannungsdichte e_n in $nV/\sqrt{Hz}$ und der spektralen Rauschstromdichte i_n in $pA/\sqrt{Hz}$ aus dem Datenblatt eines Standard-OPs gezeigt. Beide Größen setzen sich aus einem Funkelrauschanteil (sog. 1/f-Rauschen), das im Niederfrequenzbereich dominiert, und einem frequenz**un**abhängigen Rauschanteil (sog. weißes Rauschen) zusammen, das im höherfrequenten Bereich vorherrscht. Der Schnittpunkt der beiden Asymptoten bezeichnet die sogenannte Rauscheckfrequenz, die bei Spannungs- und Stromrauschen unterschiedlich hoch liegt.

Mit den oben genannten Beschreibungsgrößen des realen OP läßt sich für ihn das Ersatzschaltbild nach Bild 2.6 darstellen.

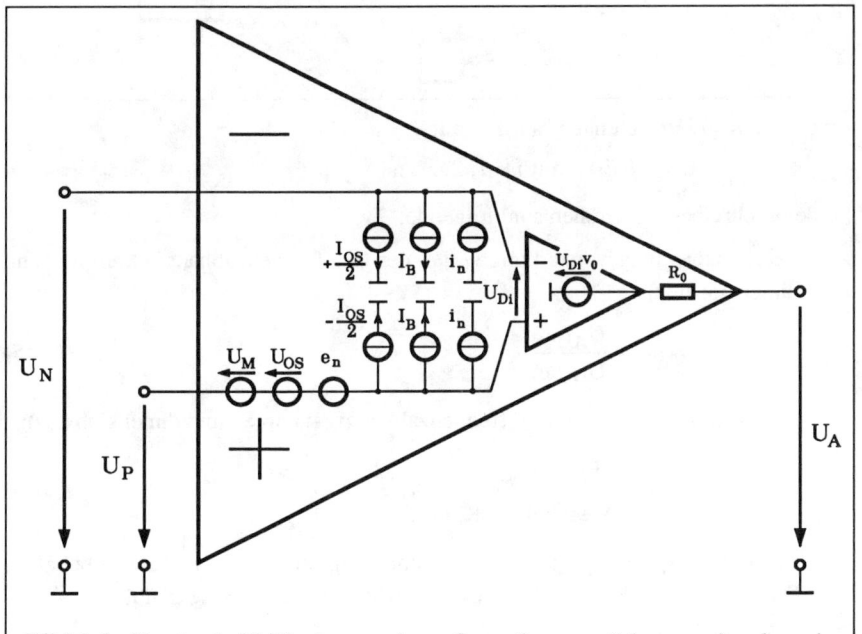

Bild 2.6: Ersatzschaltbild des realen Operationsverstärkers mit den in Kapitel 2.1 definierten Beschreibungsgrößen.

2.1.2 Der rückgekoppelte Operationsverstärker

Wird in einem Verstärkersystem ein Teil des Ausgangssignals an den Verstärkereingang zurückgeführt, so liegt Rückkopplung vor. Unter der Berücksichtigung eines idealen Operationsverstärkers, d. h. eines spannungsgesteuerten Spannungsverstärkers, läßt sich eine übersichtliche Struktur eines rückgekoppelten Systems entsprechend Bild 2.7 entwerfen. Die wesentlichen Voraussetzungen für die Gültigkeit des Systems sind, daß es linear und elektrisch stabil ist und die dargestellten Komponenten nur Signalwege in der durch Pfeile angedeuteten Richtung besitzen.

Bild 2.7: Allgemeine Rückkopplungsstruktur ($\oplus \triangleq$ idealer Spannungssummenpunkt).

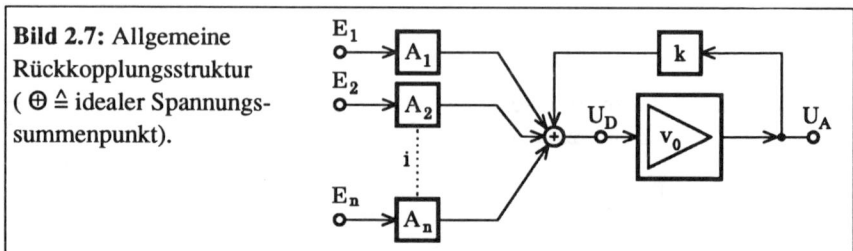

Das System äußert sich nach "außen" mit

$$U_A = f(E_i) \quad \text{mit } i = 1, 2, ..., n.$$

Seine beschreibenden Größen sind folgende:

– Leerlaufspannungsverstärkung $v_0(j\omega)$ des OP (frequenzabhängig komplex und dimensionslos):

$$v_0(j\omega) = \frac{U_A(j\omega)}{U_D(j\omega)}, \tag{2.15}$$

– Rückkopplungsfaktor $k(j\omega)$ (frequenzabhängig komplex und dimensionslos):

$$k(j\omega) = \frac{U_D(j\omega)}{U_A(j\omega)}\bigg|_{E_1 \, ... \, E_n = 0}, \tag{2.16}$$

– Einkoppelfaktoren $A_i(j\omega)$ (frequenzabhängig komplex, vorzeichenbehaftet, Dimension jeweils so, daß $A_i \cdot E_i$ eine elektrische Spannung ergibt):

$$A_1(j\omega) = \frac{U_D(j\omega)}{E_1(j\omega)}\bigg|_{E_2 \, ... \, E_n = 0, \, U_A = 0}, \tag{2.17}$$

$$A_2(j\omega) = \frac{U_D(j\omega)}{E_2(j\omega)}\bigg|_{E_1 = 0, \, E_3 \, ... \, E_n = 0, \, U_A = 0} \quad \text{usw.,} \tag{2.18}$$

– Eingangssignalgrößen $E_i(j\omega)$ (im allgemeinen elektrische Spannungen oder Ströme, aber durchaus auch andere physikalische Größen). Wie schon bei A_i bemerkt, muß die Dimension $A_i \cdot E_i$ stets eine elektrische Spannung ergeben.

Für die Schaltung nach Bild 2.7 gilt:

$$U_A = v_0 \cdot U_D = v_0 \left[\sum_{i=1}^{n} A_i E_i + k U_A \right]. \tag{2.19}$$

Daraus folgt:

$$U_A = \sum_{i=1}^{n} A_i E_i \frac{v_0}{1 - k \cdot v_0}. \qquad (2.20)$$

Die Größe $k \cdot v_0$ wird als Ring- oder Schleifenverstärkung (loop gain) bezeichnet, was bei Betrachtung von Bild 2.7 als unmittelbar plausible Bezeichnung erscheint. Allgemein gilt:

$$v_r(j\omega) = k(j\omega) \cdot v_0(j\omega). \qquad (2.21)$$

Gleichung (2.20) läßt sich auch so schreiben:

$$U_A = \frac{1}{1 - \dfrac{1}{k \cdot v_0}} \cdot \sum_{i=1}^{n} -\frac{A_i}{k} \cdot E_i. \qquad (2.22)$$

Für $v_r = k \cdot v_0 \to -\infty$ (d. h. also z. B. $k < 0$ und $v_0 \to \infty$) folgt:

$$U_A\Big|_{v_r \to -\infty} = \sum_{i=1}^{n} -\frac{A_i}{k} \cdot E_i. \qquad (2.23)$$

An dieser Gleichung (2.23) ist bemerkenswert, daß für $v_0 \to \infty$, d. h. $v_r \to -\infty$, die Ausgangsspannung U_A des Systems nur noch von den Eingangsgrößen E_i und den Übertragungsfaktoren $-A_i/k$, d. h. nur noch von der äußeren Beschaltung des OP, aber nicht mehr von v_0 abhängig ist.

Ohne die Allgemeingültigkeit der Betrachtungen zu stören, kann man im weiteren alle Betrachtungen für $i = 1$, d. h. **einen** Einkopplungsfaktor A und die Steuerspannung U_E (statt E) durchführen, da im linearen System das Superpositionsprinzip gilt. Es gelte also im weiteren die spezielle Schaltungsstruktur nach Bild 2.8 und damit:

$$v_B = \frac{U_A}{U_E} = -\frac{A}{k} \cdot \frac{1}{1 - \dfrac{1}{v_r}}. \qquad (2.24)$$

v_B wird Betriebsverstärkung genannt; sie nimmt für $v_0 \to \infty$, d. h. $v_r \to -\infty$ den Wert

$$v_{B,id} = -\frac{A}{k} \qquad (2.25)$$

an, der als ideale Betriebsverstärkung bezeichnet wird.

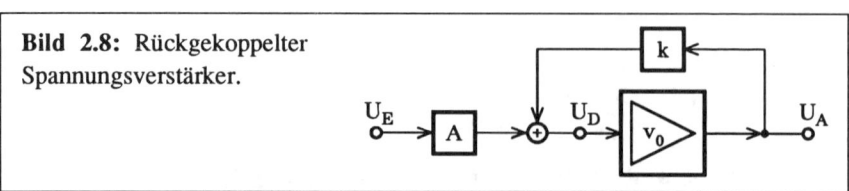

Bild 2.8: Rückgekoppelter Spannungsverstärker.

Meist interessiert man sich bei Verstärkerstrukturen für **gegen**gekoppelte Schaltungen, d. h. solche bei denen gilt

$$\left| \frac{v_{B,k}\,(j\omega)}{v_{B,k=0}\,(j\omega)} \right| < 1 \,, \qquad (2.26)$$

d. h. dafür, daß der Betrag der Betriebsverstärkung mit Gegenkopplung, d. h. $k \neq 0$, kleiner ist als im Fall fehlender Gegenkopplung, d. h. bei $k = 0$. Das bedeutet aber, daß für **Gegen**kopplung gelten muß:

$$\left| 1 - v_r(j\omega) \right| > 1 \,. \qquad (2.26a)$$

Die Betrachtung der Gleichung (2.24) zeigt, daß für $v_r = 1$ die Betriebsverstärkung v_B gegen ∞ geht. Dies bedeutet vereinfacht ausgedrückt, daß bei ungeeigneter Dimensionierung der frequenzabhängigen Ringverstärkung das Verstärkersystem instabil werden kann. Vorläufig sei aber hier angenommen, daß, wie für ein brauchbares Verstärkersystem erforderlich, eine "gut dimensionierte" Gegenkopplung dergestalt vorliegt, daß die Stabilität sicher gewährleistet ist.

Die Gegenkopplung "über alles", d. h. vom Ausgang des OP zu seinem Eingang, hat eine Reihe von Vorteilen und ist sozusagen die Basis des "Operationsverstärker-Prinzips". Dies sei anhand der nachfolgenden Beispiele a) bis c) nachgewiesen:

a) Betriebsverstärkung

Gelingt es, im Nutzfrequenzbereich eines Eingangssignals für die Ringverstärkung nach (2.21) hohe negative Werte zu erhalten (und dabei natürlich auch die Stabilität des Systems), so läßt sich, wie aus (2.22) ersichtlich, der Fehlerterm

$$F = \frac{1}{1 - \dfrac{1}{k \cdot v_0}} \qquad (2.27)$$

fast zu 1 machen und damit entsprechend (2.23) eine Betriebsübertragungsfunktion erhalten, die vom Parameter v_0 des OP unabhängig ist.

Beispielhaft sei hier wieder der invertierende Verstärker nach Bild 2.2 betrachtet. Für ihn gelten:

$$\left.\begin{array}{l} A = \dfrac{U_D}{U_E}\bigg|_{U_A = 0} = -\dfrac{R_2}{R_1 + R_2} \\[6mm] k = \dfrac{U_D}{U_A}\bigg|_{U_E = 0} = -\dfrac{R_1}{R_1 + R_2} \end{array}\right\} \tag{2.28}$$

sowie damit nach (2.24):

$$v_B = \frac{U_A}{U_E} = -\frac{R_2}{R_1} \cdot \frac{1}{1 + \dfrac{R_1 + R_2}{R_1\, v_0}} \cdot \tag{2.29}$$

Für ausreichend hohe Leerlaufspannungsverstärkung v_0, d. h. damit auch ausreichend hohe Ringverstärkung ist die ideale Betriebsverstärkung gegeben durch:

$$v_{B,id} = -\frac{R_2}{R_1}\,. \tag{2.30}$$

Dies bedeutet beispielsweise, daß temperatur- oder alterungsbedingte Variationen von v_0 nicht in die Betriebsverstärkung eingehen, solange nur $|v_r| \gg 1$ bleibt. Exakt ergibt sich aus (2.24):

$$\frac{dv_B}{v_B} = \frac{dv_0}{v_0} \cdot \frac{1}{1 - v_r}\,, \tag{2.31}$$

d. h. die relative Betriebsverstärkungsänderung ist um $(1 - v_r)^{-1}$ kleiner als die relative Leerlaufspannungsverstärkungsänderung. Der Faktor $(1 - v_r)^{-1}$ wird in der angelsächsischen Literatur als "desensitivity factor" bezeichnet, was sich hier unmittelbar als sinnvolle Bezeichnung erweist.

b) Betriebseingangs- und -ausgangsimpedanzen

Die Betriebseingangs- und -ausgangsimpedanzen von Schaltungen mit Operationsverstärkern werden oft entscheidend durch Art und Größe der Gegenkopplung bestimmt. Dies sei am Beispiel eines typischen Meßverstärkers mit hohem Betriebseingangswiderstand dargestellt, dem nicht-invertierenden Verstärker, der in

Tabelle 2.1 als Grundschaltung mit **idealem** OP gezeigt ist. Hier soll der nicht-invertierende Spannungsverstärker mit **realem** OP entsprechend dem in Bild 2.9 gegebenen Schaltbild behandelt werden. Für den praktisch wichtigen Fall, daß die Eingangsimpedanz Z_D wesentlich größer als die Ausgangsimpedanz Z_0 ist, ergibt sich für die Eingangsimpedanz des Verstärkers an den Klemmen $1 - 1'$:

$$Z_{1-1'} \approx Z_D (1 - v_r) \qquad (2.32)$$

und für die Ausgangsimpedanz an den Klemmen $2 - 2'$:

$$Z_{2-2'} \approx \frac{Z_0}{1 - v_r}. \qquad (2.33)$$

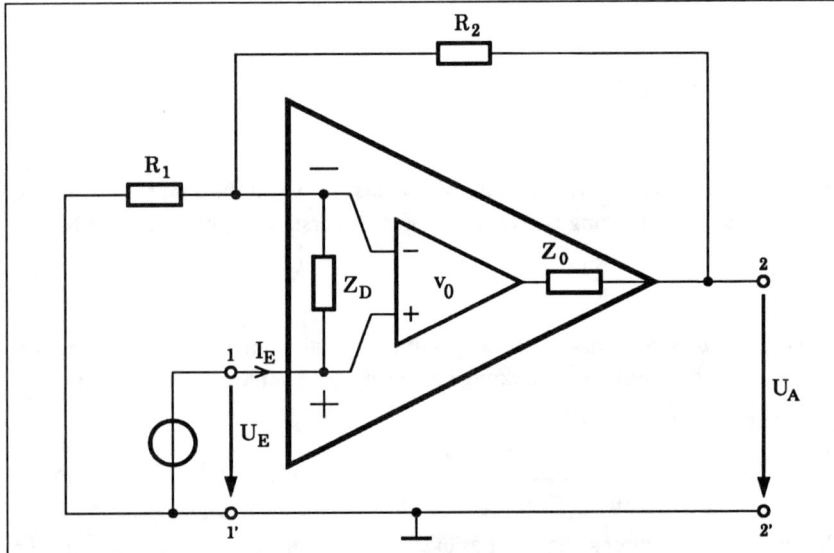

Bild 2.9: Nichtinvertierender Spannungsverstärker mit realem Operationsverstärker.

Je größer der Betrag der Ringverstärkung gewählt wird (die ja bei Gegenkopplung negative Werte besitzt), desto größer wird hier die Betriebseingangsimpedanz und desto geringer wird die Betriebsausgangsimpedanz. (Bei vorgegebener Leerlaufspannungsverstärkung v_0 ist die Vergrößerung des Btrags der Ringverstärkung allerdings nur durch Vergrößerung von $|k|$ und damit zwangsläufig Verkleinerung der Betriebsverstärkung $v_B = |U_A/U_E| = |1/k|$ möglich.)

c) Reduktion nichtlinearer Verzerrungen durch Gegenkopplung

Gegenkopplung reduziert den Einfluß der Nichtlinearität eines OP auf die Betriebsverstärkung. Dies sei elementar am Blocksschaltbild nach Bild 2.10 nachgewiesen, das eine Erweiterung des Blockschaltbildes Bild 2.8 darstellt. Durch die Erweiterung um den Funktionsblock f^{-1} soll in den realen OP ein allgemeiner (also auch nichtlinearer) Zusammenhang $U_X = f(U_A)$ bzw. $U_A = f^{-1}(U_X)$ eingebracht sein.

Bild 2.10:
Blockschaltbild zur
Diskussion des
Einflusses der
Nichtlinearität
eines realen
Operationsver-
stärkers auf die
Betriebsverstärkung.

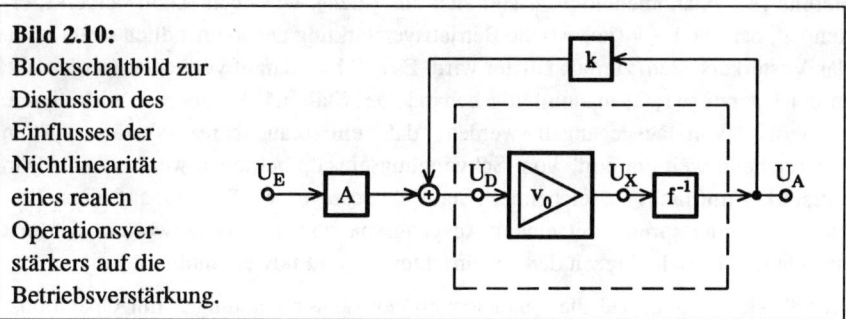

Elementare Berechnung liefert dann die Zusammenhänge:

$$U_X = v_0 \cdot U_D$$

$$U_D = A \cdot U_E + k \cdot U_A$$

$$U_X = f(U_A)$$

(2.34)

und das Resultat:

$$U_A = -\frac{A}{k} \cdot U_E + \frac{f(U_A)}{k \cdot v_0}. \tag{2.35}$$

Der in der Berechnung entsprechend (2.19) bis (2.25) behandelte lineare Spezialfall war durch $U_X = U_A$, d. h. $f(U_A) = U_A$ beschrieben und lieferte: $U_A = v_{B,id} \cdot U_E$.

Die nun beispielhaft angenommene nichtlineare Funktion $f(U_A)$ wird entsprechend (2.35) den idealen Zusammenhang zwischen U_A und U_E um so weniger stören, je größer die Ringverstärkung $k \cdot v_0$ der Gegenkopplungsschleife ohne f^{-1} ist.

Die Bedeutung der Ringverstärkung im gegengekoppelten Verstärkersystem soll mit den Beispielen a) bis c) ausreichend nachgewiesen sein.

2.1.3 Frequenzverhalten einer gegengekoppelten Schaltung

Wie bereits im Kap. 2.1.1 dargestellt ist die Leerlaufspannungsverstärkung $v_0(j\omega)$ frequenzabhängig (vgl. z. B. (2.8)). Dies führt bereits bei frequenzunabhängigem Rückkopplungsfaktor k nach (2.16) zu einer frequenzabhängigen Ringverstärkung $v_r(j\omega)$ nach (2.21). Grundsätzlich hat dies auch eine frequenzabhängige Betriebsverstärkung v_B nach (2.24) zur Folge.

Bereits rein phänomenologisch läßt sich aus (2.24), wie oben schon bemerkt, erkennen, daß für $1 - v_r(j\omega) = 0$ die Betriebsverstärkung gegen unendlich strebt, d. h. das Vestärkersystem zum Oszillator wird. Es soll hier darauf verzichtet werden, die in der Literatur [1, 2] mannigfaltig behandelten Stabilitätskriterien zu diskutieren, sondern davon ausgegangen werden, daß ein brauchbares Vestärkersystem "ausreichend weit entfernt" vom Schwingungseinsatz betrieben werden muß. (Ein Verstärker mit nicht ausreichender "Stabilitätsreserve" würde z. B. auf einen Eingangsspannungssprung mit einem Ausgangsspannungssignal antworten, das erst nach langer Einschwingzeit den gewünschten neuen Endwert annimmt.)

Es läßt sich zeigen, daß die Qualität von **Verstärker**schaltungen mit Operationsverstärkern entscheidend vom Frequenzgang der **Ring**verstärkung bestimmt wird.

Zur Ableitung einer "Zielfunktion" für die Ringverstärkung eines **Verstärker**systems seien die in Bild 2.11 dargestellten Frequenzgänge von Ringverstärkungen betrachtet. Sie entstehen beispielsweise, wenn ein Operationsvestärker mit der Leerlaufverstärkung nach (2.8) in einer Verstärkerstruktur mit frequenzunabhängigen Rückkoppelfaktoren unterschiedlicher Größe betrieben wird. (Es seien hier die idealisierten Asymptotenverläufe im Betragsverlauf des Bodediagramms betrachtet!) Wie im weiteren noch gezeigt wird, stellt die sog. Phasenreserve φ_{res} (engl.: phase margin) ein gutes Maß für die "Qualität" eines Verstärkersystems dar. φ_{res} ist die Phasendifferenz zwischen dem Phasenwinkel $\varphi_r = \varphi_D$ der Ringverstärkung bei der sogenannten Durchtrittkreisfrequenz ω_D, also der Kreisfrequenz, bei der $|v_r| = 1 \triangleq 0$ dB beträgt, und dem Wert $\varphi_r = -360°$. Bemerkenswert ist, daß die Phasenreserve $\varphi_{res,2} = 45°$ recht exakt dann vorliegt, wenn der Betragsverlauf der Ringverstärkung bei $\omega_{D2} = \omega_2$ seine "zweite Ecke" besitzt, also vom asymptotischen -20dB/Dekade-Verlauf in den -40dB/Dekade-Verlauf übergeht.[3]

---

[3] Bei exakter Diskussion dieses v_r-Verlaufs an der Stelle $|v_r| = 1$ findet man die Phasenreserve $\varphi_{res} = 51,83°$.

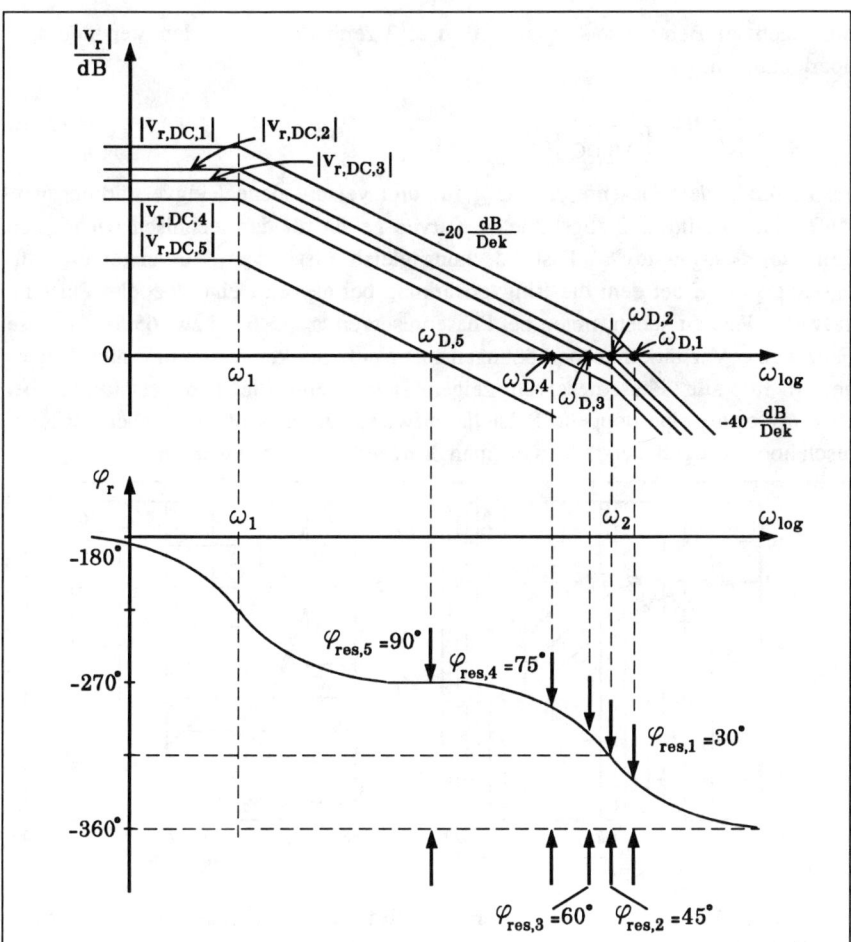

Bild 2.11: Bode-Diagramm von Ringverstärkungsverläufen mit unterschiedlich hohen Werten von $|v_{r.DC.n}|$ nach Betrag und Phase zur Bestimmung der Phasenreserven $\varphi_{res,n}$ bei den jeweiligen Durchtrittskreisfrequenzen $\omega_{D,n}$.

Wertet man für die in Bild 2.11 dargestellten Ringverstärkungsverläufe die Gleichung (2.24) aus, so ergeben sich die in Bild 2.12 dargestellten Kurven für den Betrag der normierten Betriebsverstärkung des Systems über der Kreisfrequenz. Für abnehmende Phasenreserven $\varphi_{res} \lessgtr 60°$ treten immer stärkere Verstärkungsüberhöhungen im Bereich $\omega \gtrless \omega_2$ auf. Bild 2.13 zeigt die maximalen Verstärkungs-überhöhungen:

$$h = \frac{\left| v_{B,max} \right|}{\left| v_{B,DC} \right|} \qquad (2.36)$$

als Funktion der Phasenreserve φ_{res} für drei verschiedene Ringverstärkungsver-läufe. Die in Bild 2.12 abgebildeten Kurven gelten für den technisch wichtigsten Fall $\omega_1 \ll \omega_2 \ll \omega_3$[4]. Fast deckungsgleich ist der Kurvenverlauf für $\omega_1 \ll \omega_2 = \omega_3$, bei dem die Ringverstärkung bei $\omega_2 = \omega_3$ eine doppelte Polstelle aufweist. Wie zu sehen, treten bei Phasenreserven $\varphi_{res} > 63°$ bzw. $65,5°$ für diese Fälle keine Verstärkungsüberhöhungen mehr auf. Starke Verstärkungsüberhöhun-gen h für **alle** Phasenreserven zeigen sich, wenn die Ringverstärkung bei $\omega_1 = \omega_2 \ll \omega_3$ eine doppelte Polstelle aufweist. Dieser Fall muß daher bei tech-nisch hochwertigen Verstärkersystemen dringend vermieden werden.

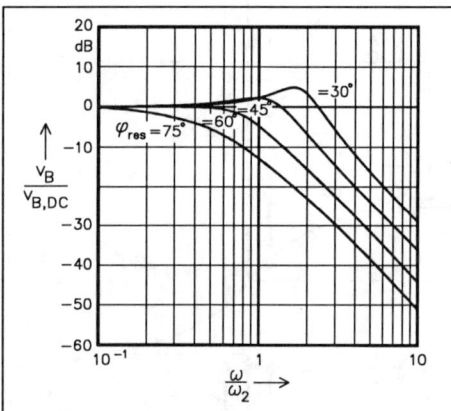

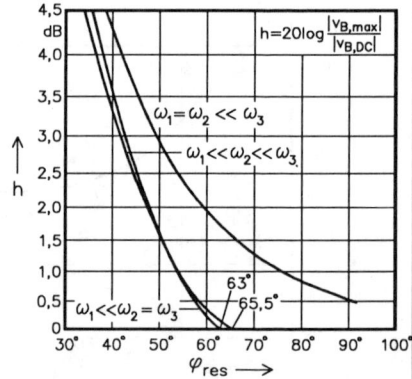

Bild 2.12: Einfluß der Phasenreserve auf den Frequenzgang der Betriebs-verstärkung.

Bild 2.13: Maximale Verstärkungs-überhöhungen h als Funktion der Phasenreserve für drei verschiedene Ringverstärkungs-Frequenzgänge.

---

[4] Hier sei der Vollständigkeit halber ein Frequenzgang der Ringverstärkung mit einer dritten Tiefpaßgrenzfrequenz $\omega_3 > \omega_2$ angenommen.

Solange das Verstärkersystem im Kleinsignalbetrieb arbeitet (und nur diese Betriebsart wird hier vorausgesetzt!), d. h. also ein lineares System vorliegt, läßt sich
aus dem Frequenzverhalten nach Bild 2.12 z. B. die Kleinsignal-Sprungantwort des
Verstärkers berechnen. In Bild 2.14 sind die auf den für sehr große Zeiten gültigen
Ausgangsspannungswert $U_{A,\infty}$ normierten Ausgangsspannungen bei verschiedenen
Phasenreserven als Funktion der normierten Zeit $\omega_2 \cdot t$ aufgetragen. Mit abnehmender Phasenreserve schwingt der zeitliche Verlauf der Ausgangsspannung
immer stärker über. Ermittelt man jedoch definitionsgemäß die Anstiegszeit t_r (rise
time) aus dem zeitlichen Abstand der Spannungswerte bei $0,1\,U_{A,\infty}$ und $0,9\,U_{A,\infty}$,
so wird diese mit abnehmender Phasenreserve kleiner. (Hier wird deutlich, daß
z. B. die Angabe der Anstiegszeit eines Verstärkers allein kein Qualitätsmaß darstellt. Erst im Zusammenhang mit dem Maß des Überschwingens oder der Zeitan-
gabe des Einschwingens in ein "Fehlerband" der Ausgangsspannung ist eine Quali-
tätsbeurteilung möglich!). Analog zum Vorgehen bei der Verstärkungsüberhöhung
h läßt sich, wie in Bild 2.15 dargestellt, der sogenannte Überschwingfaktor q als
Funktion der Phasenreserve berechnen.

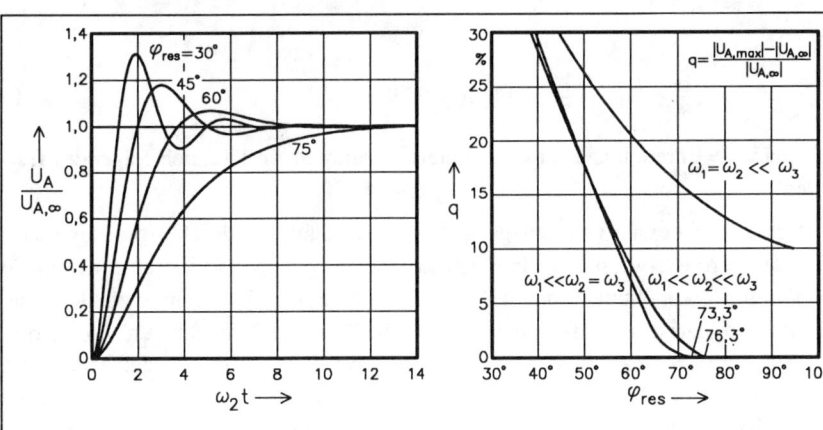

Bild 2.14: Einfluß der Phasenreserve
auf die Sprungantwort.

Bild 2.15: Überschwingfaktor q als
Funktion der Phasenreserve φ_{res} für
die verschiedenen Frequenzverläufe
der Ringverstärkung.

Der Überschwingfaktor

$$q = \frac{|\,U_{A,max}\,| - |\,U_{A,\infty}\,|}{|\,U_{A,\infty}\,|} \tag{2.37}$$

weist für die beiden Frequenzgänge der Ringverstärkung, die durch $\omega_1 \ll \omega_2 \ll \omega_3$ und $\omega_1 \ll \omega_2 = \omega_3$ charakterisiert sind, nur sehr wenig Unterschied im Verlauf über φ_{res} auf. Für Phasenreserven von $\varphi_{res} > 73,3°$ bzw. $76,3°$ tritt kein Überschwingen in der Sprungantwort auf. In diesem Diagramm wird wieder deutlich, daß ein Verstärker mit einer doppelten Polstelle bei $\omega_1 = \omega_2 \ll \omega_3$ praktisch unbrauchbar ist, da er für keine Phasenreserve überschwingfreien Betrieb erlaubt.

Als gute Praxis-Näherungen zur Abschätzung der maximalen Verstärkungsüberhöhung h und des Überschwingfaktors q gelten die Beziehungen:

$$\frac{h}{dB} \approx 20 \cdot \log\left|\frac{60°}{\varphi_{res}}\right| \quad \text{für} \quad \varphi_{res} \lesssim 60° \tag{2.38}$$

und

$$\frac{q}{\%} \approx 70 - \frac{\varphi_{res}}{1°} \quad \text{für } \varphi_{res} \lesssim 70°. \tag{2.39}$$

Faßt man die Erkenntnisse dieses Kapitels zusammen, so läßt sich folgendes feststellen:

Ein Verstärker, dessen Frequenzgang der Ringverstärkung durch $\omega_1 \ll \omega_2 \ll \omega_3$ charakterisiert ist, weist bei einer Phasenreserve von $\varphi_{res} = 50°$ eine maximale Verstärkungsüberhöhung von $h \approx 1,6\,dB$ und einen Überschwingfaktor von $q \approx 18\%$ auf. Diese Eigenschaften reichen oft für einen "brauchbaren" Verstärker aus. Ein Verstärkersystem mit der Phasenreserve $\varphi_{res} \approx 50°$ läßt sich jedoch im Betragsverlauf der Ringverstärkung leicht identifizieren: Bei asymptotischer Darstellung ist dies der Betragsverlauf $|\,v_r\,|$, in dem die zweite Eckfrequenz ω_2 auf der 0 dB-Achse des Bode-Diagramms liegt (vergl. Bild 2.11 bei $\omega_2 = \omega_{D2}$ und Fußnote auf S. 34).

Es soll deshalb dieser $|\,v_r\,|$-Verlauf als die **Zielfunktion** für einen "brauchbaren" Verstärker definiert werden. Alle Verstärkerdimensionierungsmaßnahmen müssen also mindestens zu $\omega_D = \omega_2$ führen, für höhere Ansprüche als $\varphi_{res} \approx 50°$ müssen Lösungen mit deutlich $\omega_D \ll \omega_2$ angestrebt werden.

2.1.4 Einstellung der Phasenreserve; Frequenzgangkompensation

2.1.4.1 Grundlagen

Unter Frequenzgangkompensation (FGK) versteht man die Methode, den Frequenzgang der Ringverstärkung so zu gestalten, daß die gewünschte Phasenreserve (für ein brauchbares Verstärkersystem also $\varphi_{res} \geq 50°$) sichergestellt ist.

Betrachtet man wieder das Blockschaltbild nach Bild 2.7, so erkennt man, daß die Beeinflussung der Ringverstärkung $v_r = k \cdot v_0$ grundsätzlich auf zwei Arten möglich ist:

a)   Variation von v_0 (sog. **innere** Frequenzgangkompensation)

b)   Variation von k (sog. **äußere** Frequenzgangkompensation)

Dabei ist generell die innere FGK der äußeren vorzuziehen, da sich, wie aus (2.24) ersichtlich, bei Variation von v_0 die ideale Betriebsverstärkung

$$v_{B,id} = -\frac{A}{k}$$

solange nicht ändert, wie $\left| v_r \right| = \left| k \cdot v_0 \right| \gg 1$ erhalten bleibt. Bei Variation von k dagegen wird selbst für $\left| v_r \right| \gg 1$ die ideale Betriebsverstärkung verändert, wenn nicht zufällig eine Beschaltung des OP vorliegt, bei der sich mit der k-Veränderung zwangsläufig eine A-Veränderung ergibt, die den Quotienten A/k konstant hält.

Bevor auf die wichtigsten Methoden der FGK eingegangen wird, soll hier eine einfache aber für **Verstärker**schaltungen mit Operationsverstärkern gut geeignete Methode zur Gewinnung der Zielfunktion für die Ringverstärkung behandelt werden. Diese bedient sich der Darstellung der Ringverstärkung im Bode-Diagramm, in dem bereits das in Datenblättern gegebene Bode-Diagramm der Leerlaufspannungsverstäkung v_0 (s. Bilder 2.3 a) und 2.4 a)) eingetragen ist. Entsprechend der Beziehung v_r (jω) = k (jω) $\cdot$ v_0(jω) gilt ja auch

$$\left. \begin{array}{c} \dfrac{\left| v_r(j\omega) \right|}{dB} = \dfrac{\left| v_0(j\omega) \right|}{dB} - \dfrac{\left| 1/k \right|}{dB} \\[2mm] \text{und} \\[2mm] \varphi_r(j\omega) \quad = \quad \varphi_0(j\omega) \quad + \varphi_k(j\omega) \,. \end{array} \right\} \qquad (2.40)$$

Dies bedeutet, daß nach Eintragung der Kurve

$$\frac{\mid 1/k \mid}{dB}$$

ins Bode-Diagramm der Abstand zwischen den Kurven

$$\frac{\mid v_0 \mid}{dB} \text{ und } \frac{\mid 1/k \mid}{dB}$$

der Ringverstärkung

$$\frac{\mid v_r \mid}{dB}$$

entspricht und der Phasenwinkel $\varphi_r(j\omega)$ der Ringverstärkung sich einfach aus der Addition der Phasenwinkel φ_0 der Leerlaufspannungsverstärkung und φ_k des Rückkoppelfaktors ergibt. Der Schnittpunkt der beiden Betragskurven ergibt die Durchtrittskreisfrequenz ω_D bei $\mid v_r(j\omega) \mid = 1 \triangleq 0$ dB, und aus dem zu dieser Frequenz gehörenden Phasenwinkel $\varphi_{r,D}$ läßt sich die Phasenreserve φ_{res} als der Abstand zum Phasenwinkel $\varphi_r = -360°$ ablesen.

In Bild 2.16 sind drei Beispiele für die Konstruktion der Ringverstärkung im Bode-Diagramm bei vorgegebenem dreipoligen v_0-Verlauf und **reellen** Rückkopplungsfaktoren k_1 bis k_3 dargestellt. Es läßt sich erkennen, daß die Schaltung mit k_1 eine Phasenreserve $\varphi_{res,1} \approx 90°$ besitzt und damit z. B. eine überschwingfreie Sprungantwort liefert. Im Falle k_3 liegt mit $\varphi_{res,3} \approx 15°$ ein praktisch unbrauchbares Verstärkersystem vor. Die Zielfunktion eines noch brauchbaren Verstärkers ist im Falle k_2 gegeben ($\varphi_{res,2} \geq 45°$) und läßt sich aus dieser Konstruktion mit Asymptotennäherungen für die Betragsverläufe besonders leicht erkennen, da hier $\omega_{D,2} = \omega_2$ vorliegt.

In einem weiteren Beispiel (Bild 2.17) ist der Fall eines frequenzabhängigen Rückkopplungsfaktors k gewählt, und zwar der Fall des einpoligen Tiefpasses mit der DC-Dämpfung k_{DC} und der Grenzfrequenz ω_k. Dieser Fall tritt z. B. beim Einsatz des I/U-Konverters, s. Kap. 3.2, auf. Der ins Bode-Diagramm eingetragene Verlauf von

$$\frac{\mid 1/k \mid}{dB}$$

steigt ab ω_k mit $+20$dB/Dekade an. Der Schnittpunkt dieser Kurve mit der Kurve v_0 gibt die Durchtrittskreisfrequenz ω_D, bei der man die Phasenreserve $\varphi_{res} \approx 0°$ feststellt, d. h. nicht nur unzureichende Verstärker-Qualität, sondern sogar fehlende Stabilität der Schaltung. Läge die Tiefpaßeckfrequenz $\omega_k{}'$ wesentlich tiefer als ω_k

und zwar so, daß der Verlauf $|\,1/k\,|$ (gestrichelt in Bild 2.17) vorläge, so hätte der Verlauf der Ringverstärkung $|\,v_r{'}\,|$ den Verlauf der Zielfunktion mit $\varphi'_{res} \gtrless 45°$. (Die erste TP-Ecke der $|\,v_r{'}\,|$-Funktion wäre dann ω'_k, die zweite $\omega'_D = \omega_1$.)

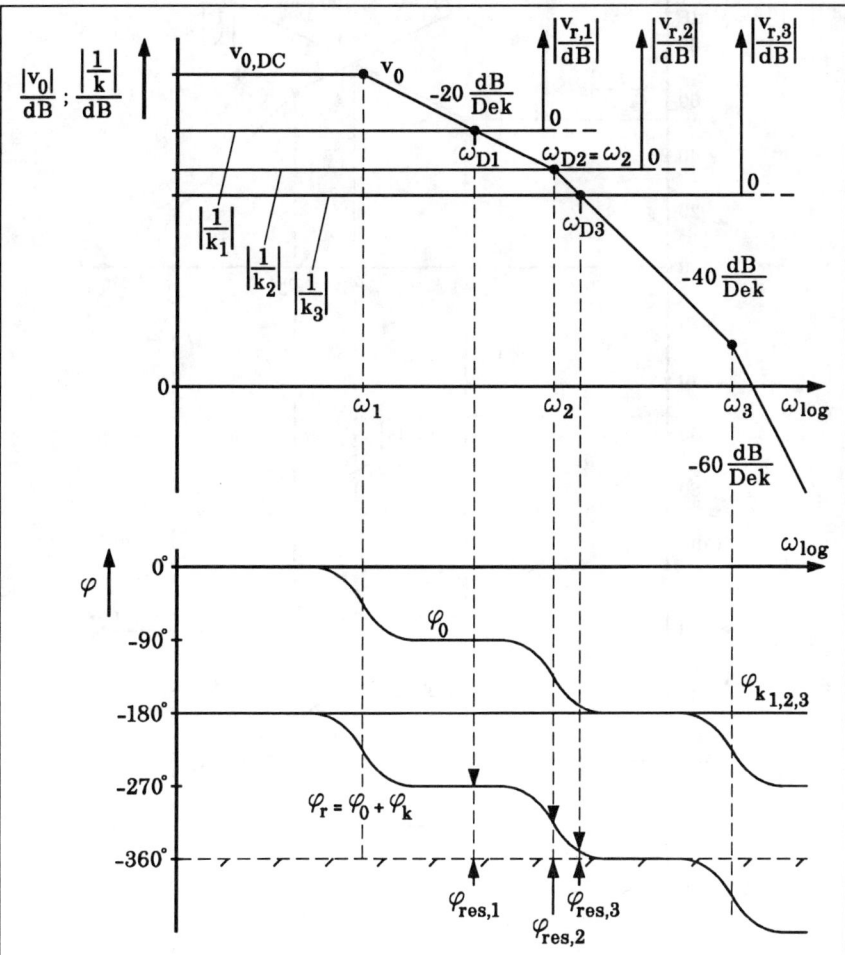

Bild 2.16: Beispiel zur Konstruktion der Ringverstärkungen $|\,v_{r.1}\,|$, $|\,v_{r.2}\,|$ und $|\,v_{r.3}\,|$ im Bode-Diagramm bei gegebenem dreipoligen v_0-Verlauf und drei verschiedenen reellen Rückkopplungsfaktoren k_1, k_2 und k_3.

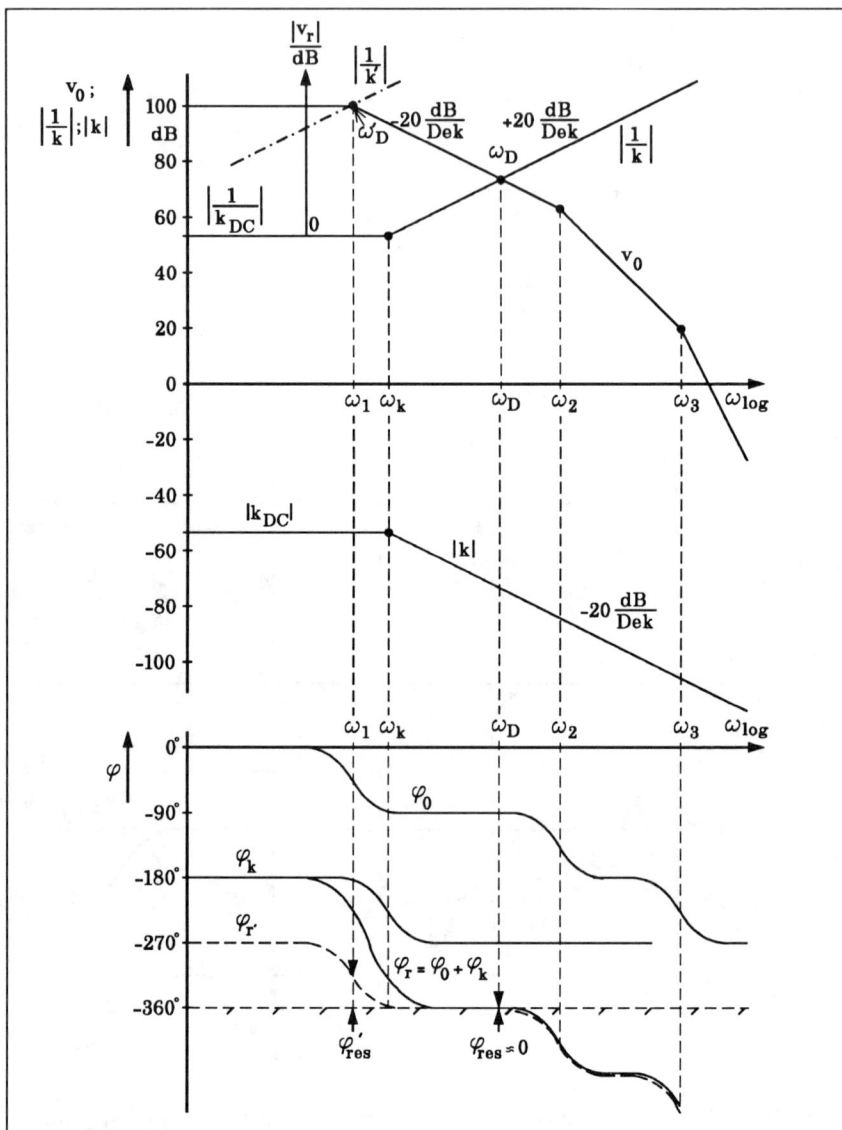

Bild 2.17: Beispiel zur Konstruktion der Ringverstärkung $|v_r|$ im Bode-Diagramm bei vorliegendem Tiefpaß-Rückkopplungsfaktor $|k|$.

Die in den Bildern 2.16 und 2.17 dargestellten Phasendiagramme kann man sich tatsächlich für viele Verstärkerdimensionierungen sparen, wenn man nur beachtet, wie sich die Kurven für v_0 und $|\,1/k\,|$ über der Frequenz bei ω_D kreuzen. Eine Einmündung von relativ zueinander -20dB/Dek gibt die Phasenreserve $\varphi_{res} \approx 90°$, die "Zielfunktion" liefert $\varphi_{res} \gtrless 45°$ und die relative Einmündung mit -40dB/Dek (s. Bild 2.17) schließlich verursacht $\varphi_{res} \approx 0°$.

2.1.4.2   Methoden der Frequenzgangkompensation

Die Betrachtungen zu Bild 2.17 zeigen bereits grundsätzlich, was zur Verbesserung der Phasenreserve φ_{res} eines rückgekoppelten Verstärkers **nicht** getan werden darf, nämlich der "Einbau" eines Zusatztiefpasses in die Ringverstärkung, wenn dieser zu einer Durchtrittskreisfrequenz ω_D mit $\omega_1 \leq \omega_D \leq \omega_2$ führt. Ist ein solcher Zusatztiefpaß nicht zu vermeiden, so muß er entweder eine absolut dominante Tiefpaßgrenzfrequenz ω_k besitzen, d. h. für die entstehende Durchtrittskreisfrequenz ω_D muß gelten $\omega_D \lesssim \omega_1$, oder ω_k muß sehr hoch liegen ($\omega_k \geq \omega_2$), wo die Ringverstärkung bereits Werte $|\,v_r\,| < 1$ besitzt.

Einer der kritischsten Zusatztiefpässe entsteht durch eine kapazitive Belastung des realen Operationsvestärkerausgangs. Die entstehende Tiefpaßkreisfrequenz ω_{CL} wird durch den realen Ausgangswiderstand R_0 (s. z. B. Bild 2.6) und die Lastkapazität C_L verursacht. (Dies gilt unter der Annahme, daß alle anderen ohmschen Belastungswiderstände am OP-Ausgang wesentlich größer als R_0 sind!) Es gilt dann:

$$\omega_{CL} \approx \frac{1}{R_0 \cdot C_L} \; . \tag{2.41}$$

Frequenzgangkompensationsmaßnahmen müssen sich also meist, vereinfacht ausgedrückt, gegen "überzählige Tiefpässe" wenden. Innere Frequenzgangkompensationsmaßnahmen werden meist vom OP-Konstrukteur dergestalt vorgenommen, daß beispielsweise ein sogenannter "universell frequenzgangkompensierter" Operationsverstärker entsteht. Er besitzt eine dominante Zeitkonstante, die die erste Tiefpaßeckfrequenz ω_1 bestimmt, und keine weiteren Tiefpaßgrenzfrequenzen, bis der Betrag von v_0 über der Frequenz den Wert 1 ($\hat{=}$ 0 dB) erreicht oder unterschritten hat. Ein typischer Verlauf dieser Art ist in Bild 2.3 a) zu sehen. Die dominante Zeitkonstante wird dabei natürlich nicht über das Einfügen eines Zusatztiefpasses mit sehr tiefliegender Grenzfrequenz erreicht, weil dadurch die Bandbreite des OP extrem reduziert würde. Ebensowenig wird man die erste Tiefpaßeckfrequenz ω_1 im Verlauf von v_0 durch z. B. Vergrößerung der inneren Kapazitäten des OP erniedrigen. Vielmehr wird meist die Methode des sogenannten "Polesplitting" angewendet. Sie beruht darauf, wie unten erläutert wird, an geeigneter Stelle im OP eine Beschaltung mit einem R-C-Netzwerk so vorzunehmen, daß die **ersten beiden** Eckfrequenzen (ω_1 und ω_2) des nicht kompensierten OP durch zwei neue Tiefpaßkreisfrequenzen ω_1' und ω_2' ersetzt werden, für die gilt: $\omega_1' \ll \omega_1$ und $\omega_2' \gg \omega_2$ d. h. sogar meist $\omega_2' > \omega_3$.

Das Prinzip dieser inneren Frequenzgangkompensation soll hier etwas vereinfacht erläutert werden. Dazu sei der Operationsverstärker entsprechend Bild 2.18 durch drei voneinander entkoppelte einfache Tiefpässe und vier frequenzunabhängige Spannungsverstärker beschrieben. (Diese Beschreibung ist nur phänomenologisch zu verstehen; es symbolisiert also z. B. v_1 und der Tiefpaß R_1, C_1 nicht unbedingt die Eingangsstufe usw.)

Die Gesamt-Leerlaufspannungsverstärkung ist also:

$$v_0(j\omega) = \frac{U_A}{U_D} = \frac{v_{0,DC}}{(1 + j\frac{\omega}{\omega_1})(1 + j\frac{\omega}{\omega_2})(1 + j\frac{\omega}{\omega_3})} \qquad (2.42)$$

mit $\quad v_{0,DC} = v_1 \cdot v_2 \cdot v_3 \cdot v_4$

und $\quad \omega_1 = \dfrac{1}{R_1 C_1} \; ; \; \omega_2 = \dfrac{1}{R_2 C_2} \; ; \; \omega_3 = \dfrac{1}{R_3 C_3}$

Dabei seien generell die Widerstände R relativ hochohmig (d. h. im Bereich $10\text{k}\Omega$ bis $\text{M}\Omega$) und die Kondensatoren C im Bereich pF (sie stellen in der Realität meist kleine Parasitärkapazitäten dar).

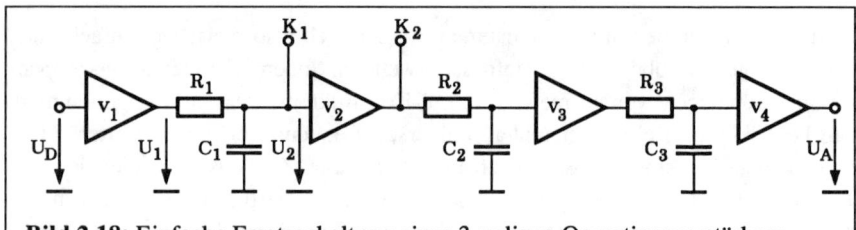

Bild 2.18: Einfache Ersatzschaltung eines 3-poligen Operationsverstärkers.

Beschaltet man nun in Bild 2.18 die Klemme K_1 mit der Reihenschaltung aus einem Widerstand R_K und einem Kondensator C_K gegen Masse, so wird aus der ursprünglichen Teilübertragungsfunktion

$$F_1(j\omega) = \frac{U_2}{U_1} = \frac{1}{1 + j\dfrac{\omega}{\omega_1}} \tag{2.43}$$

nun die Übertragungsfunktion

$$F_1'(j\omega) = \frac{U_2}{U_1} = \frac{1 + j\dfrac{\omega}{\omega_a}}{(1 + j\dfrac{\omega}{\omega_b})\,(1 + j\dfrac{\omega}{\omega_c})} \; . \tag{2.44}$$

Nimmt man dabei als Näherungen an $R_1 \gg R_K$ und $C_1 \ll C_K$, was später noch als relaistisch aufgezeigt wird, so gelten:

$$\omega_a \approx \frac{1}{R_K C_K} \quad ; \quad \omega_b \approx \frac{1}{R_1 C_K} \quad \text{und} \quad \omega_c \approx \frac{1}{C_1 R_K} \; . \tag{2.45}$$

Damit ergibt sich aus (2.42) die neue Gesamtleerlaufspannungsverstärkung des kompensierten OPs zu:

$$v_0'(j\omega) = \frac{v_{0,DC}\,(1 + j\dfrac{\omega}{\omega_a})}{(1 + j\dfrac{\omega}{\omega_b})\,(1 + j\dfrac{\omega}{\omega_c})\,(1 + j\dfrac{\omega}{\omega_2})\,(1 + j\dfrac{\omega}{\omega_3})} \; . \tag{2.46}$$

Wählt man die Dimensionierung

$$\omega_a = \omega_2 \quad , \quad \text{d. h.} \quad R_K C_K = R_2 C_2 \; , \tag{2.47}$$

so ergibt sich eine Pol-Nullstellen-Kompensation in (2.46), und es bleibt der Frequenzgang:

$$v_{0,K}'(j\omega) = \frac{v_{0,DC}}{(1 + j\dfrac{\omega}{\omega_b})\,(1 + j\dfrac{\omega}{\omega_c})\,(1 + j\dfrac{\omega}{\omega_3})} \; . \tag{2.48}$$

Tatsächlich treten die ursprünglichen Tiefpaßeckfrequenzen ω_1 und ω_2 nicht mehr auf. Wie oben erläutert, muß jedoch eine der zwei neuen Tiefpaßgrenzfrequenzen zur dominanten gemacht werden, während die zweite möglichst hoch werden sollte (wenn möglich: $\gg \omega_3$!).

Tatsächlich läßt sich dies mit

$R_1 \cdot C_K$ sehr hoch

und $C_1 \cdot R_K$ sehr klein

unter Berücksichtigung der Forderung (2.47) recht leicht erfüllen. Mit $R_1 \approx 5 \, M\Omega$ und $C_K \approx 10 \, nF$ erreicht man beispielsweise $f_b \approx 3 \, Hz$. Nimmt man für $f_2 \approx 1 \, MHz$, d. h. für $R_2 C_2 \approx 16 \, ns$ an, so findet man aus (2.47): $R_K \approx 16 \, \Omega$. Mit $C_1 \approx 5 \, pF$ ergibt sich damit schließlich für

$$f_c = \frac{1}{2\pi \, C_1 R_K} \approx 2 \, GHz \, ,$$

d. h. eine Grenzfrequenz in einem Bereich, für den dieses einfache OP-Modell nicht mehr gültig ist. De facto ist also durch diese Kompensationsmaßnahme ein zweipoliger Gesamtverstärkungsgang mit den beiden Tiefpaßgrenzfrequenzen $\omega_b = 1/R_1 C_K$ und ω_3 entstanden.

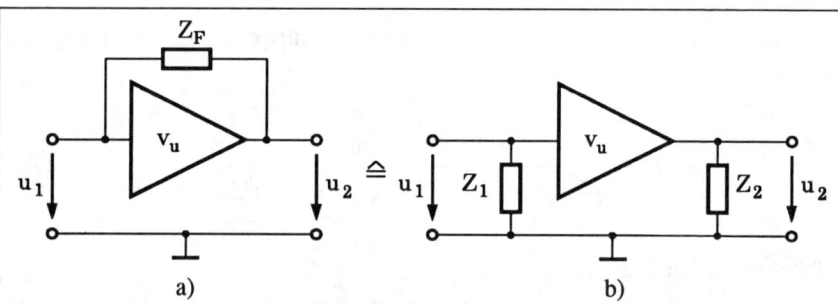

Bild 2.19:   Zur Erläuterung des Miller-Effektes:
a) Rückgekoppelter Spannungsverstärker,
b) äquivalente Ersatzschaltung

mit $Z_1 = Z_F \cdot \dfrac{1}{1 - v_u}$

und $Z_2 = Z_F \cdot \dfrac{1}{1 - 1/v_u} \, .$

Nun läßt sich das für diese "innere FGK" notwendige Bauelement C_K im nF-Bereich nicht auf dem Chip integrieren. Deshalb wird generell der "Miller-Effekt" ausgenützt, der hier kurz erläutert werden soll. Beschaltet man entsprechend Bild 2.19 a) einen idealen Verstärker mit der Spannungsverstärkung v_u mit der Impedanz Z_F im Rückkopplungszweig, so läßt sich die Schaltung entsprechend Bild 2.19 b) äquivalent darstellen. Wird Z_F aus der Reihenschaltung eines ohmschen Widerstandes R_K' und einer Kapazität C_K' gebildet, so ergeben sich für die die entsprechenden Impedanzen:

$$Z_1 = \frac{R_K'}{1 - v_u} + \frac{1}{j\omega C_K' \, (1 - v_u)} \tag{2.49}$$

und

$$Z_2 = \frac{R_K'}{1 - \dfrac{1}{v_u}} + \frac{1}{j\omega C_K' \, (1 - \dfrac{1}{v_u})} \, . \tag{2.50}$$

Nimmt die Spannungsverstärkung v_u große negative Werte an (invertierender Verstärker mit $| v_u | \gg 1$), so gilt:

$$Z_1 \approx \frac{R_K'}{| v_u |} + \frac{1}{j\omega C_K' \, | v_u |} \, , \tag{2.51}$$

d. h. Z_1 stellt die Serienschaltung eines (kleinen) Widerstandes $R_K \approx \dfrac{R_K'}{| v_u |}$ und eines (großen) Kondensators mit $C_K \approx C_K' \cdot | v_u |$ dar.

Befindet sich im Operationsverstärker eine **invertierende** Verstärkerstufe mit hoher Spannungsverstärkung $| v_u | \gg 1$, die sich zwischen Eingang und Ausgang mit einer Serienschaltung R_K', C_K' beschalten läßt, so erhält man durch den oben geschilderten Miller-Effekt zwischen Eingangsklemme und Masse die "effektive" Reihenschaltung von $R_K \ll R_K'$ und $C_K \gg C_K'$. (Im Bild 2.18 könnte dies z. B. erfolgreich zwischen den Klemmen K_1 und K_2 durchgeführt werden, wenn die Spannungsverstärkung v_2 einen **hohen negativen** Wert besäße.) Um bei dem oben genannten typischen Beispiel zu bleiben, müßten bei $v_u \approx -1000$ für $R_K = 16 \, \Omega$ und $C_K = 10$ nF die Bauelemente $R_K' = 16$ kΩ und $C_K' = 10$ pF gewählt werden. Diese lassen sich im Gegensatz zu R_K und C_K leicht integriert realisieren. Die zusätzliche Belastung der rückgekoppelten Verstärkerstufe durch Z_2 ist für diese bei niedrigem Ausgangswiderstand problemlos. Diese auf dem Chip realisierte Kompensation ist oft nicht bis zu dem im Beispiel genannten Grade, also bis zu f_1-Werten im Hz-Bereich, durchgeführt. Vielmehr werden am OP-Gehäuse zwei Pins mit den Klemmen K_1 und K_2 (s. Bild 2.18) herausgeführt, die dem Anwender die Wahl überlassen, welchen Grad der Kompensation er durch äußere Beschaltung einstellen möchte. Die entsprechenden Diagramme im Datenblatt des OP zeigen dann, welche Frequenzgänge von v_0 sich für bestimmte Beschaltungsbauelemente ergeben. (Zwischen den gegebenen Kurven lassen sich leicht die gewünschten v_0-

Kurven konstruieren und durch Interpolation die erforderlichen Bauelementewerte ermitteln.)

Äußere Frequenzgang-Kompensationsmaßnahmen, also solche, die den Rückkopplungsfaktor k verändern, müssen einerseits für geeigneten Frequenzgang der Ringverstärkung (Zielfunktion!) dimensioniert werden, aber andererseits stets auf ihren Einfluß auf den Frequenzgang der Betriebsverstärkung kontrolliert werden, da sie, wie oben bereits bemerkt, auch für große Werte von $|v_r|$ die ideale Betriebsverstärkung nach (2.25) verändern können.

Die mit Abstand wichtigste Methode der äußeren FGK benutzt einen Parallelkondensator C_2 zum Gegenkopplungswiderstand R_2. Es entsteht dadurch der Rückkoppelfaktor:

$$k_{C2} = -\frac{R_1}{R_1 + R_2} \cdot \frac{1 + j\omega R_2 C_2}{1 + j\omega(R_1//R_2)C_2}. \tag{2.52}$$

Die Kreisfrequenz $\omega_h = (R_2 C_2)^{-1}$ läßt sich zur Kompensation einer Polstelle der Verstärkung v_0 des OP's verwenden; der neu entstandene Tiefpaß besitzt eine Grenzfrequenz $\omega_t = [(R_1 \| R_2) \cdot C_2]^{-1}$, für die bei $R_1 \ll R_2$ gilt $\omega_t \gg \omega_h$, und die somit die Stabilität des Verstärkers nicht beeinflußt, wenn sie hoch genug liegt.

Durch den Einbau von C_2 ändert sich der Einkoppelfaktor A bei z. B. invertierendem Verstärkerbetrieb in:

$$A_{\text{inv},C2} = -\frac{R_2}{R_1 + R_2} \cdot \frac{1}{1 + j\omega(R_1//R_2)C_2}. \tag{2.53}$$

Die ideale Betriebsverstärkung ergibt sich damit zu:

$$v_{B,\text{id,inv},C2} = -\frac{A_{\text{inv},C2}}{k_{C2}} = -\frac{R_2}{R_1} \cdot \frac{1}{1 + j\omega R_2 C_2} \tag{2.54}$$

und weist als erste Tiefpaßgrenzfrequenz $\omega_H = (R_2 C_2)^{-1}$ auf.

Würde der so gegengekoppelte OP im nicht-invertierten Betrieb eingesetzt, so ergäbe sich wegen $A_{\text{nicht-inv}} = +1$ die ideale Betriebsverstärkung:

$$v_{B,\text{id,nicht-inv},C2} = -\frac{1}{k} = \frac{R_1 + R_2}{R_2} \cdot \frac{(1 + j\omega(R_1//R_2)C_2)}{(1 + j\omega R_2 C_2)} \tag{2.55}$$

Auch hier stellt sich also die erste Tiefpaßgrenzfrequenz bei $\omega_h = (R_2 C_2)^{-1}$ ein.

Der Parallelkondensator C_2 zum Widerstand R_2 (s. Bild 2.20) läßt sich, je nachdem welchen Tiefpaß in der Ringverstärkung es zu bekämpfen gilt, erfolgreich ein-
setzen:

a)   gegen die Tiefpaßeckfrequenzen ω_2 oder ω_3.

b)   gegen den Zusatztiefpaß, den eine Lastkapazität C_L mit dem Innenwiderstand
      R_0 des OP bildet (vergl. (2.41)). Zur vollständigen Kompensation muß ge-
      wählt werden:

$$R_0 \cdot C_L \approx R_2 \cdot C_2 \, . \tag{2.56}$$

c)   gegen den Zusatztiefpaß, den die Eingangskapazität C_E (s. Bild 2.20) mit dem
      Widerstand R_1 bildet. Kompensiert wird dann mit:

$$R_1 \cdot C_E \approx R_2 \cdot C_2 \, . \tag{2.57}$$

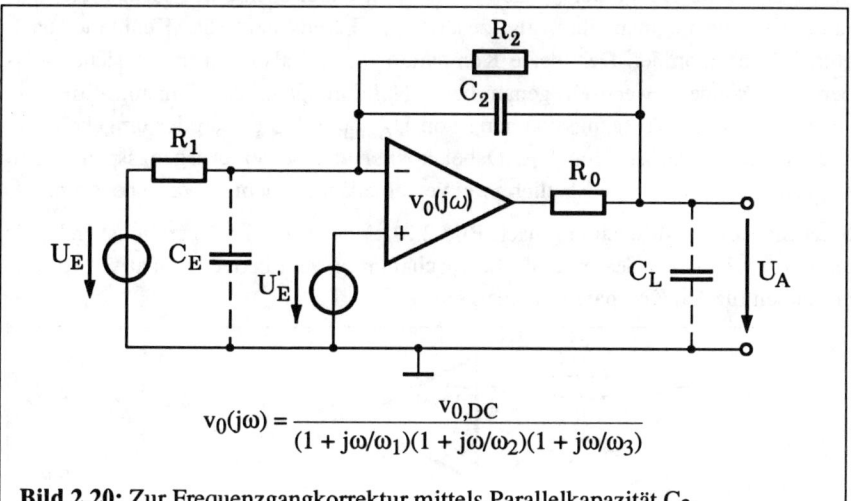

$$v_0(j\omega) = \frac{v_{0,DC}}{(1 + j\omega/\omega_1)(1 + j\omega/\omega_2)(1 + j\omega/\omega_3)}$$

Bild 2.20: Zur Frequenzgangkorrektur mittels Parallelkapazität C_2.

2.2 Komparatoren

2.2.1 Grundlagen

Komparatoren dienen dem Vergleich zweier Eingangsspannungen $U_{E,1}$ und $U_{E,2}$, indem sie zwei verschiedene Ausgangsspannungen $U_{A,max}$ für z. B. $U_{E,1} < U_{E,2}$ und entsprechend $U_{A,min}$ für $U_{E,1} > U_{E,2}$ liefern. Bei zeitlich veränderlichen Eingangsspannungen soll der Umschaltzeitpunkt der Ausgangsspannung dabei möglichst exakt dem Zeitpunkt der Übereinstimmung von $U_{E,1}$ und $U_{E,2}$ entsprechen. Komparatoren stellen damit wichtige Grundkomponenten der Meß- und Schaltungstechnik dar.

Prinzipiell haben Komparatoren große Ähnlichkeit mit Operationsverstärkern. Der ideale Operationsverstärker (s. Kap 2.1.0) stellt dabei auch einen idealen Komparator dar, wenn man ihm als zusätzliche Eigenschaft die Kennlinie nach Bild 2.21 b) zuordnet. Der ideale Komparator besitzt also keinen "Unsicherheitsbereich", sondern wechselt genau beim Nulldurchgang der Eingangsdifferenzspannung U_D die Ausgangsspannung von $U_{A,min}$ auf $U_{A,max}$ oder umgekehrt, je nach Polaritätswechsel von U_D. Dabei können die beiden Ausgangsspannungen $U_{A,min}$ und $U_{A,max}$ grundsätzlich zwei verschiedene, beliebige Werte besitzen.

Setzt man in der Beschaltung nach Bild 2.21 a) einen **realen** Operationsverstärker ein, so machen sich dessen reale Eigenschaften einzeln betrachtet statisch folgendermaßen für den Komparator bemerkbar:

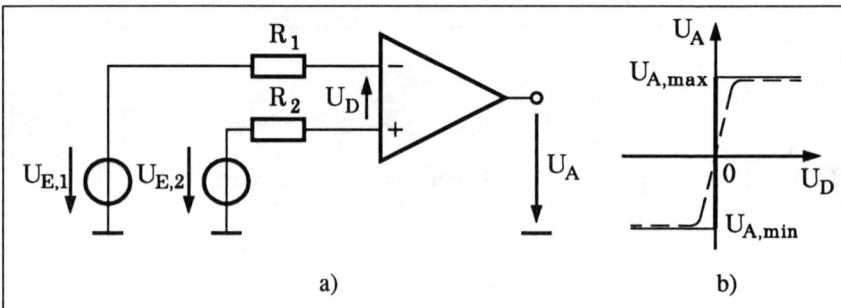

Bild 2.21: Komparator: a) Idealer Operationsverstärker als Komparator, b) Übertragungskennlinie des idealen —— und des realen ――― Komparators.

Leerlaufspannungsverstärkung $v_{0,DC}$:

Es existiert nun ein "Unsicherheitsbereich" der Komparator-Ausgangsspannung U_A in der Nähe des Nulldurchgangs von U_D, nämlich der fast lineare Verstärkerbereich, der im Nulldurchgang durch die Verstärkung $v_{0,DC}$ bestimmt ist. Nimmt man die in Billd 2.21 b) dargestellte reale Kennlinie an, so ergeben sich drei charakteristische Bereiche des Komparators:

$$\left.\begin{array}{ll} U_A = U_{A,max} & \text{für}\quad U_{E,1} \leq U_{E,2} - \dfrac{U_{A,max}}{v_{0,DC}} \\[3mm] U_A = v_{0,DC} \cdot U_D & \text{für}\quad \dfrac{U_{A,min}}{v_{0,DC}} < U_D < \dfrac{U_{A,max}}{v_{0,DC}} \\[3mm] U_A = U_{A,min} & \text{für}\quad U_{E,1} \geq U_{E,2} - \dfrac{U_{A,min}}{v_{0,DC}} \end{array}\right\} \qquad (2.58)$$

Für ausreichend hohe Werte von $v_{0,DC}$ verschwinden die Fehlergrößen

$$\frac{U_{A,max}}{v_{0,DC}} \text{ bzw. } \frac{U_{A,min}}{v_{0,DC}}$$

und es liegt wieder praktisch ideales Komparatorverhalten vor.

Gleichtaktunterdrückungsfaktor CMRR:

Da der Komparator im Umschaltpegel mit den Gleichtaktspannungen $U_{E,1} \approx U_{E,2}$ beschaltet ist, liegt der "Nulldurchgang" der Ausgangsspannung nicht bei $U_{E,1} = U_{E,2}$, sondern im Bereich:

$$U_{E,2}\left(1 - \frac{1}{\text{CMRR}}\right) \leq U_{E,1} \leq U_{E,2}\left(1 + \frac{1}{\text{CMRR}}\right) . \qquad (2.59)$$

Bei guter Gleichtaktunterdrückung ist die Fehlergröße $\dfrac{1}{\text{CMRR}} \ll 1$.

Offsetspannung U_{OS}, *Biasstrom* I_B, *Offsetstrom* I_{OS}:

Legt man für den Komparator den realen OP nach Bild 2.6 zugrunde und wählt die Schaltung nach Bild 2.21 a), so gilt für die Umschaltschwelle

$$U_{E,1} = U_{E,2} + U_{OS} + \left(I_B + \frac{I_{OS}}{2}\right) R_1 - \left(I_B - \frac{I_{OS}}{2}\right) R_2 . \qquad (2.60)$$

Ein guter Komparator sollte also möglichst geringe Offsetgrößen und kleine Biasströme besitzen. Bei kleinen Offsetströmen läßt sich der Biasstromeinfluß durch

$R_1 = R_2$ kompensieren. Es vesteht sich von selbst, daß temperaturabhängige Eingangsfehlgrößen entsprechend (2.60) auch eine temperaturabängige Umschaltschwelle verursachen.

Um hohe Eingangsspannungen und Eingangsspannungsdifferenzen verarbeiten zu können, erfordern Komparatoren Operationsverstärker mit hohen zulässigen Gleichtakt- und Differenzeingangsspannungsbereichen.

Die Ausgangsspannungspegel speziell für den Komparatorbetrieb ausgelegter Operationsverstärker sind meist intern auf die verschiedenen Digitalschaltungsfamilien (z. B. TTL, ECL usw.) festgelegt.

Die bisher beschriebene statische Betriebsweise liegt solange vor, wie nur geringe Änderungsgeschwindigkeiten der Eingangsspannungen (relativ zueinander!) auftreten. Bei höheren Geschwindigkeiten beeinflussen diese die Umschaltschwellenspannungen und den zeitlichen Verlauf der Ausgangsspannung. Die Schwellenspannungsverschiebungen und der Zeitverlauf der Ausgangsspannung hängen dabei neben der Änderungsgeschwindigkeit c_s der Eingangsspannung von folgenden Eigenschaften des Operationsverstärkers ab:

- Erholzeit (Totzeit) t_E

- Grenzfrequenz f_1

- maximale Änderungsgeschwindigkeit SR (Slew Rate) der Ausgangsspannung

Zur qualitativen Diskussion der verschiedenen Effekte diene folgende Vorstellung: Die Eingangsspannung $U_{E,2}$ sei eine Gleichspannung; die Eingangsspannung $U_{E,1}$ sei eine zeitlich linear verlaufende Spannung $U_{E,1} \sim c_s \cdot t$, die von Werten $U_{E,1} \ll U_{E,2}$ beginnend über $U_{E,2}$ hinaus ansteigt.

Bevor $U_{E,1}$ den Wert $U_{E,2}$ erreicht, befindet sich der Operationsverstärker im sogenannten Sättigungszustand, d. h. er befindet sich in einem nichtlinearen Zustand. Ab dem Zeitpunkt t_0 (wenn $U_{E,1} = U_{E,2}$ ist) vergeht die sogenannte Erholzeit t_E, bis der Verstärker in den linearen Verstärkerbetrieb übergeht. D. h. aber, der lineare Verstärkerbetrieb beginnt faktisch erst bei der Schwellenspannung

$$U_{E,1}' = U_{E,2} + c_s \cdot t_E \qquad (2.61)$$

zum Zeitpunkt

$$t_1 = t_0 + t_E \ .$$

Bis zu diesem Zeitpunkt hat sich die Ausgangsspannung ($U_{A,max}$) nicht geändert. Von nun an ändert sich die Ausgangsspannung entsprechend der frequenzabhängigen Leerlaufspannungsverstärkung $v_0(j\omega)$, deren Grenzfrequenz f_1 den Zeitverlauf der Ausgangsspannung im wesentlichen bestimmt. Je höher die Grenzfrequenz f_1, desto schneller wird U_A den Wert $U_{A,min}$ erreicht haben; zu diesem Zeitpunkt ist der Umschaltvorgang des Komparators beendet.

Liegt die Eingangsspannungs-Änderungsgeschwindigkeit so hoch, daß der Verstärker nicht im linearen Verstärkerbetrieb arbeitet, sondern sich nach kürzester Zeit wegen $U_{E,1} \gg U_{E,2}$ im Großsignalbetrieb befindet, so wird der Verlauf der Ausgangsspannung durch die Slew Rate SR des OP bestimmt (s. [3, 4]).

Für einen idealen Rechtecksprung der Eingangsspannung $U_{E,1}$ wird also der Umschaltvorgang erst bei

$$t_2 - t_0 = t_E + \frac{U_{A,max} - U_{A,min}}{SR} \tag{2.62}$$

beendet sein. Bis zu diesem Zeitpunkt t_2 hat $U_{E,1}$ den Wert

$$U_{E,1}{}'' = U_{E,2} + k \cdot \left[t_E + \frac{U_{A,max} - U_{A,min}}{SR} \right] \tag{2.63}$$

angenommen. Die effektive Umschaltschwelle $U_{E,1}{}''$ liegt also wesentlich höher als die statische Schwelle $U_{E,1} = U_{E,2}$.

Operationsverstärker für den Komparatorbetrieb sollten geringe Erholzeiten aufweisen und hohe Slew Rate-Werte besitzen, damit die dynamischen Umschaltschwellen wenig von den statischen abweichen.

2.2.2 Fensterkomparator

Mittels zweier Operationsverstärker läßt sich gemäß Bild 2.22 a) ein sogenannter Fensterkomparator aufbauen. Liegt die Eingangsspannung U_E im "Fenster" zwischen U_1 und U_2, so weisen beide Operationsverstärker die Ausgangsspannungen $U_{A,max}$ auf (s. Bild 2.22 b)). Für Werte von U_E außerhalb des "Amplitudenfensters" liegen bei den beiden OPs verschiedene Ausgangsspannungen vor. Interpretiert das in Bild 2.22 a) dargestellte Verknüpfungs-(UND-)Gatter die Werte $U_{A,max}$ als logische "1" und die Werte $U_{A,min}$ als logische "0", so liefert der y-Ausgang nur für U_E-Werte **im** "Amplitudenfenster" die logische "1".

Bezüglich des dynamischen Verhaltens des Fensterkomparators gelten entsprechende Überlegungen wie beim einfachen Komparator (s. Kap. 2.2.1).

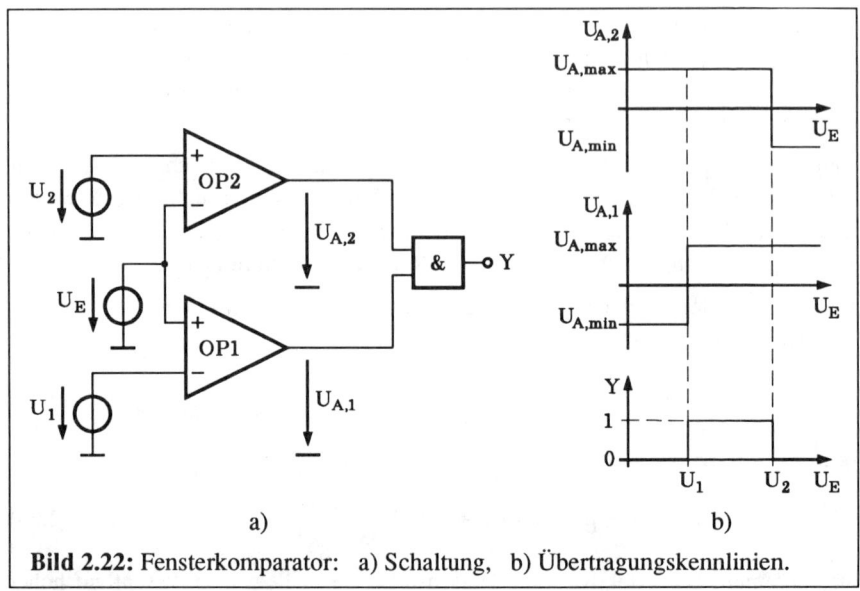

Bild 2.22: Fensterkomparator: a) Schaltung, b) Übertragungskennlinien.

2.2.3 Schmitt-Trigger

Der einfache Komparator leidet in mancher Beziehung unter der unmittelbaren Abhängigkeit der Ausgangsspannung von der Eingangsspannung. Einerseits ist die Ausgangsspannung im linearen Aussteuerbereich auf $v_0 \cdot U_E$ beschränkt, und andererseits ist bei Eingangsspannungen mit überlagerter Störspannung (z. B. Rauschen) die Umschaltung unsicher. Gesucht ist also eine modifizierte Komparatorschaltung, die einerseits z. B. über eine Mitkopplung stets eine schnelle Umschaltung (mit der maximalen Änderungsgeschwindigkeit des Operationsverstärkers) erlaubt und andererseits eine gewünschte Hysterese der Umschaltschwellen besitzt, die vor unerwünschten Umschaltvorgängen durch Störspannungen schützt.

Eine geeignete Modifikation des Komparators hierfür stellt der sog. Schmitt-Trigger dar, s. Bild 2.23. Das Koppelnetzwerk R_1, R_2, das auf den **positiven** Verstärkereingang rückkoppelt, realisiert eine Mitkopplung.

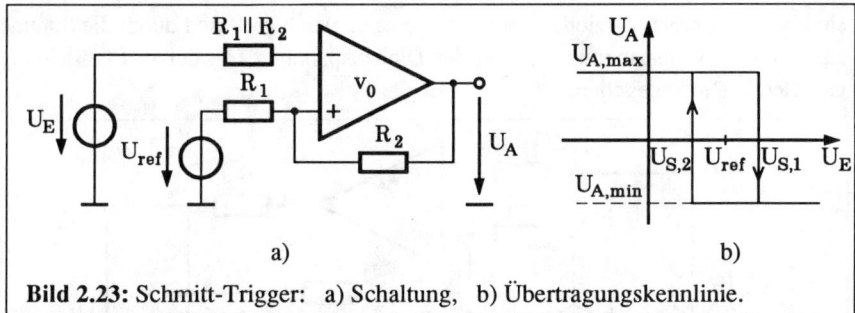

Bild 2.23: Schmitt-Trigger: a) Schaltung, b) Übertragungskennlinie.

Die Übertragungskennlinie der Schaltung ist in Bild 2.23 b) dargestellt.

Für die Umschaltung von $U_{A,max}$ auf $U_{A,min}$ gilt die Schaltschwelle

$$U_{E,1} = U_{S,1} = \frac{R_2}{R_1 + R_2} U_{ref} + \frac{U_{A,max}}{R_1 + R_2} \cdot \left[R_1 - \frac{R_1 + R_2}{v_0} \right] . \qquad (2.64a)$$

Analog findet die Umschaltung von $U_{A,min}$ auf $U_{A,max}$ statt bei

$$U_{E,2} = U_{S,2} = \frac{R_2}{R_1 + R_2} U_{ref} + \frac{U_{A,min}}{R_1 + R_2} \cdot \left[R_1 - \frac{R_1 + R_2}{v_0} \right] . \qquad (2.64b)$$

Die Hysteresespannung U_H ist als Differenz von $U_{S,1}$ und $U_{S,2}$ gegeben:

$$|U_H| = \left[\frac{R_1}{R_1 + R_2} - \frac{1}{v_0} \right] \cdot (U_{A,max} - U_{A,min}) . \qquad (2.65)$$

Da U_H nicht von der Referenzspannung U_{ref} abhängig ist, lassen sich also $U_{S,1}$ und $U_{S,2}$ durch U_{ref} verschieben, ohne die Hysterese zu verändern. Die Hysteresespannung läßt sich durch Vergrößerung von R_2 verringern, bis nach (2.65) mit

$$\frac{1}{v_0} = \frac{R_1}{R_1 + R_2} \qquad (2.66)$$

die Hysterese verschwindet und kein bistabiler Betrieb mehr möglich ist.

Da bei einem realen Operationsverstärker sowohl $U_{A,max}$ und $U_{A,min}$ von den Betriebsspannungen abhängen, sind in der Schaltung nach Bild 2.23 a) sowohl die Schwellenspannungen als auch die Hysteresespannung grundsätzlich betriebsspannungsabhängig.

Dieser Mangel an Präzision muß durch Schaltungsmaßnahmen bekämpft werden. Eine der möglichen Schaltungsmaßnahmen benutzt zur Stabilisierung von $U_{A,max}$ und $U_{A,min}$ Z-Dioden, s. Bild 2.24. Die beiden möglichen Ausgangsspannungen sind bei identischen Z-Dioden dem Betrage nach gleich groß und durch die Summe aus der Z-Diodenspannung U_Z und der Diodenspannung U_D der in Flußrichtung gepolten Z-Diode gegeben.

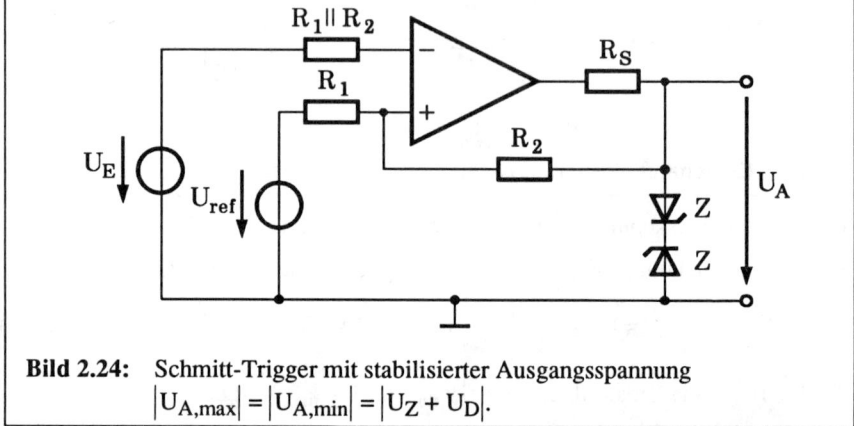

Bild 2.24:   Schmitt-Trigger mit stabilisierter Ausgangsspannung
$\left|U_{A,max}\right| = \left|U_{A,min}\right| = \left|U_Z + U_D\right|$.

Durch Einsatz zweier Komparatoren, wie in Bild 2.25 a) dargestellt, läßt sich ein Präzisions-Schmitt-Trigger realisieren. Bei ihm sind die Schwellenspannungen direkt durch $U_{S,1} = U_1$ und $U_{S,2} = U_2$ für $U_2 > U_1$ gegeben. Interpretieren die NAND-Gatter $U_{A,max}$ als logisch "1" und $U_{A,min}$ als "0", so ergeben sich die Übertragungskennlinien in Bild 2.25 b).

Für den Aufbau solcher Präzisions-Schmitt-Trigger-Schaltungen gibt es integrierte Bausteine, die bereits zwei Komparatoren und NAND-Gatter enthalten.

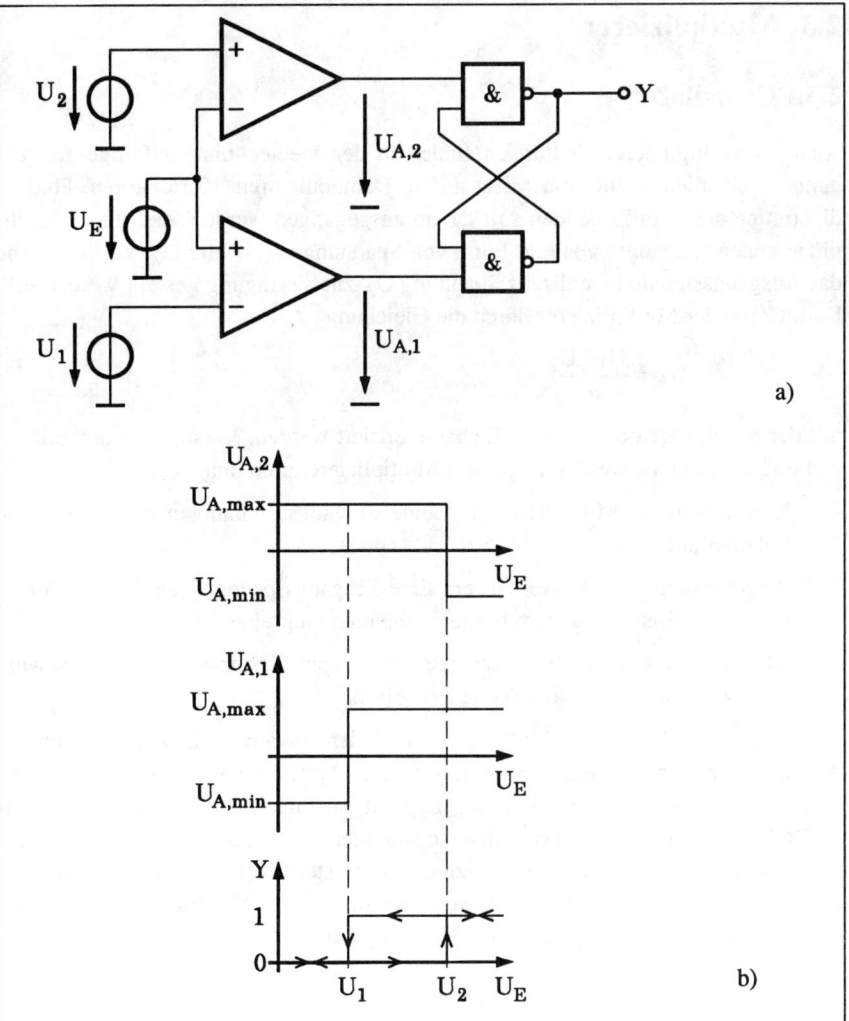

Bild 2.25: Präzisions-Schmitt-Trigger: a) Schaltung, b) Übertragungskennlinien.

2.3 Multiplizierer

2.3.1 Grundlagen

Analoge Multipliziererschaltungen finden in der Meßtechnik vielfältige Anwendungen. Beispiele dafür sind Mischstufen, Demodulatoren, Korrelatoren, Phasendiskriminatoren. Im folgenden soll davon ausgegangen werden, daß die zu multiplizierenden Eingangssignale in Form von Spannungen (U_1 und U_2) vorliegen und das Ausgangssignal ebenfalls als Spannung U_A zur Verfügung gestellt werden soll. Damit kann der Multiplizierer durch die Gleichung

$$U_A = \frac{U_1 \cdot U_2}{E} \qquad (2.67)$$

mit der Multipliziererkonstanten E charakterisiert werden. Je nach Art der zulässigen Eingangssignale werden folgende Multipliziererarten unterschieden:

– **Einquadranten-Multiplizierer:** Beide Eingangsspannungen dürfen nur eine Polarität aufweisen, z. B. $U_1 > 0$ und $U_2 > 0$.

– **Zweiquadranten-Multiplizierer:** Eine Eingangsspannung darf beide Polaritäten aufweisen, die andere Eingangsspannung nur eine Signalpolarität.

– **Vierquadranten-Multiplizierer:** Beide Eingangsspannungen dürfen sowohl positive als auch negative Werte aufweisen.

Schaltungen, bei denen die Multiplikation zweier Größen (z. B. $z = x \cdot y$) auf die Addition der Logarithmen ($z = \exp[\log(x) + \log(y)]$) zurückgeführt wird, stellen wegen des Gültigkeitsbereiches der Logarithmusfunktion nur **Einquadranten-**Multiplizierer dar (zu Logarithmiererschaltungen siehe Kap. 3.5). Im folgenden sollen sogenannte "Steilheitsmultiplizierer" vorgestellt werden, bei denen die Abhängigkeit der Steilheit eines Bipolartransistors vom Kollektorstrom ausgenutzt wird. Nach diesem Prinzip sind sowohl Zweiquadranten- als auch Vierquadranten-Multiplizierer realisierbar.

2.3.2 Zweiquadranten-Multiplizierer

Grundelement eines Analog-Multiplizierers ist die Differenzverstärkerstufe mit Bipolartransistoren nach Bild 2.26.

Bild 2.26:
Grundschaltung eines Zwei-
quadranten-Multiplizierers.

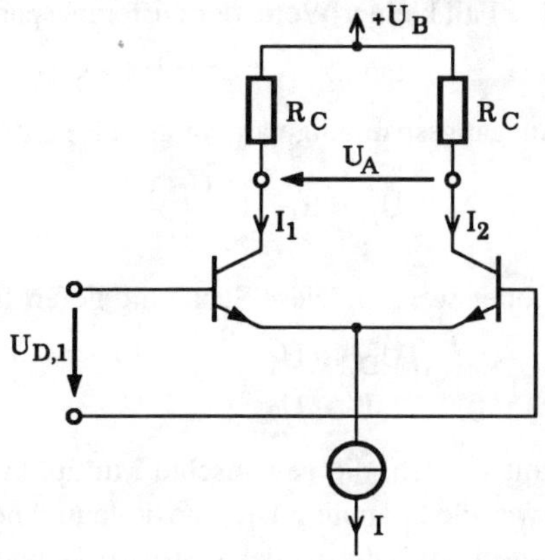

Für die weiteren Betrachtungen soll vorausgesetzt werden, daß die verwendeten Transistoren identisch sind und durch

$$I_C = B \cdot I_B = I_{C0} \cdot (e^{U_{BE}/U_T} - 1) \tag{2.68}$$

mit I_C Kollektorstrom
I_B Basisstrom
B Stromverstärkung
I_{C0} Kollektorreststrom
U_{BE} Basis-Emitter-Spannung
U_T Temperaturspannung

beschrieben werden können. Daraus ergeben sich mit

$$U_{D,1} = U_{BE,1} - U_{BE,2} \tag{2.69}$$

die Kollektorströme zu

$$\left.\begin{aligned}
I_1 &= \frac{1}{2} \cdot I \cdot \left[1 + \tanh\left(\frac{U_{D,1}}{2U_T}\right) \right] \\[2mm]
I_2 &= \frac{1}{2} \cdot I \cdot \left[1 - \tanh\left(\frac{U_{D,1}}{2U_T}\right) \right]
\end{aligned}\right\} \tag{2.70}$$

sowie die Ausgangsspannung

$$U_A = R_C (I_1 - I_2) = R_C \cdot I \cdot \tanh\left(\frac{U_{D,1}}{2U_T}\right) . \tag{2.71}$$

Für den Fall kleiner Werte der Differenzspannung U_{D1} kann wegen

$$\tanh(x) \approx x \quad \text{für } |x| \ll 1 \qquad (2.72)$$

die Ausgangsspannung näherungsweise zu

$$U_A = R_C \cdot I \cdot \frac{U_{D,1}}{2U_T} \qquad (2.73)$$

angegeben werden. Diese Schaltung liefert für den Fall, daß

$$U_{D,1} \sim U_1$$
und $\qquad I \quad \sim U_2$

gewählt werden, die gewünschte Multiplikation. Dabei ist allerdings zu beachten, daß zwar die Spannung $U_{D,1}$ positive und negative Werte im Bereich $\left| U_{D,1} \right| < U_T$ aufweisen darf, die Kollektorströme I_1 und I_2 und damit der Stom I jedoch nur positiv sein können. Deshalb stellt diese Schaltung einen Zweiquadranten-Multiplizierer dar.

2.3.3 Vierquadranten-Multiplizierer

Die Erweiterung der Schaltung zu einem Vierquadranten-Multiplizierer zeigt Bild 2.27.

Hierbei wird die Grundstruktur des Differenzverstärkers zweimal eingesetzt mit (T_1, T_2) und (T_3, T_4). Die Versorgungsstöme I_5 und I_6 dieser Differenzverstärker werden von einem weiteren Differenzverstärker (T_5, T_6) geliefert, der von der Eingangsspannung U_2 angesteuert wird. Dadurch wird auch die Spannung U_2 mit

$$I_5 = \frac{1}{2} \cdot I_0 \cdot \left[1 + \tanh\left(\frac{U_2}{2U_T}\right) \right] \qquad (2.74)$$

$$I_6 = \frac{1}{2} \cdot I_0 \cdot \left[1 - \tanh\left(\frac{U_2}{2U_T}\right) \right] \qquad (2.75)$$

bzw.

$$I_5 - I_6 = I_0 \tanh\left(\frac{U_2}{2U_T}\right) \qquad (2.76)$$

in die Differenz zweier positiver Werte I_5 und I_6 umgesetzt, so daß nun auch für U_2 positive und negative Vorzeichen zulässig sind.

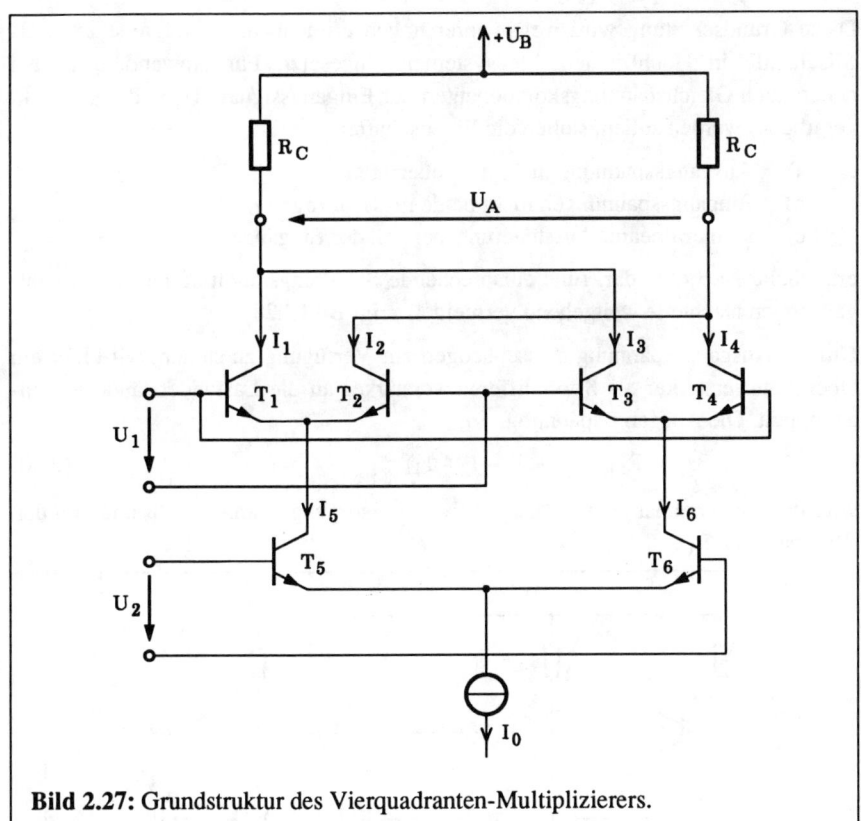

Bild 2.27: Grundstruktur des Vierquadranten-Multiplizierers.

Mit (2.69) und (2.70) sowie

$$U_A = R_C \cdot (I_1 + I_3 - I_2 - I_4) \tag{2.77}$$

ergibt sich die exakte Lösung für die Ausgangsspannung zu

$$U_A = R_C \cdot I_0 \cdot \tanh\left(\frac{U_1}{2U_T}\right) \cdot \tanh\left(\frac{U_2}{2U_T}\right) \tag{2.78}$$

beziehungsweise die lineare Näherung für den Fall kleiner Aussteuerung $\left(|U_1| < U_T \text{ und } |U_2| < U_T\right)$:

$$U_A = R_C \cdot I_0 \cdot \frac{U_1}{2U_T} \cdot \frac{U_2}{2U_T} = \frac{R_C \cdot I_0}{4U_T{}^2} \cdot U_1 \cdot U_2 \,. \tag{2.79}$$

Diese Grundschaltung wird wegen ihrer hohen erreichbaren Bandbreite z. B. als Mischstufe in Hochfrequenz-Meßsystemen eingesetzt. Für Anwendungen, bei denen auch Gleichspannungskomponenten der Eingangssignale U_1 und U_2 korrekt verarbeitet werden sollen, stellen die Eigenschaften

a)   Ausgangsspannung nicht massebezogen
b)   Eingangsspannungen nicht beide massebezogen
c)   kleiner linearer Aussteuerungsbereich der Eingänge

erhebliche Nachteile dar. Eine entsprechende Schaltungsmodifikation, die die angegebenen Nachteile weitgehend vermeidet, zeigt Bild 2.28.

Um die Ausgangsspannung massebezogen zur Verfügung zu stellen, wird hier ein Operationsverstärker als Stromdifferenzverstärker an die Lastwiderstände R_C angekoppelt. Die Ausgangsspannung

$$U_A = R_{OP} \cdot (I_1 + I_3 - I_2 - I_4) \tag{2.80}$$

wird dadurch unabhängig von der positiven Versorgungsspannung U_B und von den Widerständen R_C.

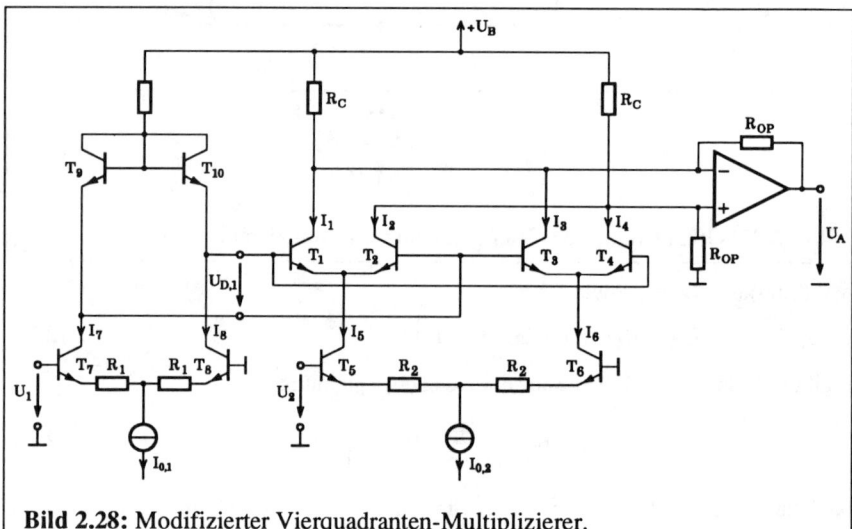

Bild 2.28: Modifizierter Vierquadranten-Multiplizierer.

Die Eingangsspannung U_2 wird unmittelbar als unsymmetrische massebezogene Steuerspannung an der Basis des Transistors T_5 angelegt (Basis von T_6 liegt auf

Masse). Zur Erhöhung des linearen Aussteuerbereichs des Differenzverstärkers (T_5, T_6) dienen die Gegenkopplungswiderstände R_2, so daß wegen

$$R_2 >> \frac{U_T}{I_{0,2}} \tag{2.81}$$

auch für Eingangsspannungen $|U_2| > U_T$ in guter Näherung gilt

$$I_5 \approx \frac{I_{0,2}}{2} + \frac{U_2}{2R_2} \tag{2.82}$$

$$I_6 \approx \frac{I_{0,2}}{2} - \frac{U_2}{2R_2} \tag{2.83}$$

Um auch die Steuerspannung U_1 massebezogen anlegen zu können, wird eine Potentialverschiebung benötigt. Die Differenzverstärkerstufe (T_7, T_8) mit den Gegenkopplungswiderständen R_1 setzt dazu zunächst die Spannung U_1 in einem großen Eingangsspannungsbereich linear in die Kollektorstöme

$$I_7 \approx \frac{I_{0,1}}{2} + \frac{U_1}{2R_1} \tag{2.84}$$

$$I_8 \approx \frac{I_{0,1}}{2} - \frac{U_1}{2R_1} \tag{2.85}$$

um. Diese Ströme werden an den Transistoren T_9 und T_{10} in die Spannung

$$U_{D,1} = U_{BE,10} - U_{BE,9} = U_T \cdot \ln\left(\frac{I_7}{I_8}\right). \tag{2.86}$$

umgesetzt und damit für die Weiterverarbeitung geeignet "vorverzerrt". Dies führt unter Berücksichtigung der tanh-Kennlinie der Differenzverstärker (T_1, T_2) und (T_3, T_4) zu der Gesamtausgangsspannung

$$U_A = \frac{R_{OP}}{I_{0,1} \cdot R_1 \cdot R_2} \cdot U_1 \cdot U_2 = \frac{U_1 \cdot U_2}{E} \tag{2.87}$$

Dabei stellt E die Multipliziererkonstante dar. Die linearen Aussteuerungsbereiche sind durch die Bedingung, daß die Kollektorströme der Transistoren nicht kleiner als Null werden können, auf

$$|U_1| < I_{0,1} \cdot R_1 \quad \text{und} \quad |U_2| < I_{0,2} \cdot R_2 \tag{2.88}$$

begrenzt.

Da die Ausgangsspannung sowohl von den Kollektorrestströmen I_{C0} als auch von der Temperaturspannung U_T in erster Näherung unabhängig ist, weist die Schaltung vom Prinzip her eine gute Temperaturstabilität auf. Voraussetzung dafür sind jedoch identische Transistoren mit sehr guter thermischer Kopplung.

2.3.4 Spezifikationen von Analog-Multiplizierern

Kommerziell gefertigte Multipliziererschaltungen, die die Multipliziergleichung (2.67) erfüllen sollen, sind in der Regel mit

$$\left| U_1 \right| \leq E; \qquad \left| U_2 \right| \leq E; \qquad \left| U_A \right| \leq E$$

eingangsseitig und ausgangsseitig auf gleiche Vollaussteuerungsspannungen von z. B. $E = 10$ V ausgelegt. Auf diese Aussteuerungsgrenze werden die statischen Fehler des Multiplizierers bezogen:

– Der Gesamtfehler (total error)

$$\varepsilon_{ges} = \left| \frac{U_{A,real} - U_{A,ideal}}{E} \right|_{max} \quad \text{für} \left| U_1 \right| \leq E \ \text{und} \left| U_2 \right| \leq E$$

gibt die maximale Abweichung der realen Ausgangsspannung vom Idealwert an für den Fall, daß beide Eingangsspannungen beliebig innerhalb des zulässigen Bereiches liegen.

– Die Linearitätsfehler

$$\varepsilon_{NL,1} = \left| \frac{U_{A,real} - U_{A,ideal}}{E} \right|_{max} \quad \text{für} \left| U_1 \right| \leq E \ \text{und} \ U_2 = E$$

bzw.

$$\varepsilon_{NL,2} = \left| \frac{U_{A,real} - U_{A,ideal}}{E} \right|_{max} \quad \text{für} \left| U_2 \right| \leq E \ \text{und} \ U_1 = E$$

beschreiben die entsprechenden Abweichungen für den Fall, daß eine Eingangsspannung auf dem Vollaussteuerungswert E festgehalten wird und die andere Eingangsspannung innerhalb des zulässigen Eingangsspannungsbereiches variiert.

– Die eingangsbezogenen Offsetspannungen $U_{OS,1}$ und $U_{OS,2}$, verursacht durch Unsymmetrien innerhalb der Schaltung, führen zu einer Multiplizierergleichung

$$U_A = \frac{(U_1 - U_{OS,1}) \cdot (U_2 - U_{OS,2})}{E}.$$

Die dynamischen Eigenschaften der Schaltung werden wesentlich durch den Ausgangs-Operationsverstärker bestimmt. Dessen charakteristische Daten wie Kleinsignalbandbreite und Anstiegsrate (Slew Rate) können somit als **ausgangsbezogene** Daten des Multiplizierers interpretiert werden.

2.4 Leitungen

Leitungen sind Elemente, die im Rahmen der Meßtechnik eine vielfältige Anwendung finden. Sie werden einerseits genutzt, um Meßsignale möglichst verzerrungsarm (d. h. ohne unerwünschte Filterwirkung) und geschützt gegen äußere Störeinflüsse über gewisse Entfernungen zu übertragen, andererseits kann man die Zeitverzögerung, die ein Signal bei einer Leitungsübertragung erfährt, gezielt schaltungstechnisch ausnutzen (Laufzeitleitung). Im folgenden wird als Beispiel für eine homogene Leitung die Koaxialleitung betrachtet, die wegen ihrer guten Abschirmungswirkung für die Meßtechnik die größte Bedeutung besitzt.

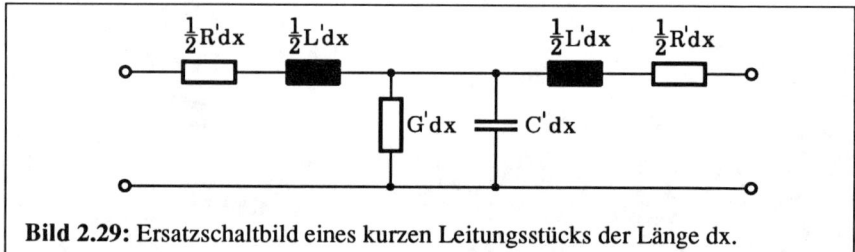

Bild 2.29: Ersatzschaltbild eines kurzen Leitungsstücks der Länge dx.

Für ein kurzes Element einer solchen Leitung der Länge dx läßt sich ein Ersatzschaltbild gemäß Bild 2.29 angeben mit

R' : Widerstandsbelag,
L' : Induktivitätsbelag,
C' : Kapazitätsbelag,
G' : Ableitungsbelag.

Die Zeit- und Ortsabhängigkeit der Spannungs- und Stromverteilung auf einer Leitung wird durch die "Telegraphengleichung" (Leitungsgleichung) beschrieben:

$$\frac{\delta^2 u}{\delta x^2} = L'C' \frac{\delta^2 u}{\delta t^2} + (R'C' + L'G') \frac{\delta u}{\delta t} + R'G' \cdot u \,, \qquad (2.89)$$

$$\frac{\delta^2 i}{\delta x^2} = L'C' \frac{\delta^2 i}{\delta t^2} + (R'C' + L'G') \frac{\delta i}{\delta t} + R'G' \cdot i \,. \qquad (2.90)$$

Für Leitungen mit maximalen Längen von wenigen Metern, wie sie für meßtechnische Aufgabenstellungen vorwiegend benötigt werden, können die Leitungsverluste häufig vernachlässigt werden, d. h., es gilt $R' \approx 0$ und $G' \approx 0$. Dadurch vereinfachen sich die Leitungsgleichungen zu

$$\frac{\delta^2 u}{\delta x^2} = L'C' \frac{\delta^2 u}{\delta t^2}, \tag{2.91}$$

$$\frac{\delta^2 i}{\delta x^2} = L'C' \frac{\delta^2 i}{\delta t^2}. \tag{2.92}$$

Für Signale geringer Bandbreite, die durch ein monofrequentes Signal

$$u(t) = U \cdot e^{j\omega t} \tag{2.93}$$

angenähert werden können, ergibt sich eine Lösung der vereinfachten Telegraphengleichung ((2.91) und (2.92)) zu

$$u(t,x) = U_h \cdot e^{j(\omega t - \beta x)} + U_r \cdot e^{j(\omega t + \beta x)} \tag{2.94}$$

mit einer hinlaufenden Welle U_h und einer reflektierten, zurücklaufenden Welle U_r, die sich jeweils mit der Ausbreitungsgeschwindigkeit

$$\left| v_L \right| = \frac{\omega}{\beta} = \frac{1}{\sqrt{L'C'}} \tag{2.95}$$

auf der Leitung ausbreiten. Dabei stellt β die sog. Phasenkonstante dar. Der Quotient aus Spannung und Strom einer Welle ist dabei durch den Wellenwiderstand Z_L mit

$$\frac{U_h}{I_h} = \frac{U_r}{I_r} = Z_L = \sqrt{\frac{L'}{C'}} \tag{2.96}$$

festgelegt. Die rücklaufende Welle entsteht aus der hinlaufenden durch eine Reflexion am Leitungsende. Der Reflexionsfaktor r, der das Verhältnis von rücklaufender zu hinlaufender Welle beschreibt, ist dabei mit

$$r = \frac{Z - Z_L}{Z + Z_L} \tag{2.97}$$

von der Abschlußimpedanz Z am Ende der Leitung abhängig.

Diese für monofrequente Signale im eingeschwungenen Zustand gültigen Ergebnisse lassen sich — da es sich bei einer Leitung um ein lineares System handelt — mit Hilfe der Fouriertransformation und des Überlagerungssatzes auch für breitbandige Signale wie z. B. Impulse anwenden, jedoch ist dieses Verfahren sehr aufwendig und unhandlich. Beschränkt man sich jedoch auf **verlustlose** Leitungen und auf **reelle** Abschlußwiderstände Z = R, so läßt sich das Leitungssystem vollständig durch die **reellen, frequenzunabhängigen** Größen Z_L, v_L und r beschreiben. Für diesen Fall können die Betrachtungen über Wellen, Spannungen und

Ströme auf Leitungen auf einfache Weise unmittelbar im Zeitbereich durchgeführt werden.

Dies soll anhand der einfachen Schaltung nach Bild 2.30, die aus einer Signalspannungsquelle mit der Leerlaufspannung $u_0(t)$ und dem Innenwiderstand R_A, einer Leitung mit dem reellen Wellenwiderstand Z_L, der Ausbreitungsgeschwindigkeit v_L und der Leitungslänge l sowie dem Abschlußwiderstand R_B besteht, verdeutlicht werden.

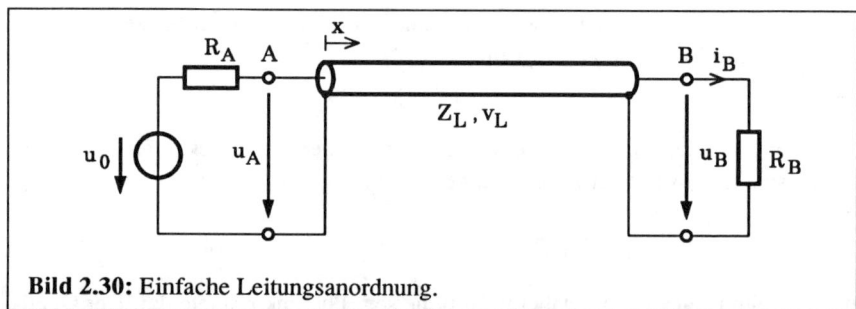

Bild 2.30: Einfache Leitungsanordnung.

Breitet sich beispielsweise in dieser Schaltung eine hinlaufende Welle vom Anschluß A (x=0) zum Anschluß B (x=l) aus, so bestimmt der Wellenwiderstand Z_L das Verhältnis von Spannung zu Strom dieser Welle[5] zu

$$\frac{\underline{u}_h(t,x)}{\underline{i}_h(t,x)} = Z_L \,, \tag{2.98}$$

wobei v_L die Ausbreitungsgeschwindigkeit der Welle auf der Leitung angibt. Trifft diese hinlaufende Welle am Leitungsende B auf einen Abschlußwiderstand R_B, so wird dort das Verhältnis von Spannung zu Strom durch den Abschlußwiderstand R_B zu

$$\frac{u_B(t,l)}{i_B(t,l)} = R_B \tag{2.99}$$

erzwungen. Dies erzeugt im Punkt B eine rücklaufende Welle

$$\underline{u}_r(t,l) = r \cdot \underline{u}_h(t,l) \,, \tag{2.100}$$

---

[5] Unterstrichene Größen bezeichnen Wellen.

die sich auf der Leitung von B nach A ausbreitet. Die Summe aus hin- und rücklaufender Welle muß im Punkt B gerade die Spannung u_B am Lastwiderstand R_B ergeben mit

$$u_B(t) = \underline{u}_h(t,\ell) + \underline{u}_r(t,\ell) \, .\tag{2.101}$$

Daraus folgt nach (2.97) der Reflexionsfaktor

$$r = \frac{R_B - Z_L}{R_B + Z_L} \, .$$

Die neu entstandene Welle $\underline{u}_r$ kann wie eine im Punkt B eingespeiste Welle betrachtet werden; d. h. für diese von B nach A laufende Welle stellt jetzt der Anschluß A das Leitungsende und der Widerstand R_A den dort wirksamen Abschlußwiderstand dar.

Man erkennt, daß für den Fall $R_B = Z_L$ der Reflexionsfaktor $r = 0$ wird und damit keine reflektierte Welle entsteht, sondern die gesamte Leistung der hinlaufenden Welle $\underline{u}_h$ im Lastwiderstand R_B absorbiert wird. Für diesen Fall der **Anpassung** des Lastwiderstandes an den Wellenwiderstand ergibt sich die Übertragungsfunktion

$$H(j\omega) = \frac{U_B(j\omega)}{U_0(j\omega)} = \frac{R_B}{R_A + R_B} \cdot e^{-j\omega \ell / v_L}\tag{2.102}$$

bzw. die Ausgangsspannung

$$u_B(t) = \frac{R_B}{R_A + R_B} \, u_0 \, (t - t_d)\tag{2.103}$$

mit

$$t_d = \frac{\ell}{v_L} \, ,$$

die bis auf die Laufzeit t_d und den Spannungsteilerfaktor ein formgetreues Abbild der Eingangsspannung $u_0(t)$ darstellt.

Für eine Meßsignalübertragung, bei der **keine** Filterwirkung durch die Leitungsübertragung gewünscht wird, stellt deshalb die Anpassung der Leitung durch einen Abschlußwiderstand $R = Z_L$ die zweckmäßige Lösung dar.

Die Einflüsse einer Fehlanpassung der Leitung auf die Meßsignale werden im Kap. 5 (Kopplungen zwischen Schaltungen und Geräten) ausführlich diskutiert.

3 Meßschaltungen

In diesem Kapitel werden einige der wichtigsten Meßschaltungen für komplexe Meßsysteme behandelt. Für ihren Aufbau kommen vielfach die in Kap. 2 beschriebenen Komponenten zum Einsatz, auf deren Grundlagen hier zurückgegriffen wird.

3.1 Spannungsverstärker

3.1.1 Definition

Als Spannungsverstärker wird eine Meßschaltung bezeichnet, die eine (kleine) Eingangs-Signalspannung U_E ohne (nennenswerte) Belastung des Generators in eine verstärkte (relativ große) Ausgangssignalspannung U_A umwandelt und diese (möglichst) unabhängig von der Größe des Lastwiderstandes R_L an diesen weitergibt. Im Idealfall sollte der Spannungsverstärker also eine spannungsgesteuerte Spannungsquelle (s. Bild 3.1) sein. Er sollte deshalb allein durch die Angabe der konstanten Spannungsverstärkung

$$v_u = \frac{U_A}{U_E} \tag{3.1}$$

beschreibbar sein.

Bild 3.1:
Idealer Spannungsverstärker beim Betrieb zwischen Generator (U_0, R_G) und Lastwiderstand (R_L).

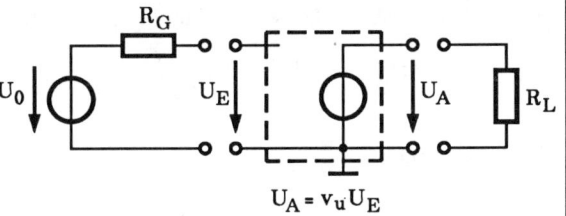

Ein idealer Spannungsverstärker ist grundsätzlich nicht realisierbar. SeineKennlinie $U_A = f(U_E)$ wird prinzipiell nichtlinear und darüberhinaus u. a. frequenz- und temperaturabhängig sein.

Für den Frequenzbereich von Gleichspannung bis zu mehreren 10 MHz kommt die Realisation des Spannungsverstärkers mittels Operationsverstärker dem Ideal am nächsten. Die Gegenkopplung vom Verstärkerausgang zum -eingang bei hoher negativer Ringverstärkung eliminiert weitgehend die Leelaufspannungsverstärkung mit all ihren nichtidealen Eigenschaften (s. Kap. 2.1.2).

3.1.2 Nichtinvertierender Verstärker

Die wichtigste Form des Spannungs-Meßverstärkers ist der nichtinvertierende Verstärker nach Bild 2.9, der auch Elektrometerverstärker genannt wird. Durch die spannungsgesteuerte Spannungsgegenkopplung wird nach (2.32) die Eingangsimpedanz $Z_{1-1'}$ für hohe negative Werte der Ringverstärkung v_r sehr hoch und die Ausgangsimpedanz entsprechend (2.33) sehr klein. Entsprechend den Beziehungen aus (2.34) und (2.35) werden Nichtlinearitäten der Kennlinie für hohe Werte von $|v_r| = |k \cdot v_0|$ weitgehend unterdrückt.

Wie in Kap. 2.1.1 behandelt, besitzt ein realer Operationsverstärker nur einen endlichen Gleichtaktunterdrückungsfaktor (CMRR), der gerade bei der Beschaltung als nichtinvertierender Verstärker eine große Bedeutung besitzt. Hier nimmt wegen der durch die Gegenkopplung erzwungenen sehr kleinen Eingangsdifferenzspannung U_D die Spannung U_N zwischen Θ-Eingang und Masse stets etwa den gleichen Wert wie $U_E = U_P$ an. Dies bedeutet aber, daß entsprechend (2.9) eine Gleichtaktansteuerspannung $U_{Gl} \approx U_E$ entsteht, die nach (2.10) mit der Gleichtaktverstärkung v_{Gl} verstärkt am Ausgang des Verstärkers erscheint. Die Ausgangsspannung ergibt sich damit zu:

$$U_A = v_0 \cdot U_D + v_{Gl} \cdot U_{Gl} , \qquad (3.2)$$

sowie mit (2.11), $U_D = U_E + k \cdot U_A$ und $U_{Gl} \approx U_E$ zu:

$$U_A = \frac{v_0}{1 - k \cdot v_0} \cdot \left(1 + \frac{1}{CMRR}\right) \cdot U_E . \qquad (3.3)$$

Für $v_0 \gg 1$ und $k = -\dfrac{R_1}{R_1 + R_2}$ folgt daraus:

$$v_{B,ges} = \frac{U_A}{U_E} = \left(1 + \frac{R_2}{R_1}\right) \cdot \left(1 + \frac{1}{CMRR}\right) . \qquad (3.4)$$

Da CMRR zwar bei niedrigen Frequenzen meist sehr große Werte besitzt, aber über der Frequenz ab spätestens einigen kHz mit etwa -20 dB/Dekade abfällt, muß insbesondere bei Breitbandverstärkern der Einfluß entsprechend (3.4) berücksichtigt werden.

Der Differenz-Eingangswiderstand von Operationsverstärkern liegt zwischen 100 kΩ und einigen TΩ, so daß sich, wie oben bereits bemerkt, entsprechend (2.32) bei großen Ringverstärkungen meist extrem hohe Differenz-Eingangsimpedanzen $Z_{1-1'}$ ergeben. (Der Gleichtakt-Eingangswiderstand r_{Gl}, d. h. der differentielle Widerstand zwischen ⊖-Eingangsklemme und Masse, bzw. ⊕-Eingangsklemme und Masse, liegt selbst bei OPs mit Bipolar-Eingangstransistoren bei Werten höher als 1 GΩ.) Es muß jedoch festgehalten werden, daß sowohl $Z_{1-1'}$ als auch r_{Gl} nur differentielle Eingangsgrößen sind, die kleine Spannungs- und Stromänderungen verknüpfen. Unabhängig davon fließen in die Verstärkereingangsklemmen die in Kap. 2.1.1 beschriebenen Eingangsruheströme. Die Werte der Biasströme von OPs mit Bipolar-Eingangstransistoren können mit Werten von bis zu ca. 100 nA vergleichsweise hoch gegenüber den im Verstärkerbetrieb auftretenden Signalströmen sein.

Beim Betrieb des OPs als nichtinvertierender Verstärker mit extrem hohen ohmschen Eingangswiderständen, wie sie z. B. bei OPs mit J-FET-Eingangstransistoren vorliegen, gewinnen die Eingangskapazitäten des OPs und Aufbau-Parasitärkapazitäten zwischen ⊕-Klemme und Masse bei höheren Signalfrequenzen eine beherrschende Bedeutung. Liegt die Gesamtkapazität bei einigen pF, so ist die Eingangsimpedanz bereits ab dem kHz-Bereich praktisch allein von ihr bestimmt.

Der reale Ausgangswiderstand R_0 eines Operationsverstärkers liegt im Ω- bis kΩ-Bereich und steigt im allgemeinen bei höheren Frequenzen an. Entsprechend (2.33) wird die Ausgangsimpedanz an den Klemmen 2-2' (s. Bild 2.9) durch hohe negative Werte der Ringverstärkung v_r klein. Bei reeller Gegenkopplung mit R_2, R_1 (s. Bild 2.9), reellem Ausgangswiderstand $Z_0 = R_0$ und einem ab ω_1 (vergl. Bild 2.11) mit −20 dB/Dekade fallendem Betrag der Ringverstärkung (wegen der −20 dB/Dekade-Steigung der v_0-Kurve!) erhält die Ausgangsimpedanz $Z_{2-2'}$ bei höheren Frequenzen ($\omega > \omega_1$) den Charakter einer Induktivität:

$$Z_{2-2'}\big|_{\omega > \omega_1} \approx j\omega \cdot \frac{R_0}{\omega_1 \cdot |k| \cdot v_{0,DC}} . \tag{3.5}$$

Wird der Meßverstärker dazu benutzt, die Augenblickswerte von Analogsignalen möglichst fehlerfrei zu verstärken, so muß er einen möglichst kleinen Vektorfehler besitzen. Der Vektorfehler ε_v einer linearen Meßschaltung ist die relative Vektordifferenz ihrer realen (U_A) und idealen Ausgangsspannung ($U_{A,id}$):

$$\varepsilon_v = \frac{\left| U_A - U_{A,id} \right|}{\left| U_{A,id} \right|} . \tag{3.6}$$

Setzt man entsprechend (2.24)

$$U_A = v_B \cdot U_E = -\frac{A}{k} \frac{1}{1 - \frac{1}{v_r}} \cdot U_E \tag{3.7}$$

und entsprechend (2.25)

$$U_{A,id} = v_{B,id} \cdot U_E = -\frac{A}{k} \cdot U_E , \tag{3.8}$$

so findet man für den Vektorfehler nach (3.6):

$$\varepsilon_v = \left| 1 - \frac{1}{1 - \frac{1}{v_r}} \right| . \tag{3.9}$$

Für $\left| v_r \right| \gg 1$ gilt die Näherung:

$$\varepsilon_v \approx \frac{1}{\left| v_r \right|} . \tag{3.10}$$

Der Vektorfehler ist also für große Ringverstärkungsbeträge näherungsweise umgekehrt proportional dem Betrag der Ringverstärkung.

Der statische Fehler ε_{stat} einer linearen Verstärkerschaltung ist als der relative Fehler der Gleichspannungsverstärkung definiert:

$$\varepsilon_{stat} = \frac{v_B(j0) - v_{B,id}(j0)}{v_{B,id}(j0)} . \tag{3.11}$$

Es gilt also, daß der Absolutwert $\left| \varepsilon_{stat} \right|$ dem Gleichwert des Vektorfehlers entspricht:

$$\left| \varepsilon_{stat} \right| = \varepsilon_v(\omega=0) . \tag{3.12}$$

Da bei Meßverstärkerschaltungen mit reeller Gegenkopplung und hoher Leerlaufspannungsverstärkung $v_{0,DC}$ bei $f = 0$ gilt: $\left| v_{r,DC} \right| \gg 1$, ist also in guter Näherung:

$$\left| \varepsilon_{stat} \right| \approx \left| \frac{1}{k \cdot v_{0,DC}} \right| . \tag{3.13}$$

Anhand eines typischen Beispiels soll aufgezeigt werden, in welch begrenztem Frequenzbereich in der Praxis ein sehr kleiner Vektorfehler erreichbar ist. Mit einem universell frequenzgangkompensierten Operationsverstärker (also einem mit einpoligem Tiefpaßverhalten der Leerlaufspannungsverstärkung) mit $v_{0,DC} = 106$ dB, $f_1 = 25$ Hz (also $f_T = 5$ MHz) läßt sich bei voll gegengekoppeltem Betrieb $(k = -1)$ bei $v_u = 1$ der Vektorfehler $\varepsilon_v \leq 0,1\% \; \hat{=} \; -60$ dB nur im Frequenzbereich 0 bis 25 kHz erreichen.

3.1.3 Einfacher Differenzverstärker

Als Differenzverstärker läßt sich die in Tab. 2.1 angegebene Schaltung des subtrahierenden Verstärkers verwenden. Bei der in Bild 3.2 angegebenen Schaltung mit als ideal angenommenem OP ergibt sich die Ausgangsspannung zu:

$$U_A = \frac{R_4}{R_3 + R_4} \cdot \left(1 + \frac{R_2}{R_1}\right) \cdot U_2 - \frac{R_2}{R_1} \cdot U_1 \, . \tag{3.14}$$

Bild 3.2:
Subtrahierender
Verstärker.

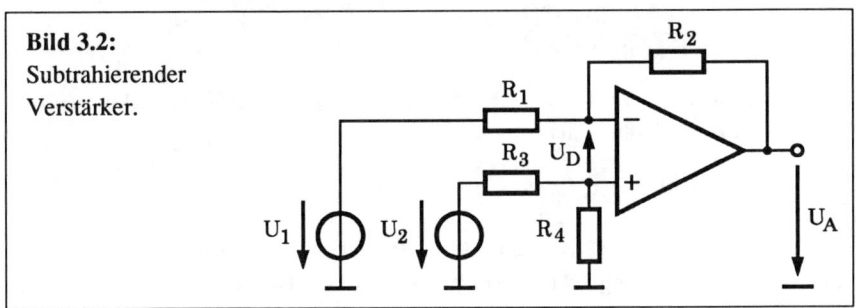

Soll die Schaltung als echter Differenzverstärker arbeiten, d. h. für $U_1 = U_2 = U_M$ die Ausgangsspannung $U_A = 0$ liefern, so muß die Dimensionierung

$$\frac{R_2}{R_1} = \frac{R_4}{R_3} \tag{3.15}$$

gewählt werden. Soll darüber hinaus zum Biasstromabgleich für beide OP-Eingänge der gleiche Quellwiderstand wirksam sein, so muß zusätzlich wegen

$$R_1 \| R_2 \stackrel{!}{=} R_3 \| R_4 \tag{3.16}$$

die Dimensionierung

$$R_1 = R_3 \quad \text{und} \quad R_2 = R_4 \tag{3.17}$$

vorgenommen werden.

Damit werden aber die Signalquellen unterschiedlich belastet, nämlich U_1 mit R_1 und U_2 mit $R_3 + R_4 = R_1 + R_2$.

Gelingt in der Praxis die Dimensionierung (3.15) nur unvollständig, d. h. z. B. mit:

$$\frac{R_4}{R_3} = \frac{R_2}{R_1} \cdot (1 + x) \quad \text{mit} \mid x \mid \ll 1 , \tag{3.18}$$

so wird die Ausgangsspannung nach (3.14) zu:

$$U_A = \frac{R_2}{R_1} \cdot \left[\frac{(1 + x)(1 + \frac{R_2}{R_1})}{1 + \frac{R_2}{R_1}(1 + x)} \cdot U_2 - U_1 \right] . \tag{3.19}$$

Für $U_1 = U_2 = U$ verschwindet die Ausgangsspannung also nicht, sondern es zeigt sich eine Gleichtaktverstärkung:

$$\frac{U_A}{U} \approx \frac{R_2}{R_1 + R_2} \cdot x . \tag{3.20}$$

Für große Werte der Differenzverstärkung R_2/R_1 ist der Gleichtaktunterdrükkungsfaktor der Schaltung also

$$CMRR \approx \frac{x}{R_2/R_1} , \tag{3.21}$$

ein Wert, der für x im %-Bereich und $R_2/R_1 \geq 100$ wesentlich schlechter als der Gleichtaktunterdrückungsfaktor CMRR des realen OP ist.

Die Qualität der Schaltung als Differenzverstärker hängt also stark von der Genauigkeit der Widerstandspaarung ab.

Bei dieser Schaltung ist das Problem der Dimensionierung auf (betragsmäßig) gleiche Verstärkung für beide Eingangsspannungen und gleichzeitig gleichen Eingangswiderständen nicht lösbar. Außerdem ist eine Verstärkungsveränderung nur durch identische Änderung von jeweils zwei Widerständen möglich. Deshalb wird diese Schaltung in der Praxis nur mit "vorgeschalteten" Pufferverstärkern in der Form des Instrumentenverstärkers benutzt.

3.1.4 Instrumentenverstärker

Die bekannteste Form eines Instrumentenverstärkers ist in Bild 3.3 dargestellt. Der Operationsverstärker OP3 ist als einfacher subtrahierender Verstärker beschaltet, dessen unterschiedliche Eingangswiderstände hier bei Ansteuerung durch die vorgeschalteten Operationsverstärker mit ihren sehr geringen Ausgangswiderständen keine Probleme darstellen. (Vergleiche hierzu den vorher beschriebenen einfachen Differenzverstärker.) Die beiden vorgeschalteten und als ideal angenommenen Operationsverstärker OP1 und OP2 liefern die Ausgangsspannungen

$$\left.\begin{aligned} U_1 &= \left(1 + \frac{R_A}{R}\right) U_{E,1} - \frac{R_A}{R} U_{E,2} \\ U_2 &= \left(1 + \frac{R_B}{R}\right) U_{E,2} - \frac{R_B}{R} U_{E,1} \end{aligned}\right\} . \tag{3.22}$$

Für Gleichtakt-Eingangsspannungen $U_{E,1} = U_{E,2} = U$ folgt aus (3.22):

$$U_1 = U_2 = U . \tag{3.23}$$

Beide Operationsverstärker liefern also unabhängig von R_A und R_B (also auch für $R_A \neq R_B$) die Gleichtaktverstärkung

$$\frac{U_1}{U} = \frac{U_2}{U} = 1 .$$

Setzt man für den Operationsverstärker OP3 den exakten Widerstandsabgleich nach (3.15) voraus, so wird aus (3.14) bzw. (3.19):

$$U_A = \frac{R_2}{R_1} \cdot (U_2 - U_1) \tag{3.24}$$

und es ergibt sich mit (3.22):

$$U_A = \frac{R_2}{R_1} \cdot \left(1 + \frac{R_A + R_B}{R}\right) \cdot (U_{E,2} - U_{E,1}) . \tag{3.25}$$

Die Differenzverstärkung läßt sich also mit **einem** Widerstand R variieren, ohne in die gut abgeglichene Teilschaltung des OP3 eingreifen zu müssen. Die Widerstände R_A und R_B müssen **nicht** gepaart sein, jedoch wird man sie in der Praxis etwa gleich groß einstellen, damit die beiden gleichen Eingangsoperationsverstärker bei etwa gleicher Ringverstärkung arbeiten. Damit ergeben sich gleich große und sehr hohe Eingangswiderstände für beide Eingänge.

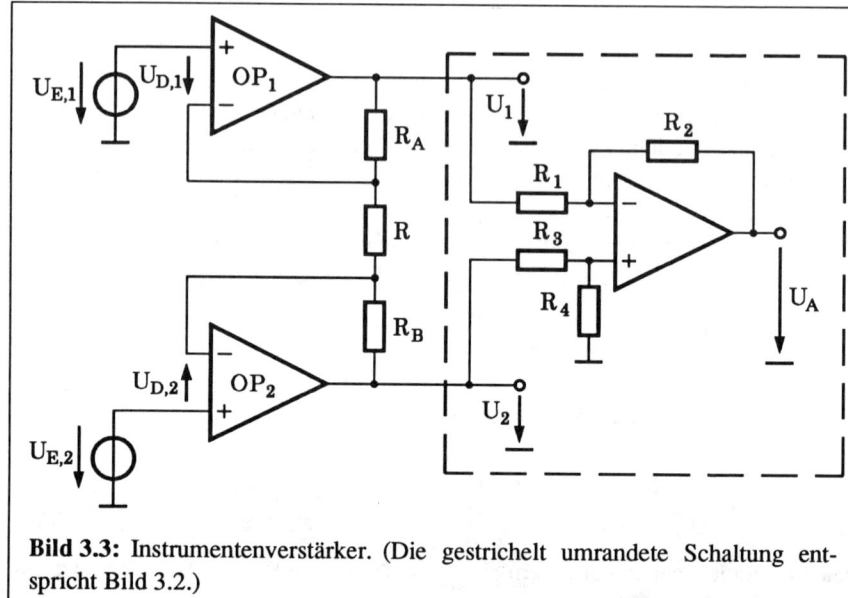

Bild 3.3: Instrumentenverstärker. (Die gestrichelt umrandete Schaltung entspricht Bild 3.2.)

Instrumentenverstärker werden als integrierte Bausteine hergestellt, in denen die nötige Paarungsgenauigkeit der Beschaltungswiderstände gewährleistet ist. Über herausgeführte Anschlüsse ist der Widerstand R zur Einstellung der Differenzverstärkung von außen veränderbar.

3.1.5 Zerhacker-(Chopper-)Verstärker

Zerhacker-(Chopper-)Verstärker (s. z. B. [5]) dienen dem Zweck, Gleichspannungen zu verstärken und dabei insbesondere den Verstärkungsfehler durch Offsetspannungen so gering wie möglich zu halten.

Das zugrundeliegende Prinzip ist die Umwandlung eines Gleichspannungssignals in ein Wechselspannungssignal (durch Modulation mit einer Hilfs-Wechselspannung oder im einfachsten Fall durch "Zerhacken"), Verstärkung des modulierten Signals in einem Wechselspannungs-(AC)-Verstärker und anschließender Demodulation (bzw. Synchron-Gleichrichtung). Die einfachste Prinzipschaltung zeigt Bild 3.4, den sogenannten Eintakt-Chopper-Verstärker.

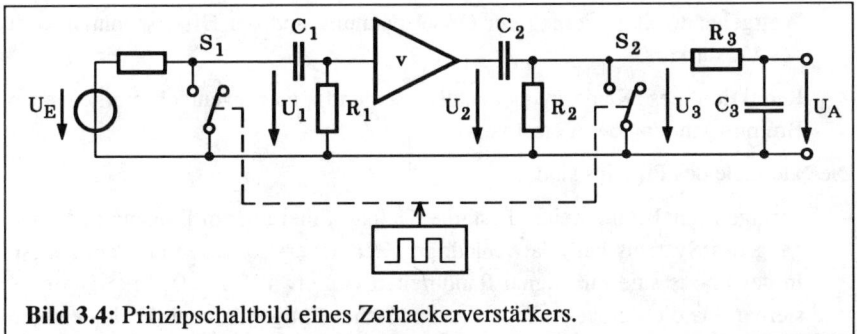

Bild 3.4: Prinzipschaltbild eines Zerhackerverstärkers.

Der Schalter S_1 "zerhackt" die Eingangsspannung U_E (die hier zur Vereinfachung als Gleichspannung angenommen sein soll!) zu einer Signalspannung U_1, die eine amplitudenmodulierte Rechteckimpulsfolge darstellt. Die Netzwerke R_1C_1 bzw. R_2C_2 befreien die Signalspannungen (U_1 bzw. U_2) jeweils vor der Weiterverarbeitung von ihren Gleichspannungskomponenten. Dadurch werden an den Verstärker V keine "DC-Anforderungen" wie z. B. geringe Offsetspannung und geringe Offsetspannungsdrift gestellt. Besitzt der Verstärker V eine frequenzunabhängige Verstärkung v und verursacht er keine frequenzabhängigen Phasenverschiebungen des Signals, so erzeugt der Synchron-Gleichrichter (S_2 schaltet synchron zu S_1) eine Signalspannung U_3, die nun wieder einen (verstärkten) Gleichspannungsanteil besitzt. Das Tiefpaßfilter R_3C_3 bildet den arithmetischen Mittelwert dieser neuen Signalspannung U_3 und liefert für den Fall, daß die Grenzkreisfrequenz $(R_3C_3)^{-1}$ wesentlich kleiner als die Zerhackerkreisfrequenz (ω_{Takt}) ist und das Tastverhältnis des Zerhackers 0,5 beträgt, die Ausgangsspannung:

$$U_A = \frac{v}{4} \cdot U_E \ . \tag{3.26}$$

Der Zerhackerverstärker hat also die Eingangsgleichspannung U_E verstärkt, d. h. er besitzt die untere Grenzfrequenz Null. Als obere Grenzkreisfrequenz ω_{max} ergibt sich:

$$\omega_{max} \approx \frac{1}{R_3C_3}$$

solange $\omega_{Takt} \gg \omega_{max}$ ist.

Der Vorteil des Zerhackerverstärkungsprinzips ist:

–   Weitgehende Eliminierung der Offsetspannung und der Offsetspannungsdrift des Verstärkers.

–   Reduktion des Niederfrequenzrauschens und einer eventuell vorliegenden Brummspannung des Verstärkers.

Die Nachteile des Prinzips sind:

–   geringe Signal-Bandbreite, da starke Tiefpaß-Filterung am Eingang und Ausgang des Systems bei relativ niedrigen Zerhackerfrequenzen erforderlich ist. In der Praxis sind nur Signal-Bandbreiten von etwa $(0,1 \ldots 0,3) \cdot \omega_{Takt}$ realisierbar. Da die Zerhackerfrequenzen zwischen einigen hundert Hz bis einigen kHz liegen, sind also Bandbreiten von mehr als 100 Hz kaum zu erreichen.

–   Höherfrequente Signalanteile erzeugen Modulationsprodukte mit dem Zerhackersignal (Intermodulation). Entstehende Modulationsprodukte mit der Frequenz Null erschienen als Offset-Fehler!

3.1.6 CAZ-(Commutating Auto Zero)Verstärker

Das Grundprinzip des CAZ-Verstärkers besteht darin, zwei identische Verstärker jeweils abwechselnd das Signal verstärken bzw. den eigenen Nullabgleich durchführen zu lassen. Bild 3.5 zeigt schematisch die beiden Betriebszustände des CAZ-Verstärkers, die durch eine Anzahl von CMOS-Analogschaltern im Takt einer gewünschten Umschaltfrequenz (Taktfrequenz) eingeschaltet werden. Die mit AZ (Auto Zero) bezeichnete Eingangsklemme kann auf ein gewünschtes Referenzpotential festgelegt werden. (Zum leichteren Verständnis der Grundfunktion der Schaltung sei im weiteren angenommen, AZ liege auf Massepotential.)

In Bild 3.5 a) befindet sich der OP2 im Abgleichbetrieb als +1-Verstärker beschaltet. Der Kondensator C_2 liegt zwischen den beiden Eingangsklemmen des OP2 und wird auf $U_{OS,2}$ aufgeladen, da bei AZ auf Massepotential die Ausgangsspannung von OP2 gerade der mit +1 verstärkten Offsetspannung entspricht. Betrachtet man nun den OP2 in dem Betriebszustand nach Bild 3.5 b), so liegt der auf $U_{OS,2}$ aufgeladene Kondensator C_2 in Serie zur Differenzeingangsspannung des Gesamtverstärkers im Signalverstärkungsbetrieb, d. h. die Offsetspannung $U_{OS,2}$ ist in ihrem Einfluß auf das Ausgangssignal kompensiert. Natürlich wird sich der Kondensator C_2 über die Eingangsströme entladen – ein Effekt, der aber geringe Auswirkungen bei kleinen Biasströmen, hoher Umschaltfrequenz und großem externen Kompensationskondensator C_2 besitzt.

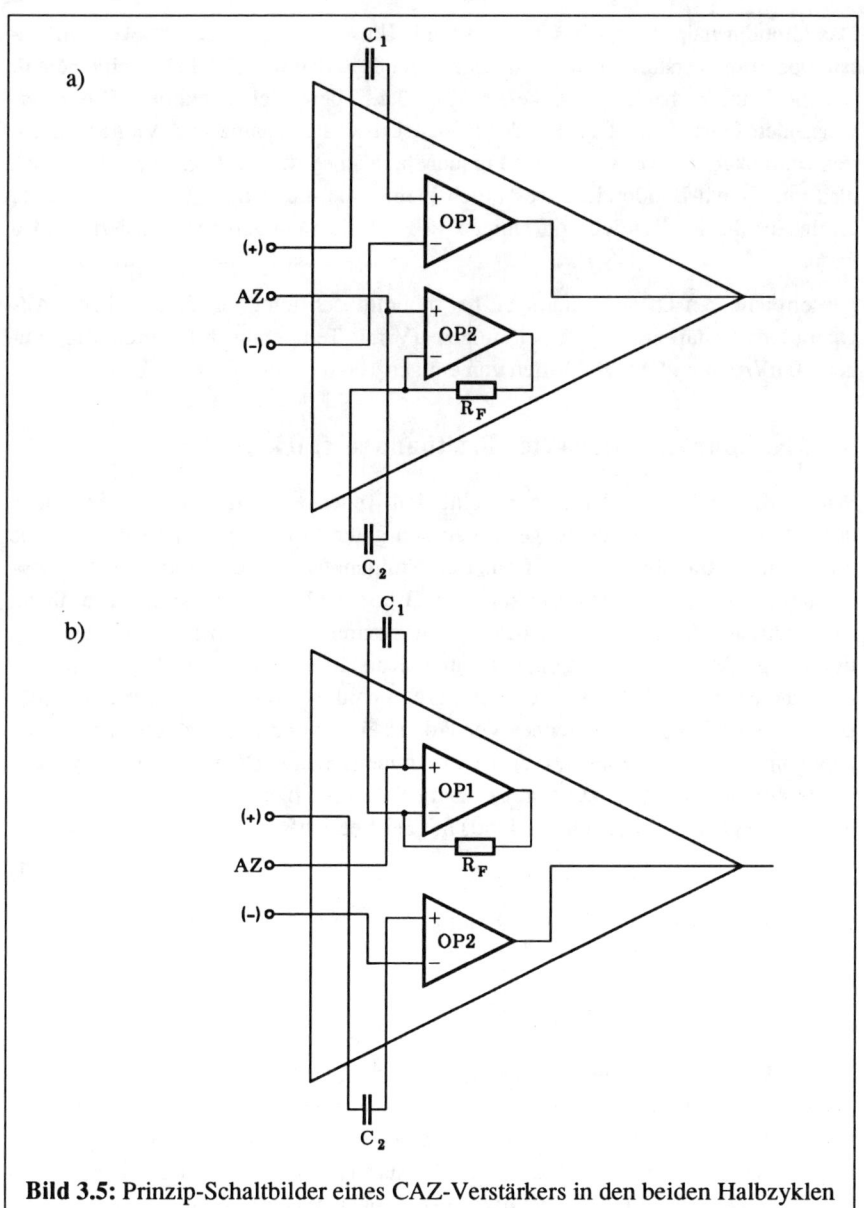

Bild 3.5: Prinzip-Schaltbilder eines CAZ-Verstärkers in den beiden Halbzyklen

Das Grundprinzip des CAZ-Verstärkers mit Umschaltung zwischen zwei getrenn-
ten Operationsverstärkern wirft natürlich grundsätzlich die gleichen Probleme auf,
wie sie beim Zerhackerverstärker, s. Kap. 3.1.5, beschrieben wurden. Die zu er-
wartenden Umschaltspitzen bei der halben Umschaltfrequenz und Vielfachen davon schränken den verwendbaren Frequenzbereich stark ein. Auch hier lassen sich
also nur Signal-Bandbreiten wesentlich kleiner als die (halbe) Umschaltfrequenz
erreichen, die im Bereich von einigen 10 Hz bis zu einigen kHz variiert werden
kann.

Die erreichbaren Offsetspannungen bei monolithisch integriert erhältlichen CAZ-
Operationsverstärkern liegen bei einigen µV mit Temperaturdriftwerten von einigen 10 nV/°C und Langzeitdriften von einigen 100 nV/Jahr.

3.1.7 Nullpunktstabilisierter Breitbandverstärker

Wie in Kap. 3.1.5 und 3.1.6 dargestellt, sind weder der Zerhackerverstärker noch
der CAZ-Verstärker in der Lage, neben den guten Offseteigenschaften auch eine
große Signal-Bandbreite zu liefern. Der Nullpunktstabilisierte (oder auch Chop-
perstabilisierte) Breitbandverstärker (s. z. B. [5]) soll beide Forderungen erfüllen.
Er besteht aus der Zusammenschaltung eines extrem offsetarmen Verstärkers relativ geringer Bandbreite und eines Breitbandverstärkers mit nur mäßigen Offseti-
genschaften. Die Schaltung eines solchen Nullpunktstabilisierten Breitbandverstärkers im Betrieb als invertierender Verstärker zeigt Bild 3.6. Durch elementare Be-
rechnungen läßt sich zeigen, daß die Zusammenschaltung der beiden Operationsverstärker OP1 und OP2 zur sog. Goldberg-Schaltung hier einem "Ersatz"-Operati-
onsverstärker (in Bild 3.6 eingerahmt!) mit der Leerlaufspannungsverstärkung:

$$v_0 = (v_{0,1} + 1) \cdot v_{0,2} \tag{3.27}$$

entspricht und unter der Annahme $v_{0,1,DC}$; $v_{0,2,DC} \gg 1$ folgende eingangsbezogene Gesamtoffsetspannung besitzt:

$$U_{OS} \approx U_{OS,1} + \frac{U_{OS,2}}{v_{0,1,DC}}. \tag{3.28}$$

Dies bedeutet, daß ein Gesamtverstärker mit (nach (3.28)) sehr kleiner Offsetspannung (und natürlich auch sehr kleiner Offsetspannungsdrift) entsteht, wenn ein
guter "DC-Verstärkers" OP1 gewählt wird, der eine extrem kleine Offsetspannung
$U_{OS,1}$ und eine sehr hohe DC-Leerlaufverstärkung $v_{0,1,DC}$ besitzt. Selbst wenn
OP1 nur eine geringe Bandbreite der Leerlaufspannungsverstärkung $v_{0,1}$ besitzt, ist

der Gesamtverstärker noch entsprechend der Bandbreite von $v_{0,2}$ brauchbar, da nach (3.27) für $v_{0,1} \rightarrow 0$ immer noch $v_0 \approx v_{0,2}$ gilt.

Für einen offsetarmen Gesamtverstärker bietet es sich also an, den Verstärker OP1 als Präzisions-Verstärker mit extrem kleiner Offsetspannung $U_{OS,1}$ und sehr hoher Leerlaufspannungsverstärkung $v_{0,1,DC}$ bei eventuell geringer Bandbreite auszuführen und für den Verstärker OP2 einen Operationsverstärker möglichst großer Bandbreite ohne besondere Rücksicht auf sehr gute Offsetspannungswerte einzusetzen. (Bei der Realisierung eines Gesamtverstärkers nach diesem Muster aus zwei einzelnen Operationsverstärkern muß man allerdings den Frequenzgang der Gesamt-Leerlaufverstärkung v_0 sorgfältig gestalten, damit ein über alles stabil gegenkoppelbarer Operationsverstärker entsteht.)

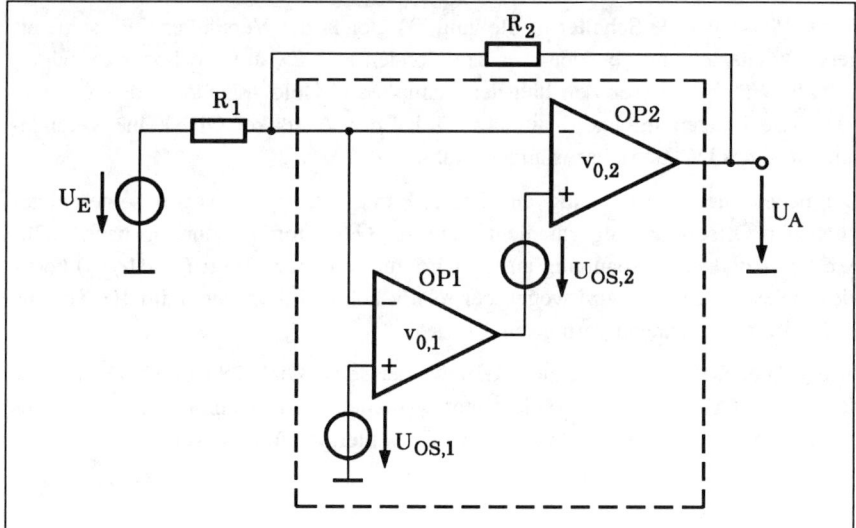

Bild 3.6: Nullpunktstabilisierter Breitbandverstärker in invertierendem Verstärkerbetrieb.

In integrierter Technik läßt sich ein chopperstabilisierter Operationsverstärker nach diesem Prinzip erfolgreich realisieren; Bild 3.7 zeigt das Funktionsersatzschaltbild. Der Hauptverstärker (OP2) ist ständig mit den Signaleingangsklemmen verbunden und besitzt dank seiner hohen Bandbreite auch bis zu hohen Frequenzen eine Verstärkung $|v_{0,2}| \gg 1$. Der sogenannte Nullabgleichverstärker (OP1) hat eine obere Grenzfrequenz wesentlich kleiner als die Chopperfrequenz (Clock-Frequenz)

$1/T_{Takt}$, mit der die Schalter S_1, S_2 und S_3 synchron in die Stellungen a) bzw. b) geschaltet werden, und ist nicht dauernd mit den Eingangsklemmen verbunden.

Die Betriebsweise des chopperstabilisierten Verstärkers wechselt zeitlich periodisch mit den Schalterstellungen a) und b).

In der Phase I, in der alle drei Schalter die Stellung a) einnehmen, liegt der oben besprochene und in Bild 3.6 dargestellte "Standardbetrieb" der Schaltung vor. Das Netzwerk R_B, C_B mit relativ großer Zeitkonstante fällt wegen der angenommenen sehr geringen Bandbreite des OP1 für den Frequenzgang nicht ins Gewicht. Die Offsetspannung $U_{OS,2}$ wirkt sich eingangsbezogen, wie in (3.28) gezeigt, nur mit $U_{OS,2}/v_{0,1,DC}$ aus. Der Kondensator C_B lädt sich auf die Spannung $U_{CB} = - U_{OS,2} + U_{D,2} - U_{E,D,DC}$ (mit $U_{E,D,DC}$; $U_{D2} \rightarrow 0$) auf.

In der Phase II (alle Schalter in Stellung b)) gleicht der Verstärker OP1 seine eigene Offsetspannung ab, indem er den Kondensator C_A auf die Spannung $U_{OS,1}$ auflädt. Während dieser Zeit hält der "Sample and Hold"-Kondensator C_B die in der Phase I angenommene Spannung, so daß der Verstärker OP2 keine Veränderungen seines DC-Betriebszustandes erfährt.

Bei neuerlicher Umschaltung auf Phase I trägt OP1 nun wegen seiner abgeglichenen Offsetspannung gar nicht mehr zur Gesamtoffsetspannung nach (3.28) bei. Die Kondensatorspannung an C_B wird auf den neuen Wert ($\approx -U_{OS,2}$) korrigiert. Diese Korrektur wird wegen der relativ hohen Taktfrequenz im 100 Hz- bis 1 kHz-Bereich nur recht gering sein.

In der folgenden Phase II gleicht OP1 wieder seine (vielleicht durch Drift geänderte) Offsetspannung ab. Die Gesamtoffsetspannung hat während dieser Zeit wegen der vorher aufgebauten Spannung an C_B weiterhin nur den Wert

$$\frac{U_{OS,2}}{v_{0,1,DC}}$$

plus einem geringen $U_{OS,2}$-Driftanteil während der Phase II, der bei gutem Schaltungsaufbau nur sehr gering sein sollte.

Die Realisation des hier im Prinzip erläuterten chopperstabilisierten **Operationsverstärkers** ist sehr aufwendig. Anders als im Beispiel des invertierenden Verstärkerbetriebs nach Bild 3.7 müssen nämlich alle Abgleichkomponenten so konstruiert werden, daß beide Klemmen des OP2 als Eingangsklemmen des Gesamtoperationsverstärkers frei verfügbar sind für Betrieb in allen beliebigen Grundschaltungen. Darüber hinaus müssen alle Schalterfunktionen so "ideal" ausgeführt werden, daß keine Schaltspitzen bei der Taktfrequenz am Ausgang des Operationsverstärkers erscheinen. Weiterhin dürfen keine Intermodulationsprodukte mit den Signalfrequenzen im Schaltkreis auftreten, die Spannungen der Frequenz Null besitzen und damit effektive Offsetspannungen erzeugen.

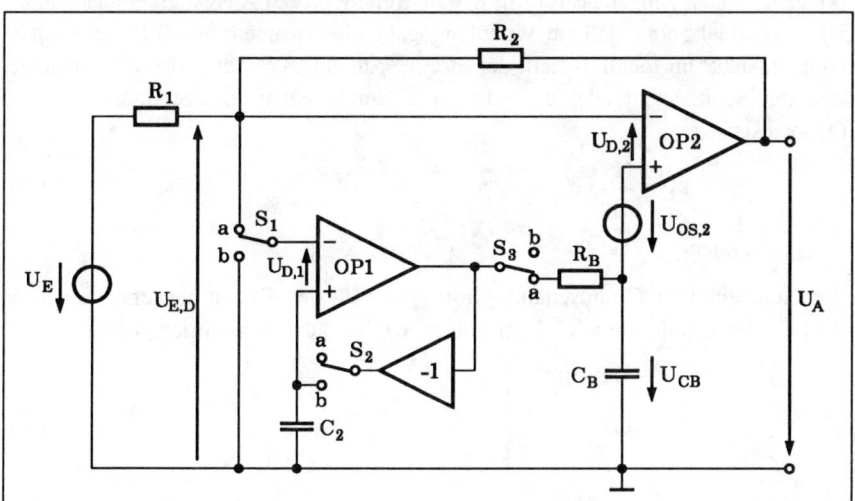

Bild 3.7: Prinzip des chopperstabilisierten Verstärkers in invertierendem Verstärkerbetrieb. (Die Schalter S_1, S_2, S_3 sollen synchron in die Stellungen a) bzw. b) schalten!)

Die besten integrierten chopperstabilisierten Operationsverstärker weisen U_{OS}-Werte von einigen μV, U_{OS}-Driften von einigen 10 nV/°C, $v_{0,DC}$-Werte von > 130 dB und Eingangswiderstände von TΩ auf. Gleichzeitig besitzen sie exzellente Gleichtaktunterdrückungsfaktoren (CMRR) und Betriebsspannungsunterdrückungsfaktoren (PSRR) bei immerhin Transitfrequenzen der Leerlaufverstärkung im MHz-Bereich.

3.2 Strom-Spannungs-Wandler

Als Strom-Spannungs-Wandler wird eine Meßschaltung bezeichnet, die einen (kleinen) Signal-Eingangsstrom I_E in eine (relativ große) Ausgangssignalspannung U_A umwandelt, ohne daß am Wandlereingang eine (nennenswerte) Eingangsspannung entsteht. Im Idealfall stellt der Strom-Spannungs-Wandler also eine stromgesteuerte Spannungsquelle dar, die sich durch einen Konversionswiderstand (Transresistanz)

$$R_K = \frac{U_A}{I_E} \qquad (3.29)$$

beschreiben läßt.

Eine sehr einfache Grundschaltung mit einem idealen Operationsverstärker ist in Bild 3.8 dargestellt. Sie wird durch folgende Gleichungen beschrieben:

$$\left. \begin{array}{l} U_A = R_K \cdot I_E \\[2mm] R_{Ein} = 0 \\[2mm] R_{Aus} = 0 \end{array} \right\} \qquad (3.30)$$

Bild 3.8:
Prinzipschaltung eines Strom-Spannungs-Wandlers.

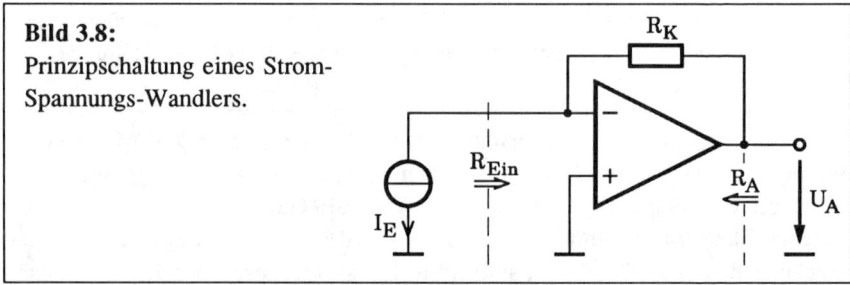

Die beiden größten Probleme bei der Realisation mit realem OP und realer Stromquelle betreffen die Meßfehler durch den Eingangsruhestrom und die Offsetspannung des OP sowie die Sicherung der Stabilität der Meßschaltung. Hierzu sei die Schaltung nach Bild 3.9 betrachtet. Die reale Stromquelle (beispielsweise eine Photodiode) sei durch den (meist großen) Parallelwiderstand R_1 und die meist leider recht große Detektorkapazität C_1 beschrieben. Der reale OP sei durch die drei eingezeichneten Kenngrößen charakterisiert; dabei sei der Einfachheit halber die Spannungsverstärkung mit einpoligem Tiefpaßverhalten angenommen.

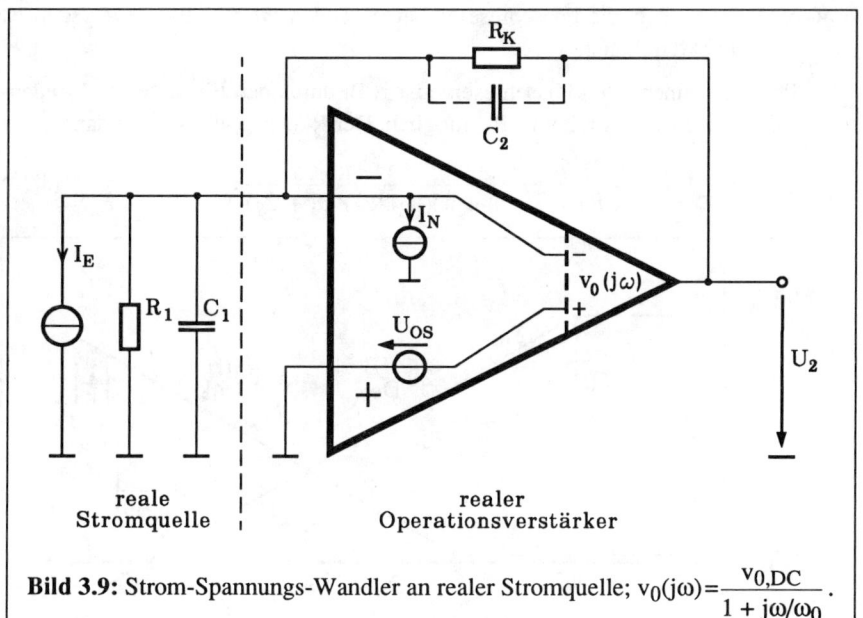

Bild 3.9: Strom-Spannungs-Wandler an realer Stromquelle; $v_0(j\omega) = \dfrac{v_{0,DC}}{1 + j\omega/\omega_0}$.

Unter der realistischen Annahme, daß der statische Eingangswiderstand R_{Ein} des I/U-Wandlers weiterhin wesentlich kleiner als R_1 ist, ergibt sich die statische Ausgangsspannung als:

$$U_A = (I_E + I_N) \cdot (R_1 \| R_K) + U_{OS} \cdot \left[1 + \frac{R_K}{R_1}\right] . \qquad (3.31)$$

Durch U_{OS} und I_N wird also direkt die untere Meßgrenze für die I_E-Strommessungen bestimmt.

Problematischer jedoch stellt sich die Sicherung der Phasenreserve und damit der Qualität des Meßgerätes dar. Bild 3.10 stellt die Verhältnisse im Betragsdiagramm des Bode-Diagramms der Ringverstärkung dar. Der Rückkoppelfaktor k ergibt sich für die Schaltung nach Bild 3.9 und für $C_2 = 0$ zu:

$$k = \frac{-R_1}{R_1 + R_K} \cdot \frac{1}{1 + j\omega(R_1 \| R_K)C_1} . \qquad (3.32)$$

Im Schnittpunkt der Kurve $\left| 1/k \right|$ mit der Kurve $\left| v_0 \right|$, d. h. bei der Durchtrittskreisfrequenz ω_D, hat die Ringverstärkung v_r dem Betrage nach die Steigung

−40 dB/Dekade, d. h. die Phasenreserve hat (fast) den Wert Null – das System ist praktisch ohne Stabilitätsreserve.

Die Sicherung einer guten Phasenreserve ist z. B. durch den Einbau eines Kondensators C_2 (s. Bild 3.9) parallel zu R_K möglich. Der Rückkoppelfaktor ist dann:

$$k_{komp} = \frac{-R_1}{R_1 + R_K} \cdot \frac{1 + j\omega R_K C_2}{1 + j\omega (R_1 \| R_K)(C_1 + C_2)}. \tag{3.33}$$

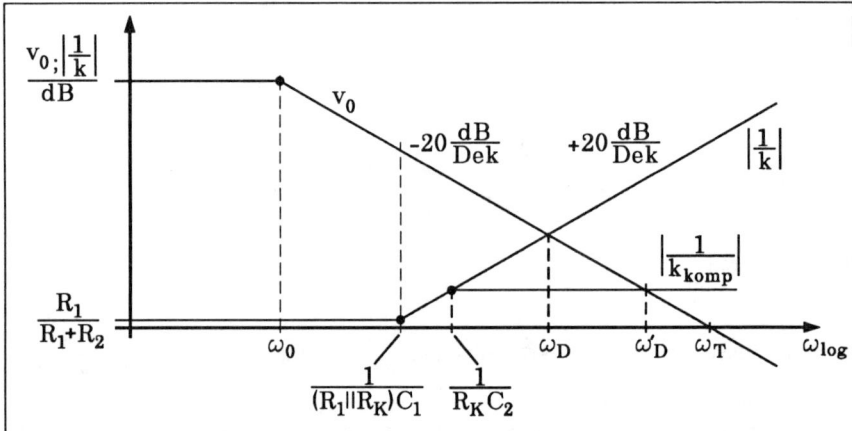

Bild 3.10: Bode-Diagramm zur Bestimmung der Phasenreserve beim I/U-Wandler nach Bild 3.9.

Durch günstige Dimensionierung von $R_K C_2$ läßt sich der in Bild 3.10 dargestellte Verlauf von $|1/k_{komp}|$ erreichen. (Hier ist die meist gültige Vereinfachung C2 << C1 angenommen.) Die bei der neuen Durchtrittskreisfrequenz ω_D' vorliegende Phasenreserve läßt sich je nach Wahl von $(R_K C_2)^{-1} < \omega_D$ auf Werte zwischen 45° und 90° einstellen. Es muß jedoch berücksichtigt werden, daß das Verhältnis von U_A zu I_E nun durch eine Transimpedanz gegeben ist:

$$Z_K = \frac{U_A}{I_E} \approx \frac{R_K}{1 + j\omega R_K C_2} \quad \text{für} \ |v_r| \gg 1, \tag{3.34}$$

deren Grenzkreisfrequenz $\omega_g = (R_K C_2)^{-1}$ durch die Kompensationskapazität C_2 mitbestimmt wird. Für eine möglichst hohe Bandbreite muß also $\omega_g = (R_K C_2)^{-1}$ möglichst nahe ω_D (s. Bild 3.10) gewählt werden. Um eine Phasenreserve von $\phi_{res} > 76°$ zu sichern, muß $\omega_g \leq \omega_D/2$ dimensioniert werden.

3.3 Analoge Rechenschaltungen

Zur Realisation von analogen Rechenschaltungen wie Integratoren und Differentiatoren eignen sich Operationsverstärker, die, wie in Kap. 2.1.0 bemerkt, ursprünglich für solche Einsätze in Analogrechnern konzipiert wurden. Die Grundschaltungen des Integrators und Differentiators mit idealen Operationsverstärkern sind bereits in Tabelle 2.1 zusammen mit den beschreibenden Gleichungen angegeben. Es soll jetzt auf einige Schwierigkeiten beim Aufbau dieser Schaltungen mit realen Operationsverstärkern eingegangen werden.

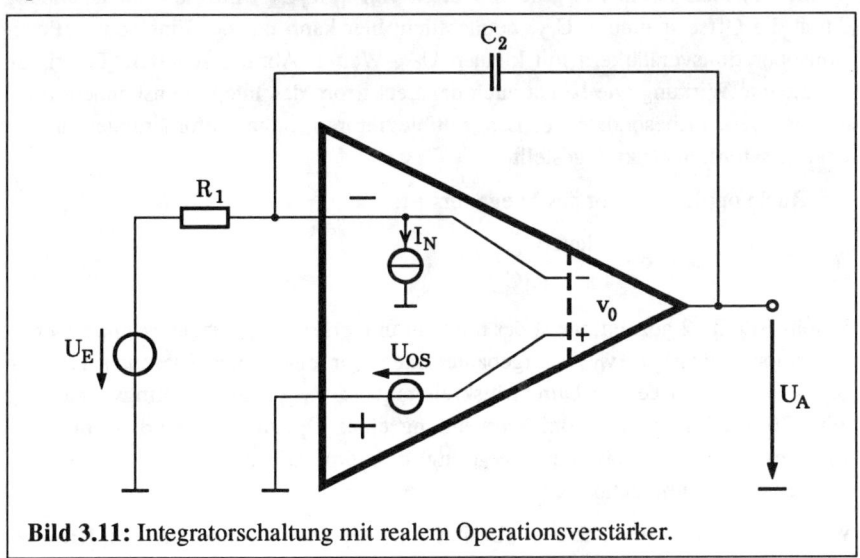

Bild 3.11: Integratorschaltung mit realem Operationsverstärker.

Integrator:

Berücksichtigt man im Schaltbild des Integrators in Tabelle 2.1 die beiden Eingangsgrößen I_N und U_{OS} des realen Operationsverstärkers (s. Bild 3.11), so hat man damit die beiden Hauptursachen des Integratorfehlers erfaßt. Ist die Eingangsspannung $U_E = 0$ und zu Beginn des Integrationsvorganges die Spannung am Kondensator auf Null zurückgesetzt, so sind die Ausgangsfehlerspannungen nach der Integrationszeit t_0:

$$\left. \begin{array}{l} U_A(I_N) = I_N R_1 \cdot \dfrac{t_0}{R_1 C_2} \\[3mm] \text{bzw.} \\[3mm] \left| U_A(U_{OS}) \right| = \left| U_{OS} \right| \cdot \left[1 + \dfrac{t_0}{R_1 C_2} \right] . \end{array} \right\} \qquad (3.35)$$

Die Fehlerspannung, die durch I_N verursacht wird, läßt sich am besten durch den Einsatz von Operationsverstärkern mit Feldeffekt-Eingangstransitoren (JFET, MOSFET) reduzieren. Bei großen Werten von $t_0/R_1 C_2$ wird die Fehlerspannung durch die Offsetspannung U_{OS} beträchtlich; hier kann nur der Einsatz von Präzisionsoperationsverstärkern mit kleinen U_{OS}-Werten Abhilfe schaffen. Prinzipiell die gleiche Wirkung wie I_N hat auch der Leckstrom des Integrationskondensators; hier werden, insbesondere bei Langzeitintegratoren, hohe Anforderungen an das Kondensatordielektrikum gestellt.

Der Rückkopplungsfaktor des Integrators ist:

$$k_{int} = - \frac{j\omega R_1 C_2}{1 + j\omega R_1 C_2} . \qquad (3.36)$$

Wie in Bild 3.12 gezeigt, weist der mit dem universell frequenzgangkompensierten Operationsverstärker ($v_{0,1}$) aufgebaute Integrator eine hohe Phasenreserve von $\varphi_{res} \approx 90°$ auf, da bei der Durchtrittskreisfrequenz $\omega_{D,1} = \omega_T$ die Ringverstärkung mit -20 dB/Dekade fällt. Bei Verwendung eines Operationsverstärkers mit dem $v_{0,2}$-Verlauf ist die Phasenreserve gering, d. h. Operationsverstärker mit $\omega_2 < \omega_D$ sind technisch unbrauchbar.

Wie aus Bild 3.12 zu entnehmen, besitzt der Integrator nur zwischen den Kreisfrequenzen ω_0 und ω_D Ringverstärkung mit $\left| v_r \right| \geq 1$ und läßt sich folglich auch nur in diesem Frequenzbereich als Integrator mit kleinem Integratorfehler einsetzen. Es läßt sich zeigen, daß die Sprungantwort des Integrators gegeben ist durch:

$$\frac{u_A(t)}{u_{E,0}} \approx - \frac{1}{R_1 C_2} \cdot \left[t - \frac{1}{\omega_T} \right] , \qquad (3.37)$$

d. h. die Ausgangsspannungsrampe des realen Integrators mit der Leelaufspannungsverstärkung $v_{0,1}$ (s. Bild 3.11) ist gegenüber der Rampe des idealen Integrierers um die Zeit $(\omega_T)^{-1}$ "verzögert". Schnelle Integratoren benötigen also Operationsverstärker mit einpoligem Tiefpaßverhalten der Leelaufspannungsverstärkung und mit möglichst hoher Transitkreisfrequenz ω_T.

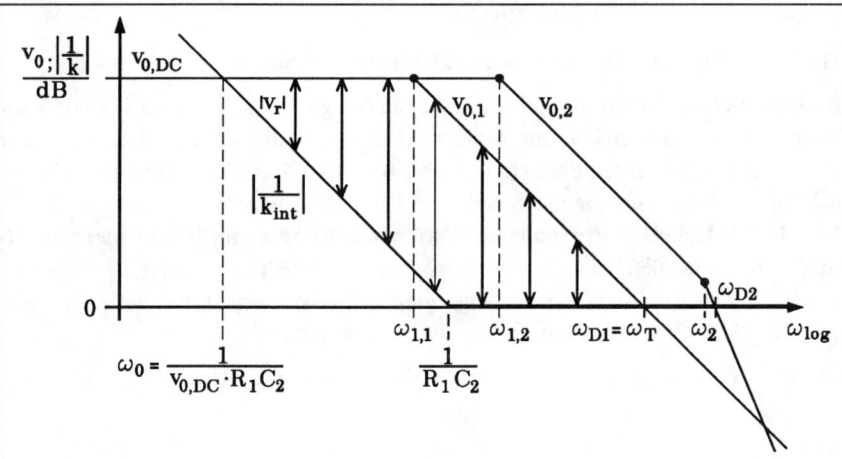

Bild 3.12: Bode-Diagramm zur Bestimmung der Phasenreserve des Integrators nach Bild 3.11.

Differentiator:

Bereits der ideale Differentiator (s. Bild in Tabelle 2.1) weist zwei gravierende Nachteile auf:

1) Da die Eingangsimpedanz nur vom Kondensator C_1 bestimmt wird, wird diese mit wachsender Frequenz kleiner, d. h. die Belastung der Eingangs-spannungsquelle steigt bei hohen Frequenzen stark an.

2) Die Rauschspannungsverstärkung ist gegeben durch:

$$-\frac{1}{k} = 1 + j\omega R_2 C_1 \,, \tag{3.38}$$

d. h. sie steigt ab etwa $\omega = (R_2 C_1)^{-1}$ mit wachsender Frequenz an. Bei tiefen Frequenzen (für $\omega < (R_2 C_1)^{-1}$) ist der Betrag der Rauschspannungsverstär-kung $\left| 1/k \right| \approx 1$ und damit das Verhältnis der Beträge von Signalverstärkung zu Rauschspannungsverstärkung:

$$\left. \frac{\mid U_A/U_E \mid}{\mid 1/k \mid} \right|_{\omega < (R_2 C_1)^{-1}} \approx \omega R_2 C_1 \; ; \tag{3.39}$$

es wird mit fallender Frequenz immer kleiner (d. h. schlechter).

Bezüglich der Stabilität der Schaltung liegen die gleichen Probleme vor wie beim Strom-Spannungs-Wandler mit kapazitiver Signalquelle (s. Kap. 3.2). Es gelten hier die dort angestellten Betrachtungen zu Bild 3.10. Zur Einstellung der erforderlichen Phasenreserve müssen entweder ein Parallelkondensator C_2 zu R_2 (s. Bild in Tabelle 2.1: technisch verwendbarer Differentiator) oder ein Serienwiderstand R_1 zu C_1 (der vor allem die Eingangsimpedanz der Schaltung begrenzt!) eingesetzt werden. Meist werden beide Elemente gleichzeitig verwendet, um bei hohen Frequenzen die Rauschverstärkung $\mid 1/k \mid$ wieder abzusenken.

Der Differentiator wird wegen der geschilderten Nachteile nur sehr ungern benutzt.

3.4 Gleichrichterschaltungen

Die Gleichrichtung einer Eingangsspannung mittels eines nichtlinearen **passiven** Bauelements (z. B. einer realen Diode) weist einige Nachteile auf. Der wichtigste Nachteil rührt dabei von der endlichen Flußspannung der Diode her.

Durch Einsatz von Operationsverstärkern zusammen mit realen Dioden lassen sich jedoch gute Ein- und Zweiweggleichrichterschaltungen aufbauen.

Die Teilschaltung (I) in Bild 3.13 a) stellt einen **Einweggleichrichter** dar, der bei idealem Operationsverstärker und idealen Dioden D_1 und D_2 durch folgende Gleichungen beschrieben ist:

$$\left.\begin{aligned} U_E \geq 0: \quad & U_{A,1} = -U_E, \\ U_E < 0: \quad & U_{A,1} = 0. \end{aligned}\right\} \tag{3.40}$$

Durch Addition von U_E und $U_{A,1}$ mittels des Summierers in Teilschaltung (II) von Bild 3.13 a) entsteht ein **Zweiweggleichrichter** mit folgender Charakteristik:

$$\left.\begin{aligned} U_E \geq 0: \quad & U_{A,2} = +U_E, \\ U_E < 0: \quad & U_{A,2} = -U_E. \end{aligned}\right\} \tag{3.41}$$

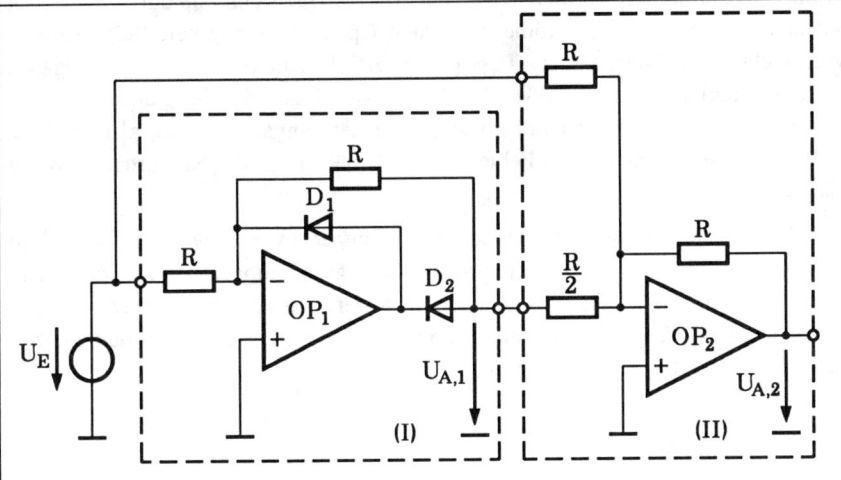

Bild 3.13 a): Zweiweggleichrichterschaltung bestehend aus Einweggleichrichterschaltung (I) und Summierverstärker (II)

Die zugehörige Zweiweg-Gleichrichter-Kennlinie ist in Bild 3.13 b) dargestellt.

Bild 3.13 b):
Kennlinie des Zweiweggleichrichters
nach Bild 3.13 a) mit idealen Dioden
D_1 und D_2

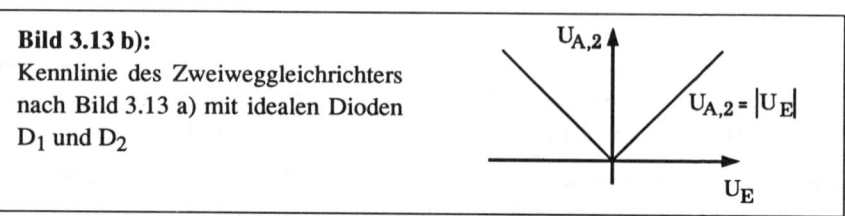

Für den Aufbau mit realen Komponenten gibt es folgendes zu beachten: Bei durchgeschalteter Diode D_1 ist diese niederohmig und der Rückkoppelfaktor k_1 des beschalteten OP1 ist $k_1 \approx -1$, d. h. es müssen die Stabilitätsbedingungen für einen voll gegengekoppelten Operationsverstärker erfüllt sein. (Bei gesperrter Diode D_1 und durchgeschalteter Diode D_2 ist der Rückkoppelfaktor $k_1 \approx -1/2$, d. h. die Gegenkopplung ist nicht so stark!).

Reale Dioden verursachen mit ihren Flußspannungen U_F beim Zweiweggleichrichter nach Bild 3.13 a) nur im Eingangsspannungsbereich $\pm U_F/(v_0 - 1)$ Abweichungen von der Charakteristik nach (3.41); d. h. die "tote Zone" des Zweiweggleichrichters ist bei niedrigen Frequenzen auf einige μV beschränkt.

Größere Abweichungen vom idealen Gleichrichterverhalten ergeben sich jedoch in Form von "Nullpunktverschiebungen" der $(U_{A,2} - U_E)$-Kennlinie durch die Offsetspannungen und Eingangsströme der realen Operationsverstärker. Beispielsweise verursacht die Offsetspannung $U_{OS,1}$ von OP1 in Bild 3.13 a) einen Ausgangsspannungsfehler gleicher Größe. Darüber hinaus liegen die Ausgangsspannungsfehler durch einen unvollständigen Abgleich der Eingangsströme, also die vom Offsetstrom I_{OS} verursachten Fehler, in der Größe $(I_{OS} \cdot R)$. Es werden also Präzisions-Operationsverstärker benötigt.

Bei der Gleichrichtung großer Wechselspannungen treten jeweils bei den Nulldurchgängen des Eingangssignals große Steigungsänderungen der Ausgangsspannung auf. Um dynamische Übersteuerungen der Operationsverstärker, die dann möglicherweise längere Totzeiten (Erholzeiten) verursachen, zu vermeiden, werden OP mit hoher Slew Rate benötigt.

3.5 Logarithmierschaltungen

Verstärkerschaltungen mit logarithmischer Übertragungskennlinie finden in der Meß- und Rechentechnik Verwendung. Dabei werden die Anwendungen in der Rechentechnik, bei denen die Logarithmusfunktion mit möglichst hoher Genauigkeit realisiert werden muß, immer seltener. In der Meßtechnik kommen Logarithmierer jedoch insbesondere dann zum Einsatz, wenn physikalische Größen gemessen werden sollen, deren Werte sich über mehrere Dekaden ändern oder deren Werte sofort im logarithmischen Maß (z. B. in dB) angegeben werden sollen. Bei ihrem Einsatz kann durch die erreichte Dynamikkompression häufig die Bereichsumschaltung entfallen. (Die zur Gewinnung der Originalwerte notwendige Delogarithmierung wird üblicherweise mittels Digitalrechnereinsatz bewerkstelligt. Deshalb soll hier auch die Behandlung von analogen Delogarithmierschaltungen entfallen.)

Ein **idealer** Logarithmierer liefert bei anliegender Eingangsspannung U_E die Ausgangsspannung

$$U_{A,id} = a \cdot lg\left(\frac{U_E}{U_{ref}}\right) , \tag{3.42}$$

wobei a ein Skalierungsfaktor (hier mit der Dimension V) und U_{ref} eine Referenzspannung ist.

Der **reale** Logarithmierer besitzt eine Kennlinie

$$U_{A,real} = f(U_E) , \tag{3.43}$$

die nur näherungsweise (3.42) entspricht. Rechnet man von der realen Ausgangsgröße mit Hilfe der Umkehrfunktion der idealen Kennlinie nach (3.42) auf die gesuchte Eingangsgröße zurück, so erhält man eine (fehlerbehaftete) Eingangsspannung

$$\tilde{U}_E = U_{ref} \cdot 10^{\frac{U_{A,real}}{a}} . \tag{3.44}$$

Man definiert einen (relativen) eingangsbezogenen (referred to input) Logarithmiererfehler:

$$\varepsilon_{RTI} = \frac{\tilde{U}_E}{U_E} - 1 . \tag{3.45}$$

Beschreibt man $U_{A,real}$ als:

$$U_{A,real} = U_{A,id} + U_{A,Fehler} \, , \qquad (3.46)$$

so erhält man mit (3.44) für den eingangsbezogenen Logarithmiererfehler nach (3.45):

$$\varepsilon_{RTI} = 10^{\frac{U_{A,Fehler}}{a}} - 1 \, . \qquad (3.47)$$

Gilt für den absoluten Ausgangsfehler

$$\left| U_{A,Fehler} \right| \ll a \, , \qquad (3.48)$$

so ergibt sich:

$$\varepsilon_{RTI} \approx (\ln 10) \cdot \frac{U_{A,Fehler}}{a} \approx 2{,}3 \cdot \frac{U_{A,Fehler}}{a} \, . \qquad (3.49)$$

Der **absolute** ausgangsseitige Fehler wird also in einen entsprechenden **relativen** eingangsbezogenen Fehler überführt.

So ergibt sich beispielsweise bei Kettenschaltung eines Logarithmierers und eines Analog/Digital-Umsetzers (ADU), daß der ADU-Quantisierungsfehler auf den Logarithmierereingang bezogen einem konstanten relativen Fehler entspricht.

Zur schaltungstechnischen Realisierung logarithmischer Übertragungskennlinien werden häufig Bauelemente mit exponentieller Spannungs-Strom-Kennlinie herangezogen. Einfache Beispiele dafür sind die Halbleiterdiode und der Bipolartransistor, die zusammen mit Operationsverstärkern zum Einsatz kommen. Damit lassen sich Logarithmierer mit einer Eingangsspannungsdynamik von einigen Dekaden erreichen. Aufbau und Anwendung von Logarithmiererschaltungen erfordern spezielle Kenntnisse, die den Rahmen dieses Buchs sprengen würden. Es soll deswegen hier auch nur das Grundprinzip am Beispiel eines Transistorrückkopplungslogarithmierers mit Operationsverstärker dargestellt werden (s. Bild 3.14).

Beschreibt man das statische Verhalten eines Bipolartransistors im aktiven Bereich durch

$$I_C = I_{C0} \cdot e^{\frac{eU_{BE}}{kT}} \quad \text{bzw.} \quad U_{BE} = \frac{kT}{e} \cdot \ln \frac{I_C}{I_{C0}} \qquad (3.50)$$

mit $\frac{kT}{e} = U_T$ = Temperaturspannung

und I_{C0} = (theoretischer) Sättigungsstrom,

so ergibt sich für $U_E \geq 0$ die Ausgangsspannung des idealen Operationsverstärkers zu:

$$U_A = -U_T \cdot \ln \frac{U_E}{R \cdot I_{C0}} = -U_T \cdot \ln(10) \cdot \lg \frac{U_E}{R \cdot I_{C0}}. \qquad (3.51)$$

(3.51) entspricht der Logarithmiererbeziehung (3.42) mit $a = -U_T \cdot \ln(10)$ und $U_{ref} = R \cdot I_{C0}$.

Bild 3.14:
Prinzipschaltung eines
Transistorrückkopplungs-
logarithmierers mit
Operationsverstärker.

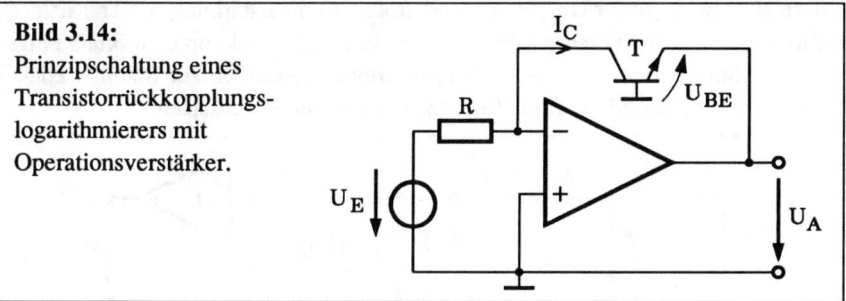

Die in Bild 3.14 dargestellte Schaltung eignet sich nicht für die technische Realisation. Es müssen aufwendige Maßnahmen zur Vermeidung folgender Einflüsse getroffen werden:

a)   Thermische Drift,

b)   Bahnwiderstände des Transistors,

c)   Eingangsströme und

d)   Offsetspannung des realen Operationsverstärkers.

Darüber hinaus ist die Ringverstärkung des nichtlinear gegengekoppelten Verstärkers amplitudenabhängig, was zu Stabilitätsproblemen führen kann und aussteuerungsabhängiges dynamisches Verhalten des Logarithmierers verursacht ("Bandbreite" ist amplitudenabhängig!). Logarithmiererschaltungen nach diesem

Aufbauprinzip lassen sich für eingangsbezogene statische Fehler im %-Bereich nur für etwa 3 bis 4 Dekaden der Eingangssignalspannung benutzen.

Wenn das Prinzip der Eingangsspannungslogarithmierung im wesentlichen wegen der erreichbaren Dynamikkompression verwendet wird und die erreichte Kennlinie nicht sehr genau die Logarithmusfunktion erfüllen muß[6], so verzichtet man auf die oben beschriebene Rückkopplungsstruktur und verwendet statt dessen eine sogenannte "Vorwärtsstruktur", wie sie beispielhaft in Bild 3.15 dargestellt ist. Der vom idealen Strom-Spannungsumsetzer gelieferte Strom $I_0 = g \cdot U_E$ wird an der Kennlinie des als Diode geschalteten Transistors entsprechend (3.50) in die Signalspannung U_{BE} bzw. U_A konvertiert:

$$U_A = U_{BE} \approx U_T \cdot \ln \frac{g \cdot U_E}{I_{C0}} . \tag{3.52}$$

(Diese Näherung gilt für $U_{BE} \gg U_T$ und große Stromverstärkung des Transistors). Da hier das logarithmierende Element nicht in einem Rückkopplungskreis eingesetzt ist, sind keine aufwendigen Kompensationsmaßnahmen zur Stabilitätssicherung nötig, die generell die Grenzfrequenz des Systems herabsetzen.

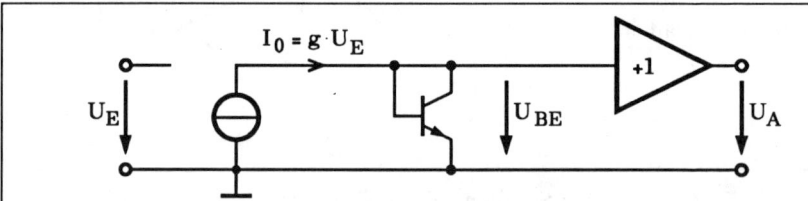

Bild 3.15: Prinzipschaltung eines Logarithmierers in "Vorwärtsstruktur" mit direkter Strom-Spannungs-Umsetzung.

Für Systeme mit relativ hoher Amplitudendynamik und hoher Grenzfrequenz werden häufig sogenannte Segmentlogarithmierer eingesetzt. Dabei bedient man sich z. B. der bereichsweise logarithmischen Kennlinie von Differenzverstärkerstufen mit Bipolartransistoren. Bei geeigneter Kaskadierung solcher Stufen läßt sich durch die Überlagerung der Einzelkennlinien (Segmente) eine geforderte Gesamtkennlinie annähern. Bei diesen Schaltungen muß (und kann) ein Kompromiß zwischen Genauigkeit der Kennlinie und Bandbreite durch die Wahl der Zahl der

---

[6] Weil z. B. eine rechnerunterstützte Nachkorrektur der gewandelten Werte erfolgen kann!

Segmente (= Zahl der kaskadierten Differenzverstärkerstufen) gefunden werden. Je mehr Segmente gewählt werden, desto höher ist die Genauigkeit der erreichten logarithmischen Kennlinie, desto geringer ist aber grundsätzlich die Bandbreite des Gesamtsystems.

3.6 Triggerschaltungen für Amplituden- und Zeitsignifikanz

Als **Triggerschaltung** bezeichnet man eine elektronische Funktionseinheit, die immer dann ihr Ausgangssignal spontan ändert (z. B. von $U_{A,min}$ nach $U_{A,max}$), wenn das Eingangssignal die ihm eigene Information signifikant ändert. Da die Signalinformation meist in der Signalamplitude oder im Eintreffzeitpunkt des Signals liegt (siehe hierzu Kapitel 6), unterscheidet man **amplitudensignifikante** und **zeitsignifikante** Triggerschaltungen.

3.6.1 Amplitudensignifikante Triggerschaltungen

Liegt die Signifikanz des Eingangssignals darin, daß eine vorgegebene Referenzamplitude überschritten oder unterschritten wird, so kann als Triggerschaltung ein Schwellendiskriminator, z. B. ein einfacher Komparator (s. Kapitel 2.2.1) eingesetzt werden. Häufig ist im Umschaltbereich eine Hysterese erwünscht, so daß die Triggerschaltung nicht unkontrolliert hin und her schaltet, wenn ein mit Rauschen behaftetes Eingangssignal für längere Zeit im Amplitudenbereich der Referenzspannung liegt. In solchen Anwendungsfällen ist der in Kapitel 2.2.3 beschriebene Schmitt-Trigger einzusetzen. Der Nachteil ist hier jedoch, daß der Zustand der Ausgangsspannung für Eingangsspannungen im Bereich zwischen den beiden Umschaltschwellen, also im Hysteresebereich, von der Vorgeschichte des Verlaufs der Eingangsspannung abhängt. Die Hysterese muß also als Kompromiß zwischen dieser Unschärfe einerseits und der Unterdrückung von Umschaltstörungen durch Eingangsrauschen anderseits optimal gewählt werden.

Bei verschiedenen Anwendungen , vorwiegend im Überwachungsbereich, reicht es nicht aus zu wissen, ob das Eingangssignal über oder unter einer vorgegebenen Schwelle liegt, sondern es muß überwacht werden, ob das Eingangssignal innerhalb oder außerhalb eines vorgegebenen Amplitudenfensters liegt. Hierzu dienen die in Kapitel 2.2.2 beschriebenen Fensterkomparatoren. Die in Bild 2.2.2 dargestellte Struktur läßt sich durch Verwendung zusätzlicher Schwellenkomparatoren und logischer Und-Verknüpfungen zu einem Vielfenstersystem erweitern und ergibt den in Kapitel 4.2.2 beschriebenen Parallel-Analog/Digital-Umsetzer. Prinzipiell ist also die amplitudensignifikante Triggerschaltung die einfache Version eines Analog/Digital-Umsetzers.

3.6.2 Zeitsignifikante Triggerschaltungen

Solche Triggerschaltungen werden da benötigt, wo ein signifikanter Zeitpunkt des Eingangssignals markiert werden soll. Besteht dieser Zeitpunkt gerade im Überschreiten oder Unterschreiten der Triggerschwelle, so sind die in Kapitel 3.6.1 beschriebenen Triggerschaltungen, allerdings mit den im Kapitel 2.2.1 dargestellten Zeitfehlern, verwendbar.

Häufig liegt der meßtechnisch signifikante Zeitpunkt aber nicht dort, wo das Eingangssignal eine bestimmte Amplitudenschwelle erreicht, sondern dort, wo das Eingangssignal physikalisch ausgelöst, also elektrisch generiert wurde. Selbst wenn dieser Auslöse- oder Generierungsvorgang stoßförmig, also in einem beliebig kurzen Zeitintervall geschieht, ist das dadurch gebildete elektrische Signal durch unvermeidliche parasitäre Tiefpaßfilterung mit einer endlichen Anstiegszeit, meist sogar durch mehrpolige parasitäre Tiefpässe mit einer horizontalen Anfangstangente behaftet. Infolge des stets vorhandenen Rauschens kann das "Herauswachsen" des Signals aus der Nullinie also nicht durch eine amplitudensignifikante Triggerschaltung mit der Referenzspannung Null detektiert werden. Es müssen deshalb Möglichkeiten gefunden werden, mit Hilfe von realisierbaren amplitudensignifikanten Triggerschaltungen bzw. deren Kombinationen Zeitpunkte des Eingangssignals festzustellen, die Rückschlüsse auf den Zeitpunkt der Auslösung des Eingangssignals erlauben [6, 7, 8].

Am einfachsten ist dies, wenn das Eingangssignal stets die gleiche "Form" (also auch Anstiegszeit) und die gleiche Amplitude hat. Dann kann man bei Kenntnis dieser Größen durch Verwendung einer einfachen, in Kapitel 3.6.1 beschriebenen Schwellentriggerschaltung auf den Entstehungszeitpunkt des Eingangssignals zurückschließen. Schwieriger wird die Situation, wenn das Eingangssignal in Amplitude oder Signalform (Anstiegszeit) oder beidem gleichermaßen variiert, oder wenn störendes Rauschen dem Signal überlagert ist. Die dadurch auftretenden Zeitfehler δt sind in Bild 3.16 a), b) und c) dargestellt. Da es keine "Alleskönner"-Schaltung gibt, sollen die störenden Einflüsse und deren schaltungsmäßige Reduzierung im folgenden einzeln betrachtet werden:

Amplitudenunabhängige Triggerschaltung:

Setzen wir voraus, daß die Eingangssignale die gleiche normierte Amplitudendichteverteilung haben, also in ihrem Zeitverlauf einander ähnlich sind und sich nur in ihrer Amplitude unterscheiden, so haben sie bei gleichem Auslösezeitpunkt auch den gleichen Zeitpunkt für das Erreichen ihres Maximalwertes (Bild 3.16 a)). Da dieser Zeitpunkt t_A jedoch dadurch gekenzeichnet ist, daß er die Signalsteigung "Null" hat, läßt er sich leicht durch Differentiation des Eingangssignals in einen Nulldurchgang überführen. Die entsprechende Triggerschaltung wird also angesteuert mit z. B. einem differenzierten Signal. Die Triggerschaltung selbst besteht z. B. aus einem Schmitt-Trigger, dessen Triggerschwelle auf die minimal erwartete Amplitude des differenzierten Signals eingestellt ist und dessen Rückkippen durch Wahl der geeigneten Hysterese beim Nulldurchgang des differenzierten Signals zum Zeitpunkt t_A erfolgt. Die Hysterese ist also gleich der Triggerschwelle. Bild 3.17 zeigt Signale verschiedener Amplitude (b), deren Differential (c), das Trigger-Ausgangssignal (d) und eine dafür geeignete zeitsignifikante Triggerschaltung (a).

Selbstverständlich sind verschiedene Schaltungsvarianten zur Realisierung dieses Triggerprinzips möglich: So läßt sich beispielsweise die Differenzierung des Signals durch eine Hochpaßfilterung (s. Bild 3.17 a)) oder durch die Differenzbildung mit einem zeitlich verzögerten Signal ($u_D(t) = u_E(t) - u_E(t–t_d)$) annähern. Der Schmitt-Trigger zur Detektion des Nulldurchgangs läßt sich durch eine Kombination von Komparatoren realisieren. Wichtig ist, daß grundsätzlich der Rückkippzeitpunkt unabhängig von der Amplitude des Eingangssignals und damit fest korreliert mit dessen Entstehungszeitpunkt ist.

Anstiegszeitunabhängige Triggerschaltung:

Das vorher beschriebene System der amplitudenunabhängigen Triggerschaltungen versagt dann, wenn die Eingangssignale nicht alle die gleiche Amplitudendichteverteilung haben, sondern sich z. B. auch in der Signalanstiegszeit unterscheiden (s. Bild 3.16 b)). Ein Rückschluß von irgendwelchen Signalzeitpunkten ist nur näherungsweise möglich, wenn keine zusätzlichen a-priori-Informationen über das Signal vorliegen. Zur approximativen Bestimmung des Entstehungszeitpunktes gibt es jedoch eine Reihe von Verfahren, von denen hier das der "extrapolierten Null" (extrapolated Zero) vorgestellt wird. Das Prinzip ist immer, mehrere zeitsignifikante Schwellendiskriminatoren mit unterschiedlichen Kippschwellen zu verwenden und aus der Zeitdifferenz ihres Ansprechens auf den Entstehungszeitpunkt des Signals zurückzuschließen. Bild 3.18 zeigt dieses Triggerprinzip. Voraussetzung für die Gültigkeit des Rückschlusses auf den Entstehungszeitpunkt ist, daß man Annahmen über den Signal-Zeitverlauf im Zeitbereich der Triggerauslösung machen und somit auf den Zeitnullpunkt extrapolieren kann.

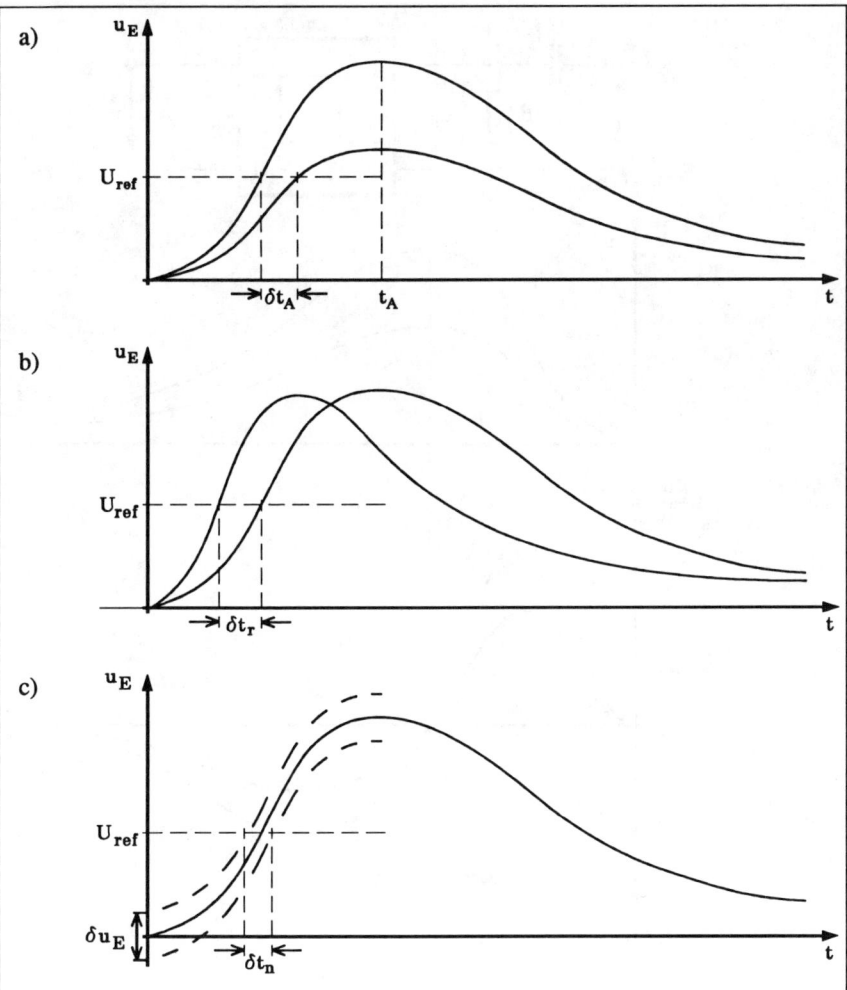

Bild 3.16: Zeitfehler zwischen zwei verschiedenen Eingangsspannungs-
verläufen bei der Schwellentriggerschaltung: a) amplitudenabhängiger Zeitfehler δt_A,   b) anstiegszeitabhängiger Zeitfehler δt_r,   c) rauschabhängige Zeitunsicherheit δt_n.

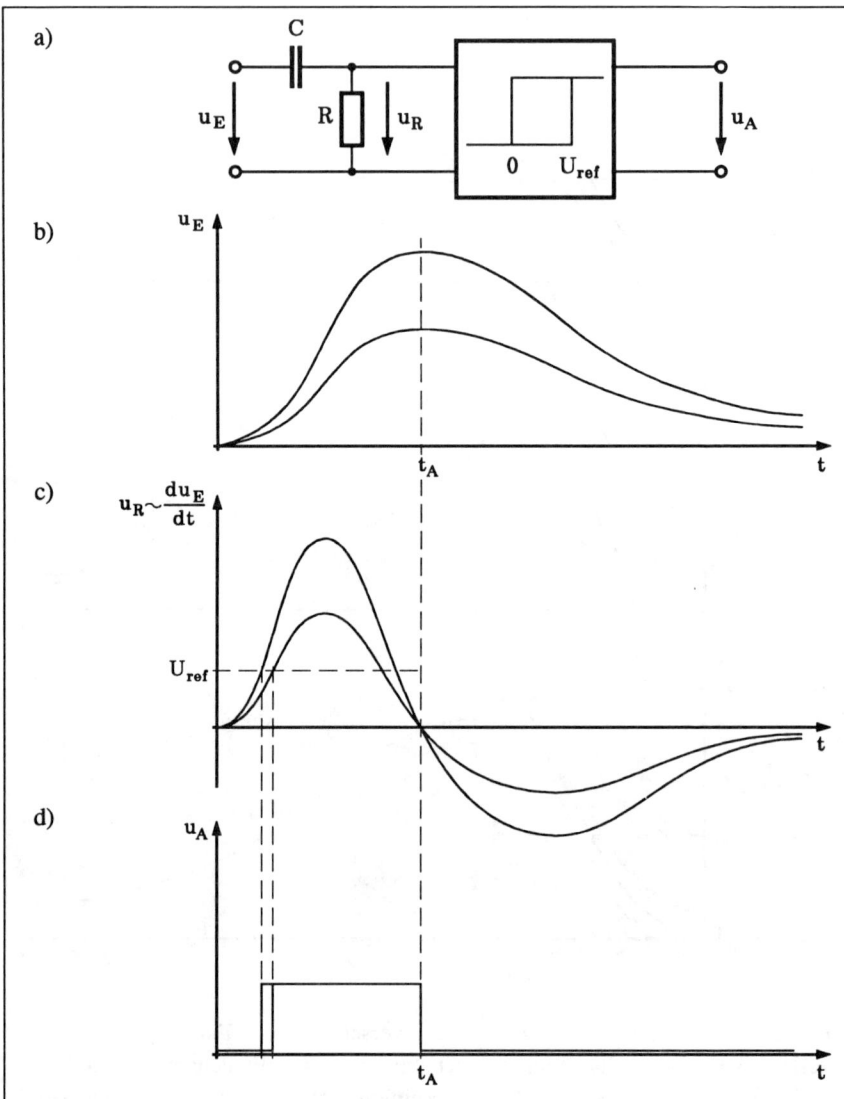

Bild 3.17: Gewinnung eines amplitudenunabhängigen, zeitsignifikanten Triggersignals mit der Nulldurchgangsmethode (Zero Crossing Trigger).

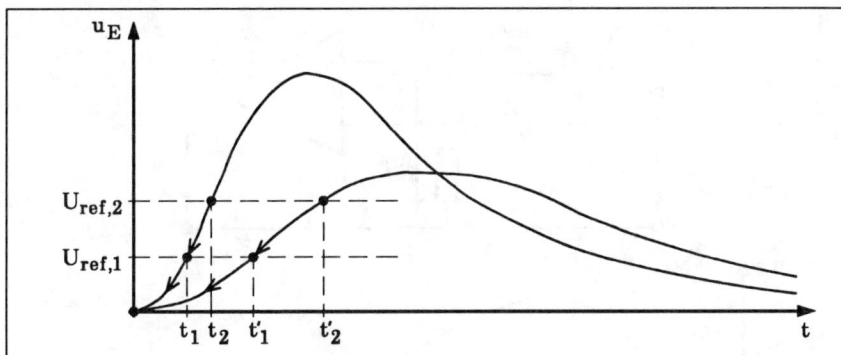

Bild 3.18: Mehrschwellen-Trigger nach der Methode des extrapolierten Nullpunkts (Extrapolated Zero Trigger).

Minimierung des Rauscheinflusses:

Wie in Bild 3.16 c) gezeigt, führt ein dem Signal u_E überlagertes Rauschen δu_E zu einer Zeitunsicherheit δt_n des Triggerzeitpunktes. Aus dem Bild ist leicht zu ersehen, daß diese Zeitunsicherheit proportional zur Rauschamplitude und reziprok proportional zur Steilheit des Signalanstiegs im Triggerzeitpunkt ist. Zur Minimierung dieser Zeitunsicherheit ist es also notwendig, das Rauschen zu minimieren sowie den Triggerpunkt in den Bereich des steilsten Signalanstiegs zu legen. Diese Zusatzforderung ist mit dem einfachen Nulldurchgangstrigger nach Bild 3.17 nicht ohne weiteres erfüllbar, weil zu deren Realisierung kein schaltungstechnischer Freiheitsgrad mehr verfügbar ist. Diesen zusätzlichen Freiheitsgrad kann man beispielsweise mit einer anderen "Signalfilterung" anstelle der Differentiation erreichen. Die bekannteste Realisierung eines solchen, erweiterten Nulldurchgangstriggers ist der "Constant Fraction Trigger", bei dem die Triggerschwelle amplitudenabhängig individuell verschoben wird.

Erweiterter Nulldurchgangstrigger (Constant Fraction Trigger):

Das Grundprinzip dieser Triggerschaltung besteht, wie oben beschrieben, darin, das Eingangssignal so vorzuformen, daß ein Nulldurchgang im Bereich der größten Signaländerungsgeschwindigkeit entsteht. Das kann z. B. dadurch geschehen, daß man jedes Signal individuell mit einem Bruchteil seiner jeweiligen Amplitude (Constant Fraction) in einem Differenzverstärker vergleicht und bei Amplitudengleichheit an dessen Ausgang einen Nulldurchgang erzeugt.

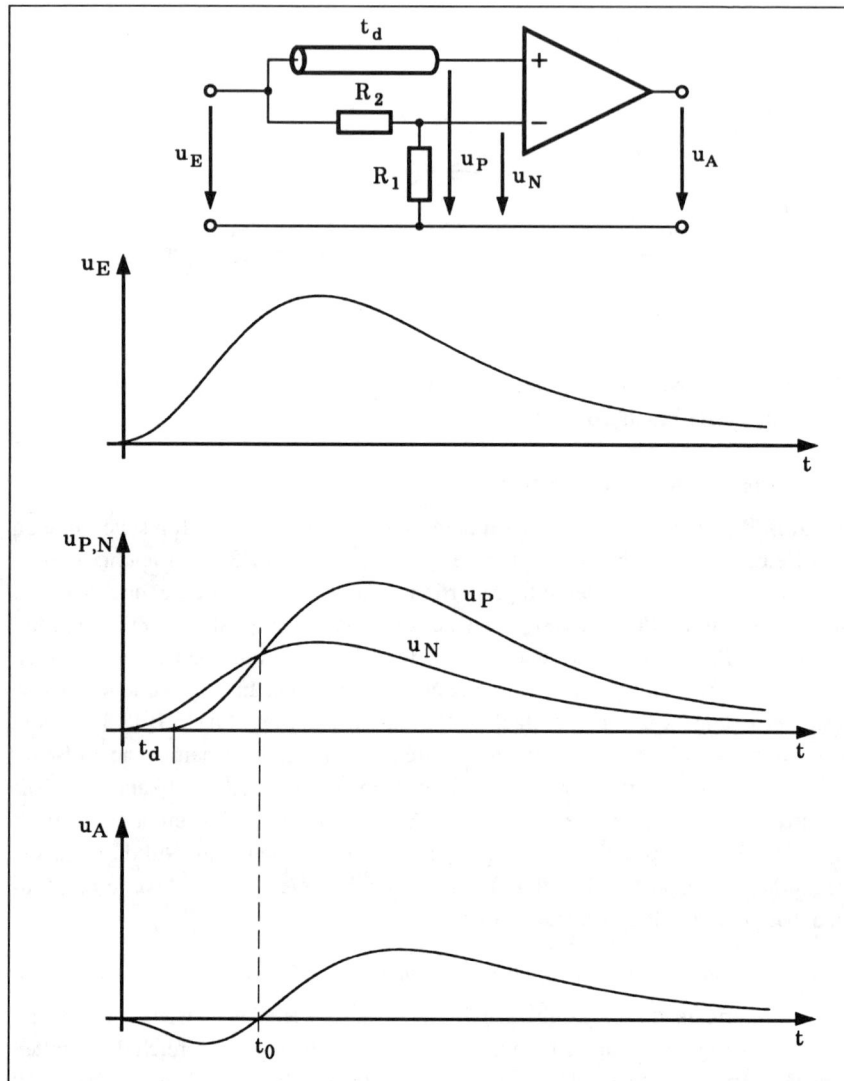

Bild 3.19: Constant Fraction Trigger: a) Blockschaltbild als Nulldurchgangstrigger, b) Signalverläufe.

Eine mögliche Prinzipschaltung dieser Funktion zeigt Bild 3.19. Im Sinne einer Rauschoptimierung dimensioniert man die Verzögerungszeit und den Spannungsteiler so, daß der Nulldurchgang der Differenzverstärker-Eingangsspannung u_D in deren steilstem Signalbereich liegt.

Zur Vermeidung eines parasitären Ansprechens auf Rauschen muß das Differenzverstärker-Ausgangssignal mit dem Ausgang eines zusätzlichen Schwellendiskriminators in einer logischen UND-Schaltung verknüpft werden.

3.7 Abtast-Halte-Schaltung

3.7.1 Grundlagen

Eine Abtast-Halte-Schaltung hat die Aufgabe, den Wert einer Eingangsspannung zu durch das Steuersignal "X_{AH}" (s. Bild 3.20 a) definierten Zeitpunkten abzutasten und für die weitere Verarbeitung für kurze Zeit zu speichern, d. h. einen Abtastwert am Ausgang quasi als "Gleichspannung" bis zum nächsten Abtastvorgang zur Verfügung zu stellen. Somit ergibt sich ein Idealverhalten gemäß Bild 3.20 b).

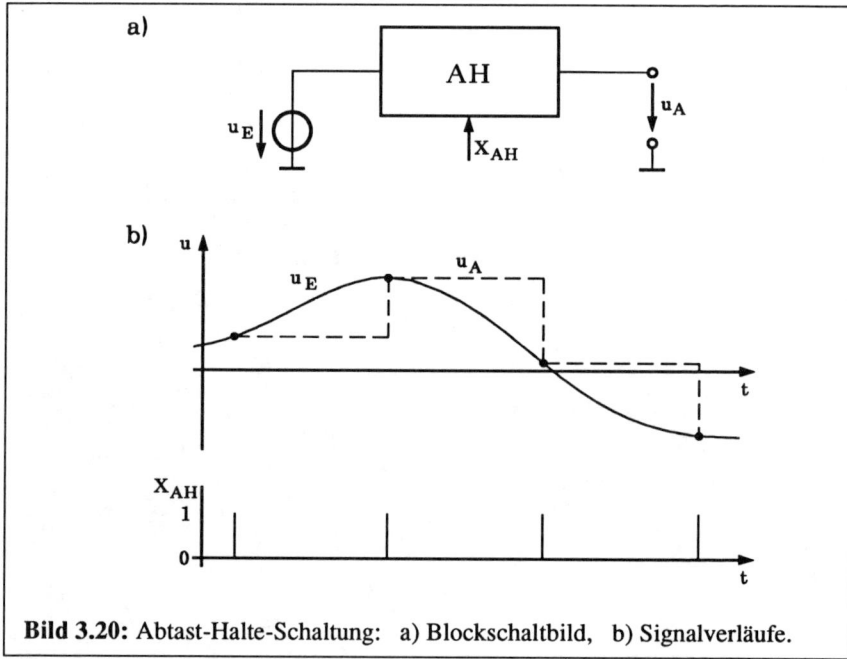

Bild 3.20: Abtast-Halte-Schaltung: a) Blockschaltbild, b) Signalverläufe.

Da eine Abtastung mit Dirac-Impulsen X_{AH}, wie in Bild 3.20 idealisiert angenommen, schaltungstechnisch nicht realisierbar ist, soll zunächst eine Folge-Halte-Schaltung (s. Bild 3.21 a)) betrachtet werden. Hierbei ergeben sich (s. Bild 3.21 b)) abhängig von Steuersignal "X_{FH}" die beiden Zustände

- *Folgen,* während dessen die Ausgangsspannung dem Verlauf der Eingangsspannung folgt (die Schaltung entspricht dabei einem Spannungsverstärker mit der Verstärkung $v_u = 1$), sowie

- *Halten,* während dessen die Ausgangsspannung konstant bleibt auf dem Wert, der zum Umschaltzeitpunkt *Folgen→Halten* vorlag.

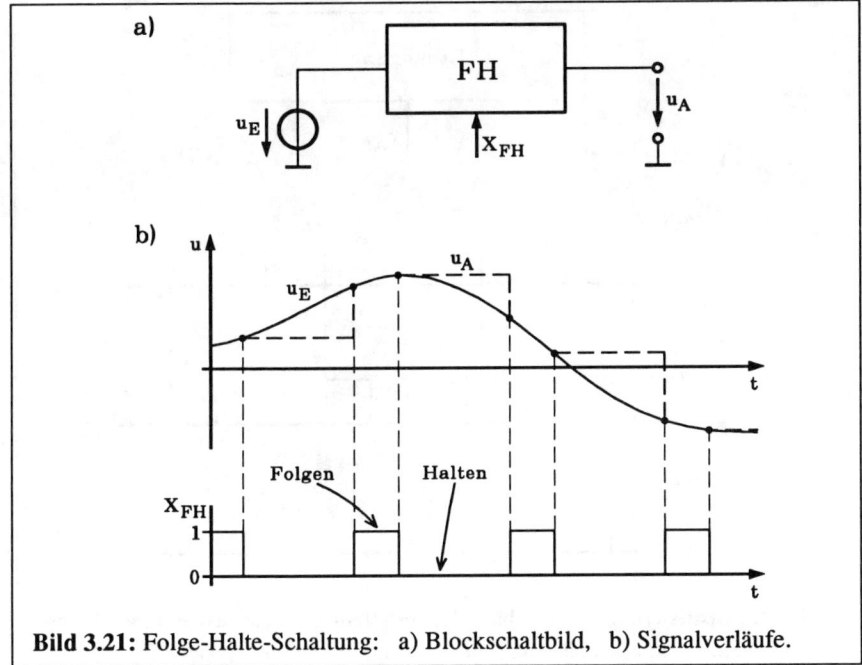

Bild 3.21: Folge-Halte-Schaltung: a) Blockschaltbild, b) Signalverläufe.

Mit Hilfe zweier kaskadierter Folge-Halte-Schaltungen nach Bild 3.22 läßt sich die Funktion einer Abtast-Halte-Schaltung realisieren. Dabei wird die zweite Schaltung mit dem zeitversetzten Steuersignal $X_{FH,2}$ angesteuert. Der Abtastzeitpunkt wird dabei durch den Übergang *Folgen→Halten* des Steuersignals $X_{FH,1}$ definiert.

Für viele Anwendungsfälle ist die Funktion einer Folge-Halte-Schaltung ausreichend. Deshalb wird der Begriff "Abtast-Halte-Schaltung" häufig auch für "Folge-Halte-Schaltungen" verwendet.

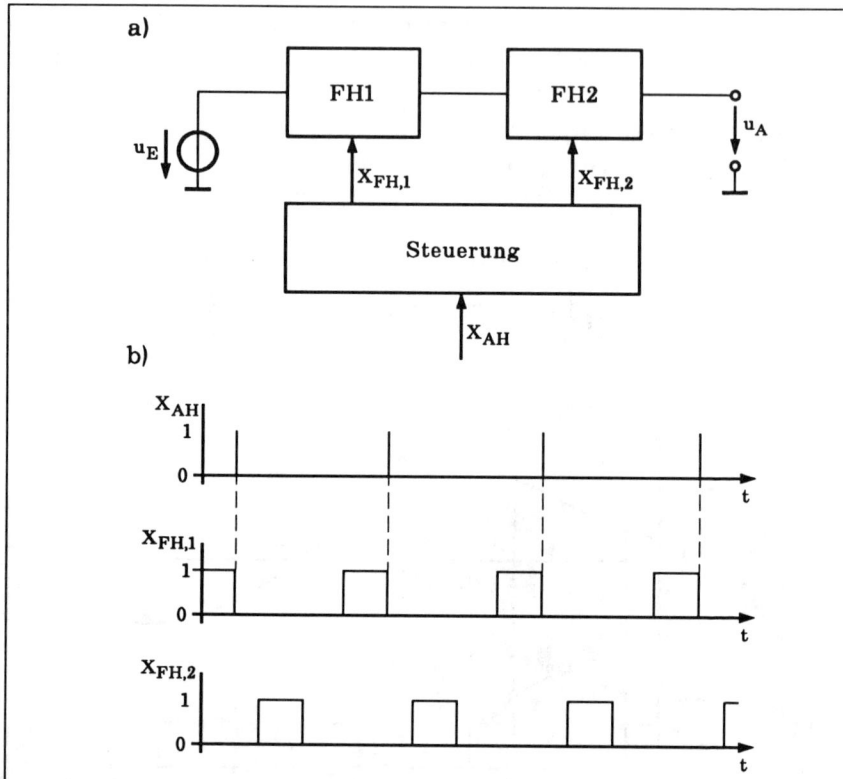

Bild 3.22: Realisierung einer Abtast-Halte-Schaltung aus kaskadierten Folge-Halte-Schaltungen: a) Blockschaltbild, b) Signalverläufe.

3.7.2 Charakteristische Werte von Folge-Halte-Schaltungen

Die Grundstruktur einer Folge-Halte-Schaltung ist in Bild 3.23 a) dargestellt. Sie zeigt als Speicherelement den Kondensator C sowie als Schaltelement den Schalter S, der vom Steuersignal X_{FH} angesteuert wird mit

$X_{FH} = 1 \Rightarrow$ Schalter geschlossen $\Rightarrow$ Funktion *Folgen*

$X_{FH} = 0 \Rightarrow$ Schalter offen $\qquad \Rightarrow$ Funktion *Halten*

Bei geschlossenem Schalter S folgt die Spannung u_C am Kondensator C der Eingangsspannung u_E. Um die ansteuernde Quelle u_E durch die resultierenden Ladeströme des Kondensators nicht zu belasten, ist ein Pufferverstärker V_1 mit der Spannungsverstärkung $v_{u,1} = 1$ zwischengeschaltet. Um eine schnelle Umladung des Kondensators im *Folge*-Zustand zu ermöglichen, muß dieser Verstärker so ausgelegt sein, daß er hohe Ladeströme liefern kann und bei der kapazitiven Belastung durch den Kondensator C stabil ist (s. hierzu Kap. 2.1.4).

Im *Halte*-Zustand soll sich die Spannung am Kondensator nicht verändern. Der Pufferverstärker V_2 (mit der Spannungsverstärkung $v_{u,2} = 1$) dient dazu, eine unerwünschte Entladung des Kondensators C durch eine äußere Belastung zu vermeiden. Dieser Verstärker selbst muß folglich einen hohen Eingangswiderstand und kleine Eingangsströme aufweisen (s. hierzu Kap. 2.1.1).

Bild 3.23 b) zeigt ein einfaches Ersatzschaltbild der Struktur für den Zustand *Folgen*. Hierbei stellt r_0 den wirksamen Ausgangswiderstand des Verstärkers V_1 dar und r_{ein} den Einschaltwiderstand des Schalters S. Unter der Annahme, daß die übrigen Elemente des Ersatzschaltbildes als ideal betrachtet werden können, wird damit die Grenzfrequenz der Schaltung im Zustand *Folgen* durch den RC-Tiefpaß auf

$$\omega_g = \frac{1}{(r_0 + r_{ein})\, C} \qquad (3.53)$$

festgelegt. Man erkennt, daß für eine hohe Grenzfrequenz ein Pufferverstärker V_1 mit niedrigen Ausgangswiderstand r_0, ein Schalter S mit niedrigen Einschaltwiderstand r_{ein} sowie vor allem eine kleine Speicherkapazität C erforderlich sind.

Im Zustand *Halten*, d. h. für geöffneten Schalter, kann das Verhalten der Schaltung näherungsweise durch das Ersatzschaltbild 3.23 c) beschrieben werden. Hierbei stellt $C_{S,1}$ die parasitäre Kapazität zwischen Eingang (1) und Ausgang (2) des Schalters und $C_{S,2}$ die parasitäre Kapazität zwischen dem Steuereingang X_{FH} und dem Anschluß 2 des Schalters dar. Weiterhin werden mit $I_{0,S}$ der Leckstrom des Schalters S und mit $I_{B,2}$ der Eingangsruhestrom des Verstärkers V_2 berücksichtigt. Unter Vernachlässigung der parasitären Kapazitäten (wegen $C \gg C_{S,1}, C_{S,2}$)) ergibt sich durch die angegebenen Ströme eine unerwünschte Umladung des Kondensators mit

$$\frac{du_C}{dt} = \frac{du_A}{dt} = \frac{I_{0,S} + I_{B,2}}{C}. \tag{3.54}$$

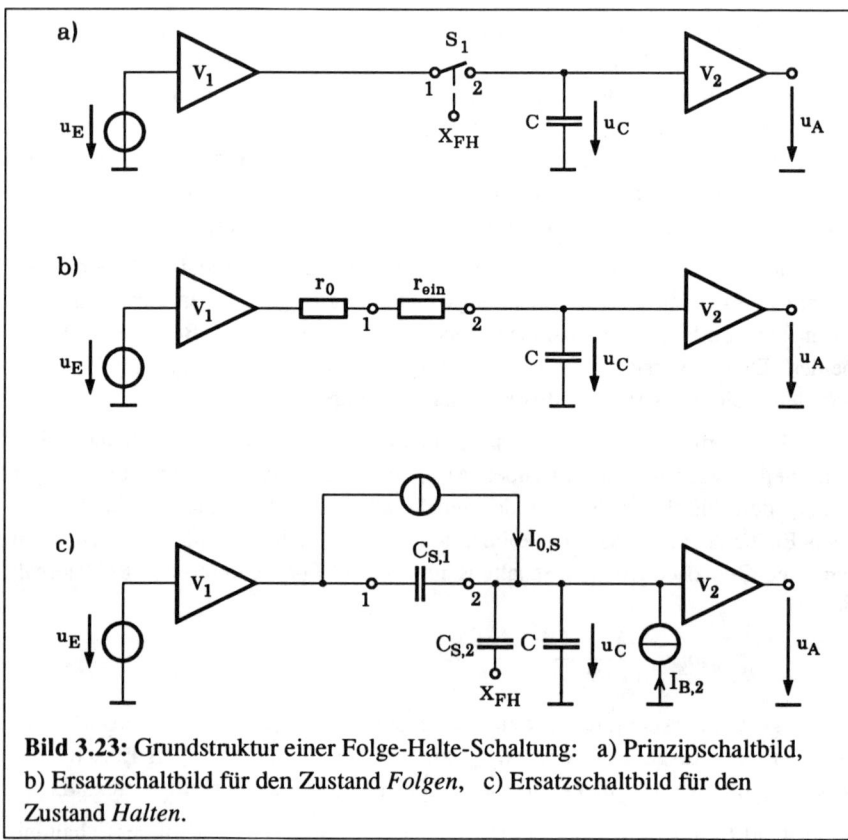

Bild 3.23: Grundstruktur einer Folge-Halte-Schaltung: a) Prinzipschaltbild, b) Ersatzschaltbild für den Zustand *Folgen*, c) Ersatzschaltbild für den Zustand *Halten*.

Eine Minimierung dieser Haltedrift (Droop), die die mögliche Haltezeit begrenzt, erfordert einen Schalter mit kleinem Leckstrom, einen Pufferverstärker V_2 mit kleinem Eingangsruhestrom sowie vor allen eine hohe Speicherkapazität C.

Die parasitären Kapazitäten $C_{S,1}$ und $C_{S,2}$ verursachen ein kapazitives Übersprechen des Eingangssignals u_E (Durchgriff) bzw. des Ansteuersignals X_{FH} (Pedestal)
auf die Kondensatorspannung u_C und damit auf die Ausgangsspannung u_A mit

$$\frac{\partial u_C}{\partial u_E} = \frac{C_{S,1}}{C + C_{S,1} + C_{S,2}} \qquad \text{bzw.} \qquad (3.55)$$

$$\frac{\partial u_C}{\partial X_{FH}} = \frac{C_{S,2}}{C + C_{S,1} + C_{S,2}}. \qquad (3.56)$$

Da für die Minimierung dieser Störeffekte eine große Speicherkapazität erforderlich ist, ergibt sich insgesamt der Widerspruch, daß für eine hohe Grenzfrequenz
im *Folge*-Zustand eine kleine, für minimale Störeffekte im *Halte*-Zustand eine
große Speicherkapazität C benötigt wird. Deshalb ist je nach Schaltungstechnik
und verfügbarer Technologie einerseits und Anforderungen durch die Anwendng
andererseits ein Kompromiß für die Größe der Speicherkapazität C zu suchen.

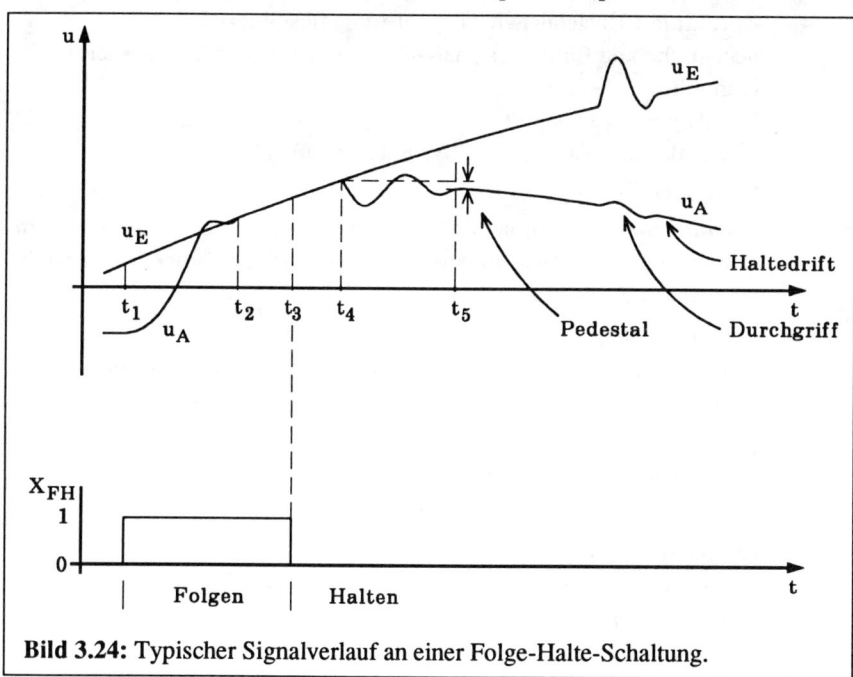

Bild 3.24: Typischer Signalverlauf an einer Folge-Halte-Schaltung.

Einen typischen Signalverlauf unter Berücksichtigung der beschriebenen Störeffekte zeigt Bild 3.24, aus dem folgende charakteristische Werte abzulesen sind:

a)   beim Umschalten von *Halten* auf *Folgen* ($t = t_1$):

   – **Aquisitionszeit t_{AQ}** (aquisition time).
       Zeitdifferenz zwischen dem Umschalt-Kommando (Zeitpunkt t_1) und
       dem Zeitpunkt t_2, ab dem das Ausgangssignal dem Eingangssignal mit
       vorgegebener Toleranz folgt. Diese Zeit ist wesentlich von der Anstiegs-
       rate (Slew-Rate) und der Bandbreite des Verstärkers V_1 abhängig sowie
       von der Grenzfrequenz des RC-Tiefpasses nach (3.53).

b)   beim Umschalten von *Folgen* auf *Halten* ($t = t_3$):

   – **Aperturzeit t_{AP}** (aperture time).
       Zeitdifferenz zwischen dem *Halten*-Kommando (Zeitpunkt t_3) und dem
       effektiven Öffnen des Schalters (Zeitpunkt t_4).

   – **Aperturzeit-Unsicherheit Δt_{AP}** (aperture time jitter).
       Statistische und Eingangssignal-abhängige Unsicherheit der Aperturzeit,
       führt mit
       $$\Delta u_C = \Delta t_{AP} \cdot du_E/dt$$
       zu signalsteigungsabhängigen Amplitudenfehlern

   – **Einschwingzeit** (settling time).
       Zeitdifferenz zwischen dem *Halten*-Kommando (Zeitpunkt t_3) und dem
       Einschwingen der Ausgangsspannung in ein vorgegebenes Toleranzfeld
       (Zeitpunkt t_5).

   – **Pedestal** (hold step).
       Fehlerspannung verursacht durch das kapazitive Übersprechen des An-
       steuersignals X_{FH} gemäß (3.56).

   – **Durchgriff** (feedthrough).
       Fehlerspannung verursacht durch das kapazitives Übersprechen des Ein-
       gangssignals während der Haltephase gemäß (3.55).

   – **Haltedrift** (droop)
       Änderung der Kondensatorspannung während der Haltephase aufgrund
       von Leckströmen

3.7.3 Beispiele zu Folge-Halte-Schaltungen

Aufbauend auf der Grundstruktur nach Bild 3.23 a) lassen sich sehr schnelle Folge-Halte- Schaltungen realisieren. Da die Verstärker V_1 und V_2 nur eine Spannungs-verstärkung von $v_u = 1$ aufweisen müssen, können sie durch schnelle Pufferver-stärker (keine Operationsverstärker) realisiert werden. Als schnelle Schalter liefern Diodentore gute Ergebnisse. Eine entsprechende Prinzipschaltung zeigt Bild 3.25.

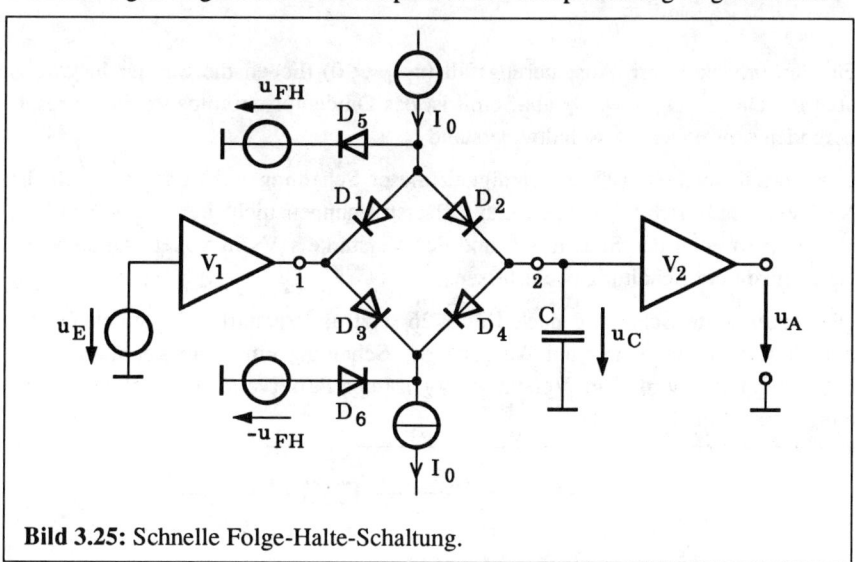

Bild 3.25: Schnelle Folge-Halte-Schaltung.

Für den Fall $u_{FH} \gg 0$ fließen die Versorgungsströme I_0 durch die Dioden D_1 bis D_4. Damit betragen für identische Dioden die Diodenruheströme

$$I_{D,1} = I_{D,2} = I_{D,3} = I_{D,4} = \frac{I_0}{2}.$$

Aus der Diodengleichung

$$I_D = I_{D,0} \cdot (e^{U_D/U_T} - 1)$$

mit $I_{D,0}$ Sättigungsreststrom,

U_T Temperaturspannung,

ergibt sich damit ein niedriger differentieller Diodenwiderstand

$$r_D = \frac{\partial U_D}{\partial I_D} = \frac{U_T}{I_D} = \frac{2U_T}{I_0}$$

und damit aus der Kombination von Reihen- und Parallelschaltung der Dioden ein niedriger Einschalt-Widerstand des Diodentores zwischen den Klemmen 1 und 2 von

$$r_{ein} = \frac{2U_T}{I_0}.$$

Für den umgekehrtern Ansteuerungsfall ($u_{FH} \ll 0$) fließen die Ströme I_0 jeweils über die Dioden D_5 bzw. D_6 ab. Somit ist das Diodentor stromlos mit einen resultierenden sehr hohen Ausschaltwiderstand r_{aus}.

Der Vorteil der hohen Geschwindigkeit dieser Schaltung wird erkauft durch die Nachteile, daß Nichtlinearitäten und Offsetspannungen nicht nur des Verstärkers V_1, sondern auch des Schalters S und des Verstärkers V_2 in vollem Umfang die Genauigkeit der Schaltung beeinflussen.

Die modifizierte Schaltung nach Bild 3.26 setzt als Verstärker V_1 einen Operationsverstärker ein, dem vom Ausgang der Schaltung eine Rückkopplungsspannung zugeführt wird. Der Verstärker V_2 ist ein Pufferverstärker mit der Spannungsverstärkung $v_{u,2} = 1$.

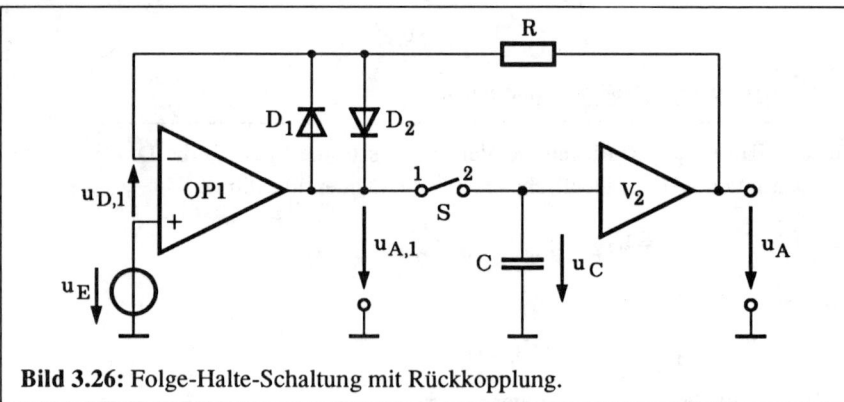

Bild 3.26: Folge-Halte-Schaltung mit Rückkopplung.

Auf diese Weise liegen der Schalter S und der Verstärker V_2 innerhalb einer Rückkopplungsschleife, so daß ihre Einflüsse auf Nichtlinearität und Offsetspannung der Gesamtschaltung um den Verstärkungsfaktor $v_{0,1}$ des Operationsverstärkers OP1 reduziert werden (s. Kap. 2.1.2). Neben den Stabilitätsbedingungen für die rückgekoppelte Schaltung ist zu beachten, daß bei geöffnetem Schalter S wegen der dann fehlenden Rückkopplung eine Übersteuerung des Verstärkers OP1 droht. Um diese zu vermeiden, wird ein zusätzlicher Rückkopplungsweg über die Dioden D_1 und D_2 vorgesehen. Bei geschlossenem Schalter S sind diese Dioden wegen

$$u_{D,1} \to 0 \quad \text{und damit}$$

$$u_E = u_A = u_C \approx u_{A,1}$$

gesperrt. Bei geöffnetem Schalter S werden die Dioden für den Fall

$$u_C = u_A \neq u_E$$

leitend und verhindern somit eine Übersteuerung des Operationsverstärkers OP1 und die damit verbundene lange Erholzeit.

Als Schaltelement für diese rückgekoppelte Folge-Halte-Schaltung werden vorzugsweise CMOS-Schalter (s. z. B. [9]) eingesetzt. Die kleinere Schaltgeschwindigkeit im Vergleich zu Diodentoren spielt hier keine Rolle, da die Geschwindigkeit der Schaltung ohnehin durch die Rückkopplungsschleife und deren Stabilitätsbedingungen beschränkt ist.

Die Schaltung nach Bild 3.27 stellt eine Variante dar, bei der als Speicherelement eine Integratorschaltung verwendet wird.

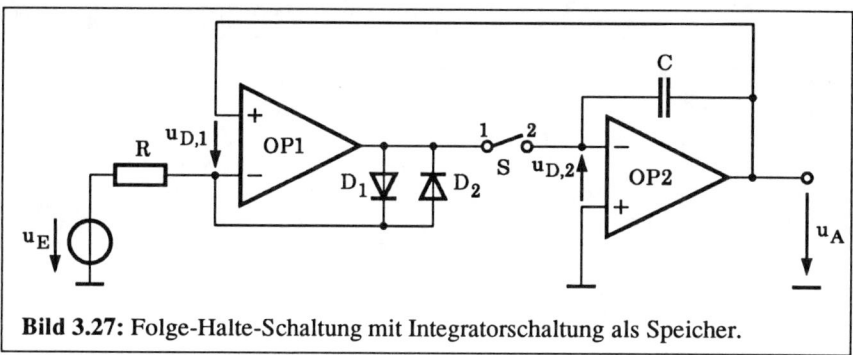

Bild 3.27: Folge-Halte-Schaltung mit Integratorschaltung als Speicher.

Dadurch ergibt sich als Vorteil, daß wegen $u_{D,2} \to 0$ der Anschluß 2 des Schalters auf Festpotential liegt und sich somit die Ansteuerung des Schalters wesentlich vereinfacht. Wegen des invertierenden Verhaltens des Integrators muß die Rückkopplungsspannung jetzt auf den positiven Eingang des OP1 geführt werden; die Rückkopplung bei geöffnetem Schalter (zur Vermeidung einer Übersteuerung) über die Dioden D_1 und D_2 muß nach wie vor auf den negativen (invertierenden) Eingang erfolgen.

4 Digital/Analog- und Analog/Digital-Umsetzer

Analog/Digital- und Digital/Analog-Umsetzer stellen in einer Meßkette die Bindeglieder zwischen den meist analogen Sensoren bzw. Aktoren und der digitalen Signalverarbeitungseinheit (s. Bild 1.1) dar. Bedingt durch die unterschiedlichen Anforderungen an Bandbreite, Amplitudendynamik und Genauigkeit existiert eine so große Vielzahl an Umsetzungsverfahren und -schaltungen, daß eine vollständige Behandlung den Rahmen dieses Buches sprengen würde. Deshalb sollen hier nur aus schaltungstechnischer Sicht einige grundlegende Prinzipien aufgezeigt werden, die bei Umsetzern für meßtechnische Anwendungen von Bedeutung sind.

4.1 Digital/Analog-Umsetzer

4.1.1 Grundlagen

Ein Digital/Analog-Umsetzer (DAU) ordnet jeder Zahl z der digitalen Eingangsgröße eine analoge Ausgangsgröße zu. Im folgenden soll angenommen werden, daß das Digitalwort z mit n bit im Dualcode vorliegt und in paralleler Form (d. h. pro bit eine Datenleitung) zur Verfügung steht. Weiterhin sollen nur positive Werte von z im Bereich

$$0 \leq z \leq z_{max} = 2^n - 1$$

und damit unipolare[7] DAU betrachtet werden. Da das Digitalwort z nur $m = 2^n$ diskrete Werte aufweist, besteht die Übertragungskennlinie nach Bild 4.1 aus einer Folge von m Punkten, die im Idealfall auf einer Geraden durch den Koordinatenursprung liegen. Diese Idealkennlinie wird charakterisiert durch

---

[7] Die dargestellten Prinzipien gelten auch für bipolare DAU, sofern der Digitalwert z in "Komplement"-Form dargestellt wird. Als Modifikation der im folgenden vorgestellten Verfahren ist dann nur eine konstante Verschiebung der Ausgangsspannung erforderlich.

a)   die Anzahl m der Kennlinienpunkte (meist ausgedrückt durch die Auflösung n = ld(m) bit),

b)   die Quantisierungsschrittweite U_q (bzw. I_q) oder gleichwertig durch die maximale Ausgangsgröße $U_{A,max} = (2^n-1) U_q$ (bzw. $I_{A,max} = (2^n-1) I_q$).

Bild 4.1:
Ideale Übertragungs-
kennlinie eines DAU
für n = 3.

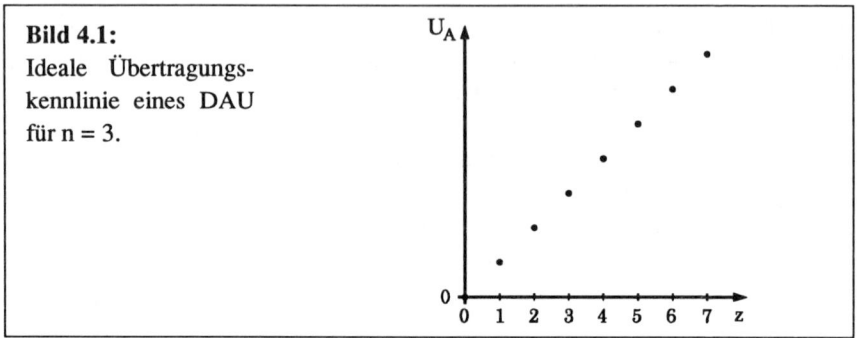

4.1.2 Verfahren der Digital/Analog-Umsetzung

Aus der Vielzahl von Verfahren und Varianten zur Digital/Analog-Umsetzung sollen hier drei wichtige Beispiele herausgegriffen werden.

Digital/Analog-Umsetzer mit dual gewichteten Strömen:

Dem unterschiedlichen Gewicht der einzelnen Stellen b_j im Dualcode entsprechend werden für die analoge Darstellung dual gewichtete Ströme bereitgestellt (s. Bild 4.2 a)).

Für die Ströme I_0 bis I_{n-1} muß dann gelten:

$$I_j = 2^{j-n} I_{ref} . \tag{4.1}$$

Abhängig vom ansteuernden Bit b_j befindet sich der zugehörige Schalter S_j in der Stellung 0 (für $b_j = 0$) bzw. 1 (für $b_j = 1$). Damit ergibt sich der Ausgangsstrom zu

$$I_A = \sum_{j=0}^{n-1} b_j I_j = \sum_{j=0}^{n-1} b_j 2^{j-n} I_{ref} . \tag{4.2}$$

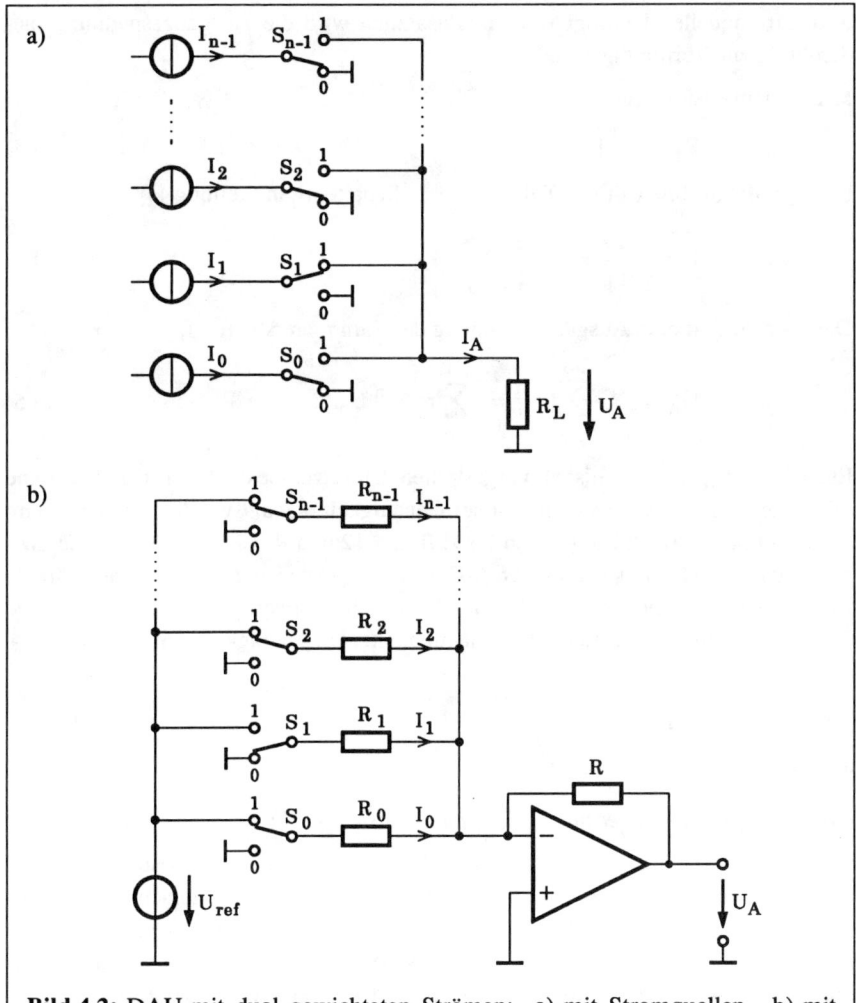

Bild 4.2: DAU mit dual gewichteten Strömen: a) mit Stromquellen,   b) mit dual gewichteten Widerständen und Summierverstärker.

Eine aufwandsminimale Variante dieses Verfahrens zeigt Bild 4.2 b). Hier wird mit Hilfe eines Operationsverstärkers, der als invertierender Summierer beschaltet ist, eine rückwirkungsfreie Überlagerung der Ströme I_0 bis I_{n-1} erreicht, ohne daß dazu Stromquellen benötigt werden. Zusätzlich wird die Ausgangsspannung niederohmig zur Verfügung gestellt.

Mit der Dimensionierung

$$R_j = 2^{n-j} R \tag{4.3}$$

betragen die Ströme (für den Fall $b_j=1$, d. h. Schalter S_j in Stellung 1)

$$I_j = \frac{U_{ref}}{2^{n-j} R} = \frac{2^{j-n} U_{ref}}{R}. \tag{4.4}$$

Daraus resultiert eine Ausgangsspannung des Summierers von

$$U_A = -R \cdot \sum_{j=0}^{n-1} b_j I_j = -\sum_{j=0}^{n-1} b_j 2^{j-n} U_{ref}. \tag{4.5}$$

Ein Grundproblem der bisher vorgestellten Umsetzer besteht darin, daß Ströme sehr unterschiedlicher Größe mit hoher Genauigkeit erzeugt werden müssen. Beim Umsetzer nach Bild 4.2 b) werden für z. B. $n = 12$ und $R = 1\ \text{k}\Omega$ Widerstände zwischen $R_{11} = 2\ \text{k}\Omega$ und $R_0 = 4,096\ \text{M}\Omega$ benötigt. Dabei darf für eine angestrebte Ausgangsfehlerspannung $\leq 1/2\ U_q$ der für das höchstwertige Bit zuständige und deshalb kritischste Widerstand R_{11} maximal eine Ungenauigkeit von

$$\frac{\Delta R_{11}}{R_{11}} = \frac{1}{2} 2^{-n+1} = 0,025\% \tag{4.6}$$

aufweisen.

Digital/Analog-Umsetzer mit R-2R Widerstandsnetzwerk:

Bei diesem Verfahren werden für einen Umsetzer mit n bit Auflösung n **gleiche** Ströme I_{ref} erzeugt. Die benötigte duale Stufung wird durch unterschiedliche Einspeise-Punkte dieser Ströme in ein dämpfungsbehaftetes Netzwerk erreicht. In einem dafür geeigneten Widerstandsnetzwerk nach Bild 4.3 a), welches nur die beiden Widerstandswerte R und 2R aufweist, beträgt der Innenwiderstand an jedem Einspeisepunkt

$$r_j = \frac{\partial U_j}{\partial I_j} = \frac{2}{3} R \tag{4.7}$$

und die Übertragungsfunktion H_j vom Knoten j zum Knoten j+1

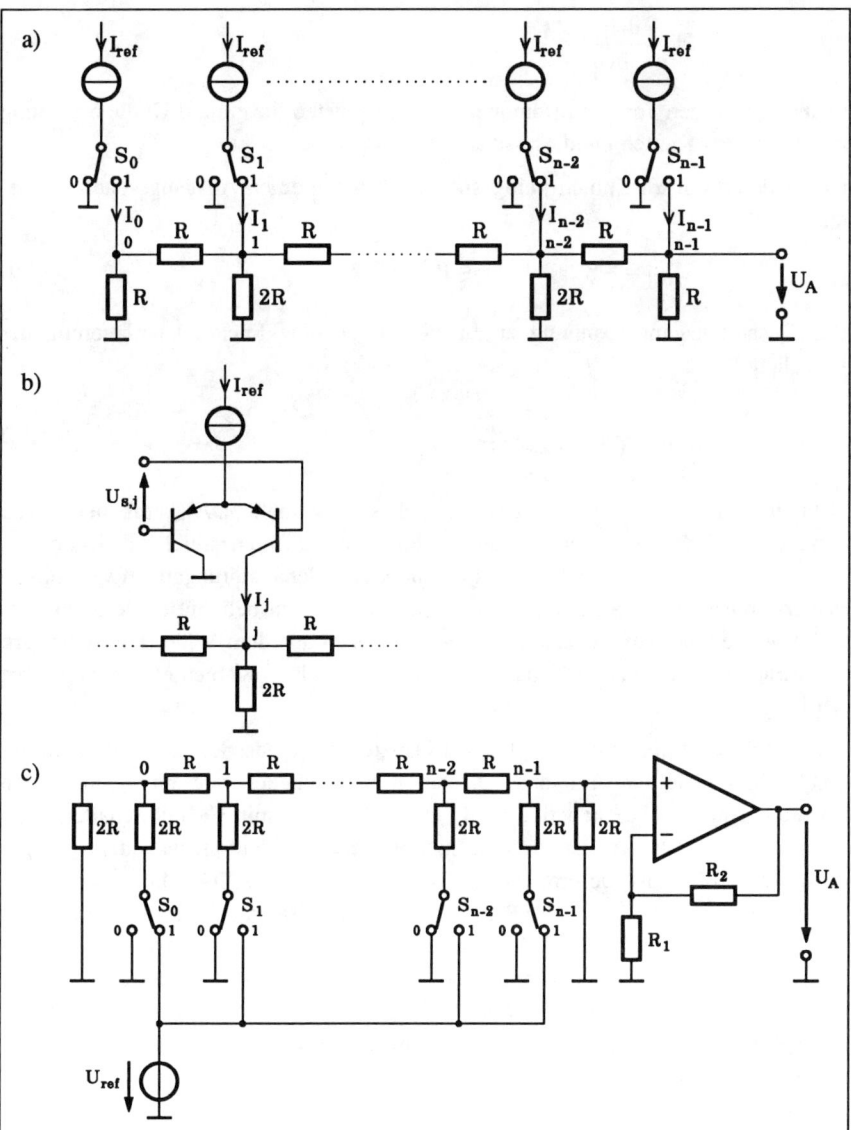

Bild 4.3: DAU mit R-2R Widerstandnetzwerk: a) Prinzipbild mit Strom-quellen, b) mit Bipolartransistorschaltern, c) mit Referenzspannungsquelle.

$$H_j = \frac{\partial U_{j+1}}{\partial U_j} = \frac{1}{2}. \tag{4.8}$$

(Dabei gibt I_j den von der Stromquelle j eingespeisten Strom und U_j die Spannung zwischen dem Knoten j und Masse an.)

Damit liefert ein im Knoten j eingespeister Strom I_j einen Ausgangsspannungsanteil

$$U_{A,j} = \frac{2}{3} R \, I_j \, 2^{j-n+1} = \frac{2}{3} R \, I_{ref} \, b_j \, 2^{j-n+1}. \tag{4.9}$$

Die Gesamtausgangsspannung ergibt sich durch eine lineare Überlagerung der Einzelanteile zu

$$U_A = \frac{2}{3} R \, I_{ref} \sum_{j=0}^{n-1} b_j \, 2^{j-n+1}. \tag{4.10}$$

Nach diesem Schaltungsprinzip lassen sich sehr schnelle DAU aufbauen. Dazu werden die Stromumschalter durch bipolare Differenzstufen realisiert (s. Bild 4.3 b)), die sehr kurze Schaltzeiten und kleine Schaltstörungen aufweisen. Die Widerstandswerte R des Dämpfungsnetzwerkes können beliebig niederohmig gewählt werden, so daß die Tiefpaßwirkung, die sich aus dem Widerstandsnetzwerk zusammen mit parasitären Kapazitäten an den einzelnen Knoten ergibt, minimiert wird.

Bild 4.3 c) zeigt eine auf dem gleichen Prinzip basierende Schaltungsvariante mit erheblich reduziertem Aufwand, da statt n Stromquellen nur **eine** gemeinsame Spannungsquelle U_{ref} benötigt wird. Diese Struktur mit CMOS-Schaltern und Dünnfilm-Widerständen ist für eine monolitische Integration besonders gut geeignet. Allerdings ist die erreichbare Geschwindigkeit des DAU im wesentlichen durch die Tiefpaßwirkung des R-2R Netzwerkes zusammen mit den parasitären Kapazitäten beschränkt. Der Widerstandswert für R kann hierbei nämlich nicht beliebig niederohmig gewählt werden, sondern ist auf Werte $R \gg R_{ein}$ beschränkt (R_{ein} = Einschaltwiderstand der CMOS-Schalter), um den Einfluß des temperatur- und spannungsabhängigen Schalterwiderstandes R_{ein} auf die Genauigkeit des DAU gering zu halten.

Ein Operationsverstärker als nichtinvertierenden Verstärker stellt die Ausgangsspannung niederohmig und damit rückwirkungsfrei zur Verfügung; zusätzlich kann
über das Widerstandsverhältnis R_2/R_1 die Ausgangsspannung

$$U_A = \frac{1}{3} U_{ref} \left(1 + \frac{R_2}{R_1}\right) \sum_{j=0}^{n-1} b_j \, 2^{j-n+1} \tag{4.11}$$

und damit der Skalenfaktor des Umsetzers geeignet gewählt werden.

Digital/Analog-Umsetzer mit Tastverhältnis-Steuerung:

Bei diesen Umsetzern erfolgt die Umsetzung des digitalen Wortes in eine analoge
Ausgangsspannung in zwei Schritten:

1)   Erzeugung einer Rechteckspannung, deren Tastverhältnis proportional zum
     digitalen Wort ist.

2)   Erzeugung der Ausgangsspannung U_A, die zum Tastverhältnis der Rechteck-
     spannung proportional ist.

Das Blockschaltbild einer solchen Anordnung zeigt Bild 4.4.

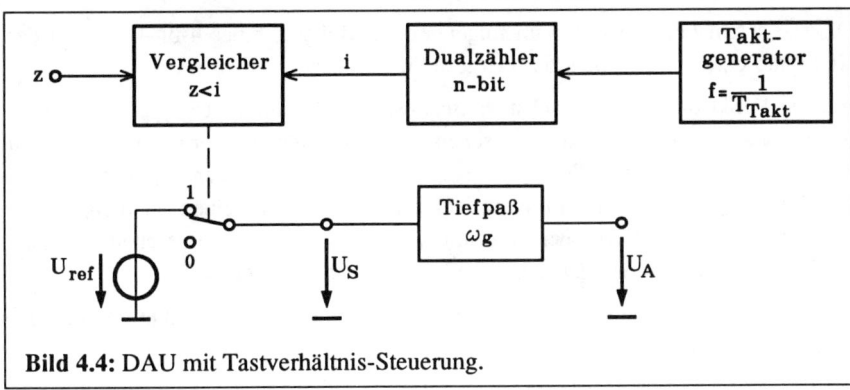

Bild 4.4: DAU mit Tastverhältnis-Steuerung.

Die Taktimpulse des Taktgenerators mit der Periodendauer T_{Takt} steuern einen
Zähler an, der jeweils von 0 bis zu seiner vollen Zählkapazität $i_{max} = m-1$ zählt
und dann im Überlauf auf $i = 0$ zurückspringt und den nächsten Zählzyklus durch-
führt. Ein digitaler Vergleicher wird einerseits mit diesem Zählerstand i, andererseits mit dem umzusetzenden Digitalwort z angesteuert. Der Schalter S wird abhängig vom Vergleichsergebnis gesteuert mit

$$i \leq z \quad \Rightarrow S = 1 \quad \Rightarrow U_S = U_{ref}$$

$$i > z \quad \Rightarrow S = 0 \quad \Rightarrow U_S = 0$$

Im zweiten Schritt wird durch einen nachfolgenden Tiefpaß mit der Grenzfrequenz

$$\omega_g \ll 1/T_{Takt} \tag{4.12}$$

eine Ausgangsspannung U_A erzeugt, die näherungsweise dem Mittelwert der Spannung U_S entspricht und damit durch

$$U_A = \overline{U_S} = \frac{z}{i_{max}} U_{ref} \tag{4.13}$$

beschrieben werden kann.

4.1.3 Störeffekte bei Digital/Analog-Umsetzern

Bei einem realen D/A-Umsetzer treten statische und dynamische Abweichungen von der idealen Kennlinie nach Bild 4.1 auf.

Statische Fehler der Übertragungskennlinie:

Die statischen Fehler werden im folgenden am Beispiel eines 4-bit-DAU mit der Kennlinie $U_A(z)$ nach Bild 4.5 a) dargestellt.

In diese Punktfolge wird zunächst als Bezugslinie eine Gerade $U_{Bezug}(z)$ so gelegt, daß die maximale Abweichung zwischen der Punktfolge und der Geraden minimal wird (best straight line). Diese Bezugsgerade kann gegenüber der idealen Soll-kennlinie $U_{ideal}(z)$ einen Nullpunktfehler (Offset) sowie einen Steigungsfehler aufweisen. Beide Fehlergrößen sind in der Regel durch einen einfachen Abgleich zu eliminieren und sollen deshalb hier nicht weiter betrachtet werden.

Damit verbleiben als Fehler die Abweichungen der Kennlinienpunkte von der Be-zugsgeraden. Die Abweichung

$$NL_{Int}(z) = \frac{U_A(z) - U_{Bezug}(z)}{U_{Bezug}(z_{max})}, \tag{4.14}$$

die in Bild 4.5 b) dargestellt ist, wird als integrale Nichtlinearität bezeichnet.

Beim realen Umsetzer ist auch die Schrittweite der analogen Ausgangsgröße nicht konstant, sondern sie weicht mehr oder weniger stark vom Sollwert U_q ab. Die re-lative Abweichung

$$NL_{Diff}(z) = \frac{U_A(z+1) - U_A(z)}{U_q} - 1 \,, \tag{4.15}$$

die in Bild 4.5 c) dargestellt ist, wird als differentielle Nichtlinearität bezeichnet. In den Datenblättern von D/A-Umsetzern werden in der Regel nicht die kompletten

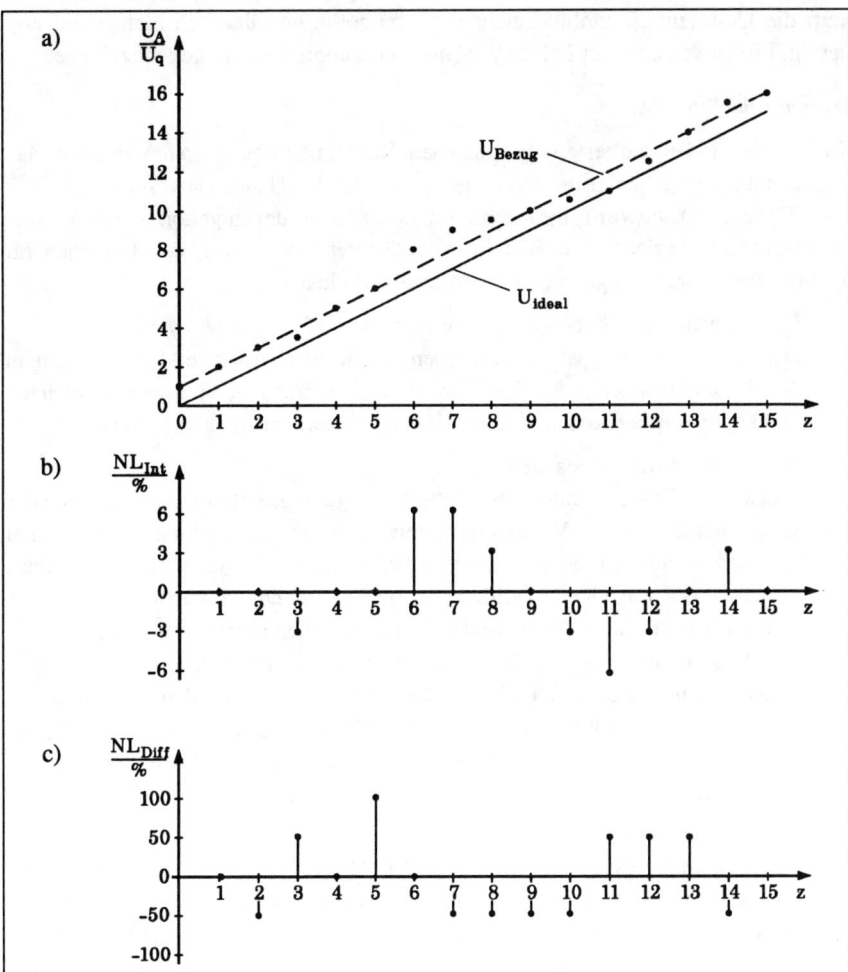

Bild 4.5: Statische Fehler eines DAU: a) Übertragungskennlinie eines realen DAU, b) Integrale Nichtlinearität, c) Differentielle Nichtlinearität.

Fehlerverläufe $NL_{Int}(z)$ und $NL_{Diff}(z)$ angegeben, sondern nur die Maximalwerte $|NL_{Int}|_{max}$ sowie $|NL_{Diff}|_{max}$ spezifiziert.

Für den Fall, daß bei steigendem Digitalwert die analoge Ausgangsspannung abnimmt statt zunimmt (d. h. es liegt ein Wert $NL_{Diff}(z) < -1$ (< -100 %) vor), verläuft die Umsetzungskennlinie nicht mehr monoton und dadurch nicht mehr eindeutig. Ein entsprechender Fehler wird als "Monotonie-Fehler" gekennzeichnet.

Dynamische Störeffekte:

Zusätzlich zu den dargestellten statischen Kennlinienfehlern treten dynamische, d. h. zeitabhängige Fehler im Ausgangssignal eines DAU auf. Dazu sei beispielhaft eine Eingangs-Datenwortfolge nach Bild 4.6 a) sowie der zugehörige ideale Ausgangsspannungsverlauf nach Bild 4.6 b) betrachtet. Die wichtigsten Ursachen für dynamische Abweichungen von diesem Idealverhalten sind:

a)   Übersprechen der Schalter-Ansteuersignale.
Das zumeist kapazitive Übersprechen der Schalter-Ansteuersignale in einem DAU nach Bild 4.2 oder 4.3 führt zu aussteuerungsabhängigen Störspitzen (abhängig von der Anzahl der betätigten Schalter) im Ausgangssignal.

b)   Störspitzen durch "Zwischen-Codes".
Weisen die Schalter unterschiedliche Verzögerungszeiten untereinander oder auch unterschiedliche Verzögerungszeiten für die Operationen "Öffnen" und "Schließen" auf, so hat dies die gleichen Folgen wie die Ansteuerung eines idealen DAU mit einer modifizierten (gestörten) Digitalwortfolge. Beispielhaft soll für den DAU nach Bild 4.2 b) ein ideales (verzögerungsfreies) Öffnen (Umschalten von 1 nach 0) und ein um die Zeit t_d verzögertes Schließen (Umschalten von 0 nach 1) der Schalter angenommen werden. Daraus ergibt sich eine "Ersatz-Digitalwortfolge" nach Bild 4.6 c), bei der die jeweils für die Zeitdauer t_d entstehenden Zwischencodes in Klammern eingefügt sind, sowie ein resultierender Verlauf der Ausgangsspannung nach Bild 4.6 d).

c)   Einschwingverhalten des Ausgangstiefpasses.
Das Übertragungsverhalten eines realen Umsetzers weist Tiefpaßverhalten auf, welches wesentlich durch die Betriebsgrenzfrequenz des verwendeten Operationsverstärkers sowie – wie oben erläutert – durch die Widerstände zusammen mit Bauteil- und Parasitärkapazitäten verursacht wird. Die Auswirkung dieses Tiefpaßverhaltens auf das Ausgangssignal zeigt Bild 4.6 e).

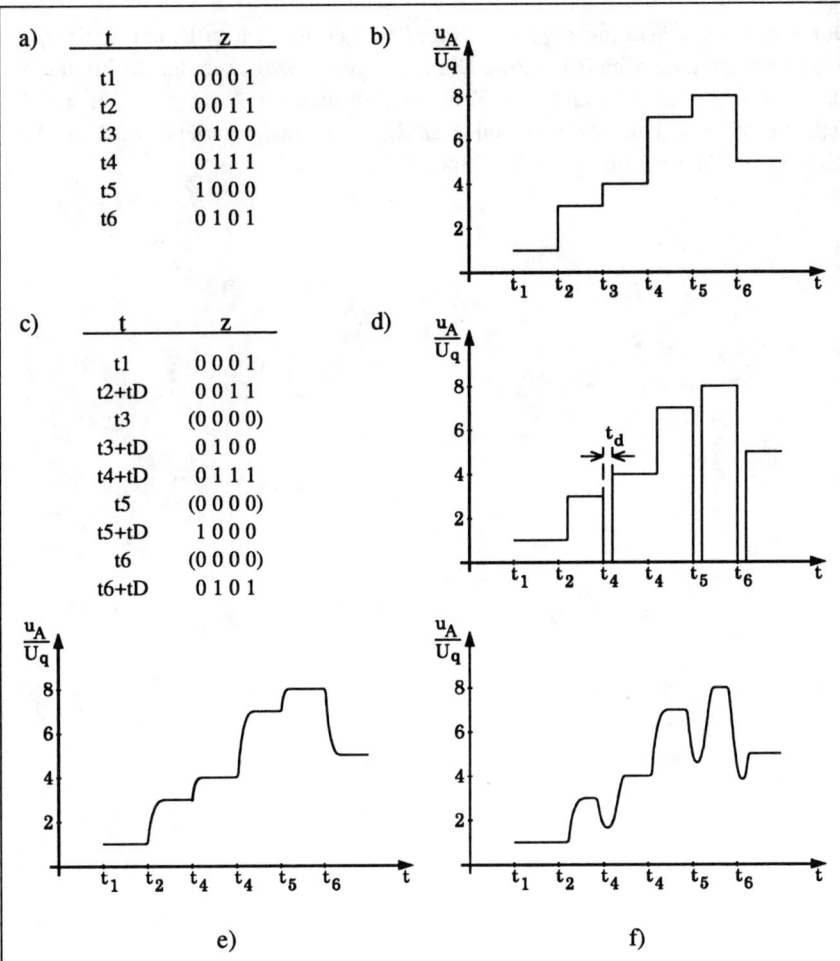

Bild 4.6: Dynamische Fehler eines DAU: a) Digitalwortfolge,   b) Idealverlauf der Ausgangsspannung,   c) Ersatz-Digitalwortfolge mit Zwischen-Codes, d) Störspitzen durch Zwischen-Codes,   e) Tiefpaßbegrenzung des idealen Ausgangssignals,   f) Realer Verlauf des Ausgangssignals.

Durch eine Überlagerung all dieser Störeffekte ergibt sich z. B. ein Verlauf der Ausgangsspannung nach Bild 4.6 f). Die Zeitdifferenz zwischen der Reaktion eines idealen DAU (Kurve b) und dem Zeitpunkt, ab dem die Ausgangsspannung des realen DAU ein Toleranzband von $\pm 1/2\, U_q$ nicht mehr verläßt, wird als Einschwingzeit (Settling time) des DAU spezifiziert.

4.2 Analog/Digital-Umsetzer

4.2.1 Grundlagen

Die Umsetzung eines analogen Meßsignals in ein Digitalsignal (Digitalisierung) umfaßt zwei Aufgaben:

a) die Abtastung des zeitkontinuierlichen Signals, d. h. die Entnahme von Proben des Signals zu diskreten Zeitpunkten,

b) die Quantisierung der Abtastwerte, d. h. die Annäherung der analogen Amplitutenwerte durch diskrete Amplitudenwerte, die durch einen zugehörigen Digitalcode repräsentiert werden.

Die Abtastung (Aufgabe a) kann durch eine analoge Abtast-Halteschaltung (s. Kap.3.7) oder bei Parallel-Quantisierern (s. Kap. 4.2.2) durch digitale Abtast-Speicherschaltungen erfolgen. Die Schaltungen zur Quantisierung des Signals (Aufgabe b)) werden als Analog/Digital-Umsetzer (ADU) bezeichnet. In den folgenden Betrachtungen zum ADU wird vorausgesetzt, daß entweder durch eine vorgeschaltete Abtast-Halteschaltung oder aufgrund der geringen Signaländerungsgeschwindigkeit während der Analog/Digital-Umsetzung ein konstantes, zeitunabhängiges Eingangssignal vorliegt.

Ein Analog/Digital-Umsetzer ordnet jeweils einem Bereich der analogen Eingangsgröße ein Digitalwort in einem definierten Code zu. Im folgenden soll beispielhaft eine positive Spannung als analoge Eingangsgröße betrachtet werden sowie eine Codierung des digitalen Ausgangswortes im Dualcode. Für eine solche Quantisierung mit gleichmäßiger, aussteuerungsunabhängiger Quantisierungsschrittweite (= Bereichsbreite) U_q ergibt sich eine ideale Übertragungskennlinie nach Bild 4.7.

Mit einem n bit Dualcode können dabei im Umsetzungsbereich

$$0 \leq U_E \leq U_{ref} \tag{4.16}$$

$m = 2^n$ verschiedene Bereiche unterschieden werden. Diese weisen im Idealfall jeweils die Breite U_q auf, so daß einem Digitalwort z ein Bereich der Eingangsspannung

$$z \cdot U_q \leq U_E < (z+1) \cdot U_q \tag{4.17}$$

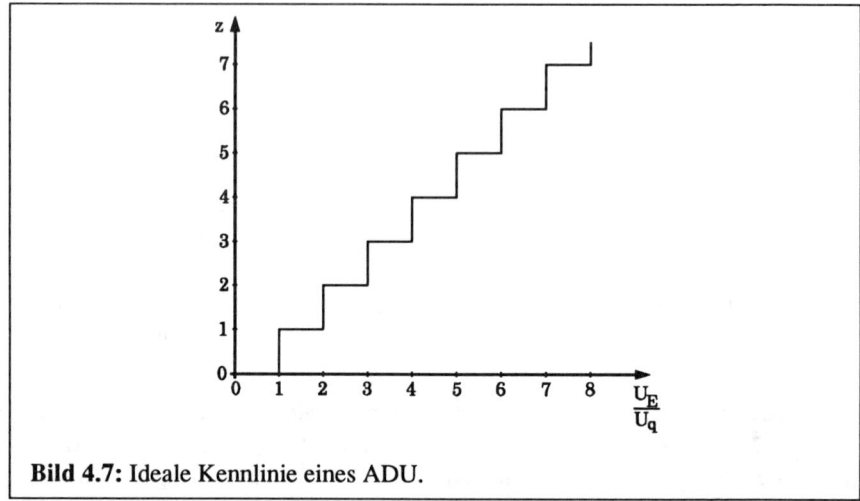

Bild 4.7: Ideale Kennlinie eines ADU.

zugeordnet ist[8]. Die Analog/Digital-Umsetzung weist also die Charakteristik einer Abschneideoperation (Integer-Funktion "INT") auf, die den Quotienten aus Eingangsspannung U_E und Quantisierungsschrittweite U_q auf den nächstkleineren ganzzahligen Digitalwert z abrundet:

$$z = \text{INT}\left(\frac{U_E}{U_q}\right). \tag{4.18}$$

Diese Rundungs-Operation (Quantisierung) stellt das **Ideal**verhalten eines Analog/Digital-Umsetzers dar, erst Abweichungen von dieser idealen Quantisierung liefern einen Fehler. (Dies soll hier besonders betont werden, weil manchmal der Effekt der Rundung selbst als Quantisierungs**fehler** bezeichnet wird.)

Für die Analog/Digital-Umsetzung bietet sich als Vergleichsbild ein Wägevorgang mit einer mechanischen Balkenwaage an. Auch dabei besteht die Aufgabe darin, eine unbekannte analoge Größe (Gewicht) durch einen endlichen Vorrat diskreter Normwerte bestmöglich anzunähern. Der Waagebalken als Vergleicher entspricht dabei im elektrischen Analogon einem Komparator, die Gewichte entsprechen elektrischen Spannungen oder Strömen.

---

[8] Häufig wird auch als Zuordnung $(z - 1/2)U_q \leq U_E < (z + 1/2)U_q$ gewählt. Dies entspricht einer Verschiebung der Gesamtkennlinie um die Konstante $1/2 \cdot U_q$.

Die Umsetzung einer analogen Eingangsspannung U_E in ein Digitalwort z der Länge n bit (entsprechend einer Quantisierung des Eingangsspannungsbereiches mit $m = 2^n$ Bereichen) kann in einer unterschiedlichen Anzahl von Teilschritten erfolgen. Drei charakteristische Lösungen, bei denen

- in **einem** Schritt das **gesamte Digitalwort z** entschieden wird,

- in **n** Teilschritten jeweils **ein bit** des Digitalwortes entschieden wird,

- in **m** Teilschritten jeweils **eine Quantisierungsstufe** entschieden wird,

werden im folgenden vorgestellt. Von den vielfältigen Varianten sowie Mischformen dieser Grundlösungen wird anschließend ein Beispiel aufgezeigt, für die restlichen wird auf die Literatur verwiesen [10].

4.2.2 Analog/Digital-Umsetzer nach dem Parallelverfahren

Das Prinzipschaltbild eines ADU nach dem Parallelverfahren ist in Bild 4.8 dargestellt.

Die zu quantisierende Eingangsspannung U_E wird parallel den nichtinvertierenden Eingängen aller $m = 2^n$ Komparatoren zugeführt. Mit Hilfe einer Widerstands-Teilerkette werden aus der Referenzspannung U_{ref} die einzelnen Schwellspannungen $U_{S,j}$ erzeugt, die die Grenzen der Quantisierungsintervalle darstellen. Diese sind jeweils mit den invertierenden Eingängen der Komparatoren K_j verbunden. Durch diese Anordnung wird gleichzeitig (d. h. in einem Umsetzungsschritt) die Eingangsspannung U_E mit den Grenzen $U_{S,j}$ aller Quantisierungsbereiche verglichen. Liegt z. B. die Eingangsspannung im Bereich

$$U_{S,j} < U_E < U_{S,j+1} \, ,$$

so liefern alle Komparatoren K_1 bis K_j wegen $U_E > U_{S,\upsilon}$ ($1 \leq \upsilon \leq j$) einen 1-Pegel an ihrem Ausgang, während die Komparatoren K_{j+1} bis K_m wegen $U_E < U_{S,\upsilon}$ ($j+1 \leq \upsilon \leq m$) einen 0-Pegel erzeugen. Der resultierende Code am Ausgang der Komparatoren wird wegen der Analogie zu einem Flüssigkeits-Thermometer als "Thermometer-Code" bezeichnet. In einem anschließenden Codiernetzwerk wird diese Information in den gewünschten Ausgangscode (z. B. Dualcode, Gray-Code, ...) umgesetzt sowie in eine Überlaufanzeige, die bei einer oberen Bereichsüberschreitung ($U_E > U_{ref}$) aktiv wird.

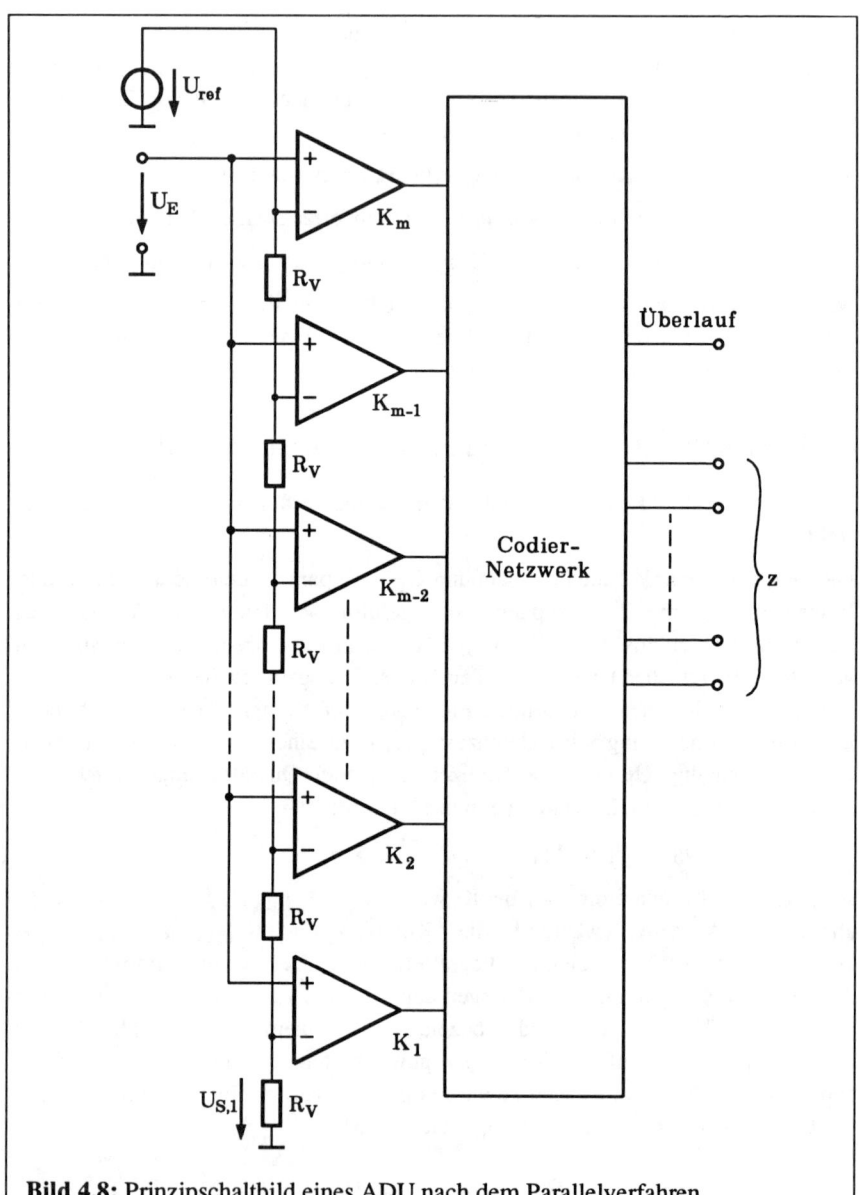

Bild 4.8: Prinzipschaltbild eines ADU nach dem Parallelverfahren.

Diese Grundvariante des Parallel-ADU arbeitet völlig asynchron, d. h. der Ausgangscode folgt im Idealfall als zeitkontinuierlicher Digitalcode unmittelbar der analogen Eingangsspannung. Dadurch ergibt sich die Möglichkeit, die zeitliche Diskretisierung (Abtastung) als **analoge** Abtastung mit einer Abtast-Halte-Schaltung **vor** dem ADU oder als **digitale** Abtastung mit getakteten Daten-Flipflops **nach** dem ADU durchzuführen.

Bei einem realen ADU treten jedoch durch die endlichen und eventuell unterschiedlichen Reaktionszeiten der Komparatoren, der logischen Verknüpfungselemente im Codiernetzwerk sowie der nachgeschalteten Speicherflipflops selbst Zeitfehler auf, die bei einer digitalen Abtastung nach dem ADU zu Unsicherheiten im Abtastzeitpunkt (Aperturzeit-Unsicherheit) führen. Eine günstigere Version des Parallel-ADU zeigt Bild 4.9.

Hierbei wird das Prinzip der digitalen Abtastung eingesetzt, die Abtastung selbst bleibt jedoch so nah wie möglich am Eingang des ADU, um den Einfluß von Reaktionszeitunterschieden zu minimieren.

Dazu werden die Komparatoren durch "getaktete Speicher-Komparatoren" ersetzt. Ein solcher arbeitet z. B. in der negativen Taktphase ($x_{Takt} = 0$) als normaler Komparator. In der positiven Taktphase ($x_{Takt} = 1$) wirkt er als Speicher-Flipflop, welches den zu Beginn der positiven Taktphase vorliegenden Ausgangspegel des Komparators unabhängig vom weiteren Verlauf des Eingangssignals gespeichert hält (s. Bild 4.10) und an das Codiernetzwerk weitergibt.

Somit definiert die positive Flanke des Taktsignals den Abtastzeitpunkt. Die laufzeitbedingten Fehler des nachfolgenden Codiernetzwerkes können - da es sich aufgrund der vorangegangenen Abtastung um zeitdiskrete Signale handelt - durch zusätzliche Speicher-Flipflops am Ausgang des ADU ausgeblendet werden.

Diese Parallel-ADU weisen folgende wesentliche Eigenschaften auf:

–   hohe Umsetzrate (Umsetzung eines Analogwertes in einem Schritt),

–   Möglichkeit zur digitalen Abtastung,

–   hohen Aufwand für $m = 2^n$ Komparatoren und aufwendiges Codiernetzwerk

–   niedrige Eingangsimpedanz durch $m = 2^n$ parallelgeschaltete Komparatoreingänge

Das Parallel-Umsetzungsverfahren ist damit überall dort geeignet, wo hohe Umsetzungsgeschwindigkeiten (Umsetzungszeiten von ca. 1 ns bis 100 ns) bei geringer Auflösung (6 bis 8 bit) benötigt werden, z. B. zur Digitalisierung von Video-

und RADAR-Signalen sowie in Digitalspeicheroszilloskopen und Transienten-
rekordern.

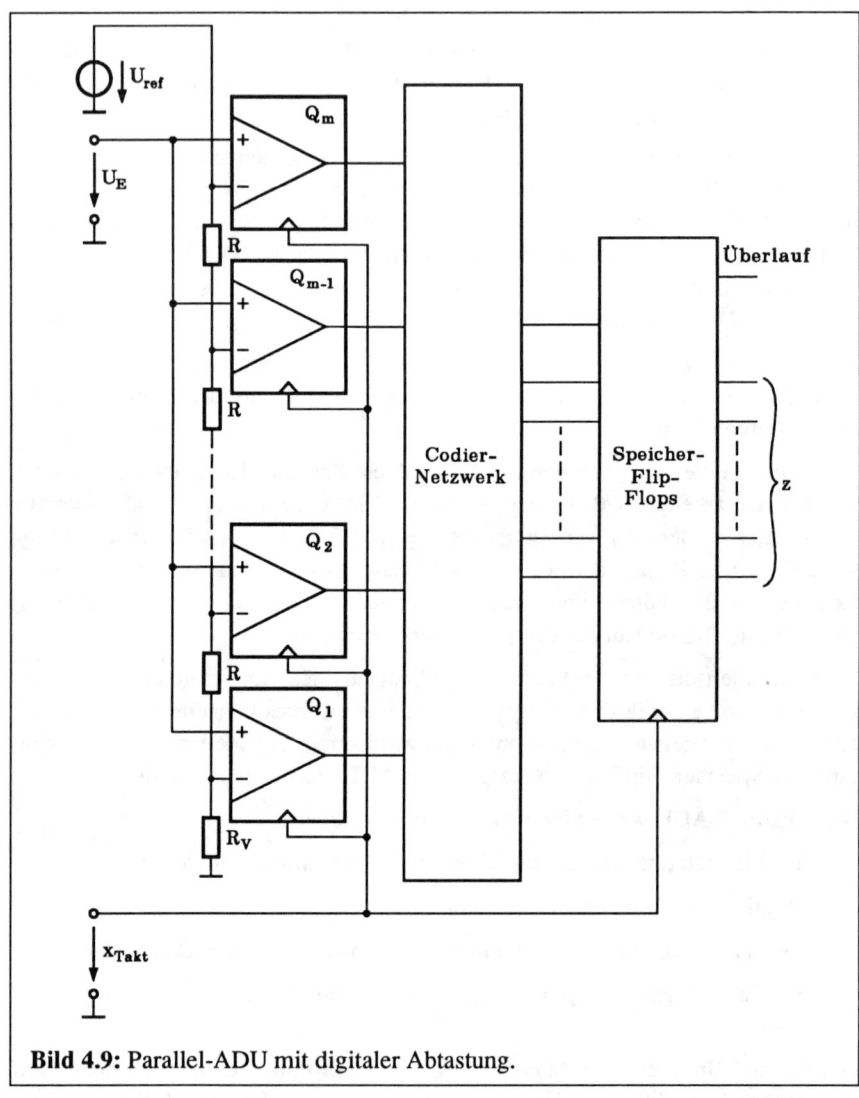

Bild 4.9: Parallel-ADU mit digitaler Abtastung.

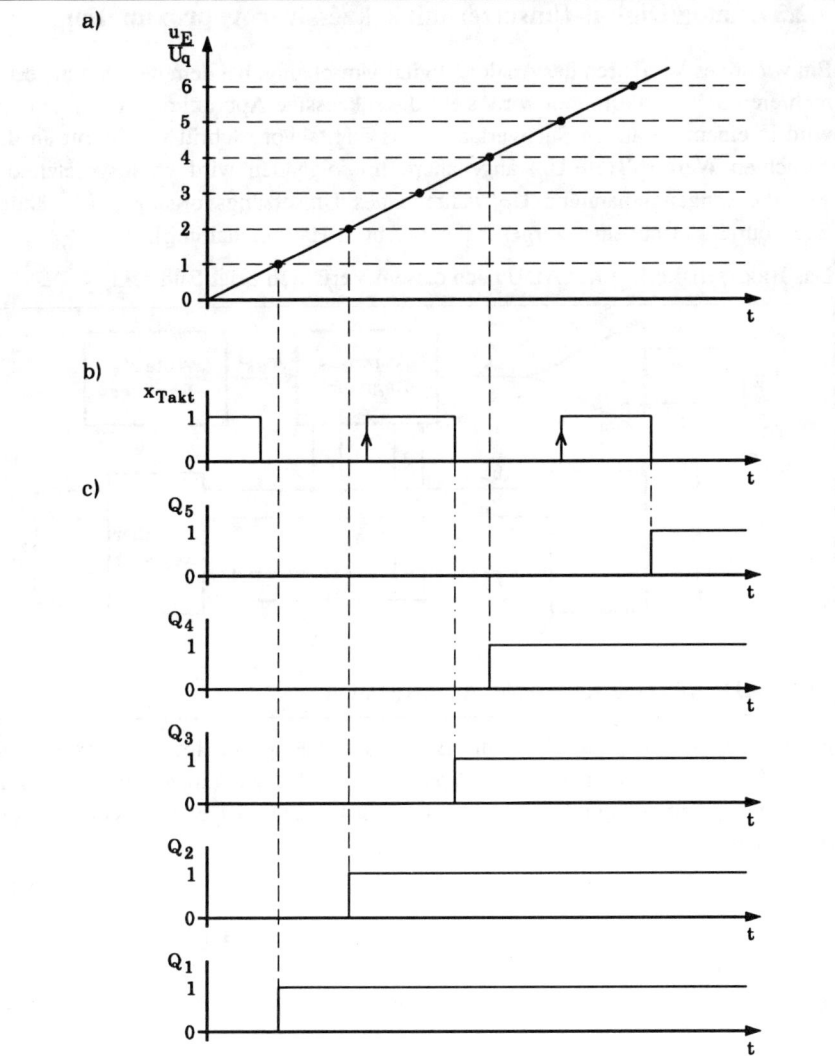

Bild 4.10: Signalverläufe beim Parallel-ADU mit digitaler Abtastung: a) Eingangsspannung $u_E(t)$,   b) Taktsignal x_{Takt},   c) Ausgangssignale der "getakteten Speicher-Komparatoren".

4.2.3 Analog/Digital-Umsetzer mit sukzessiver Approximation

Ein wichtiges Verfahren der Analog/Digital-Umsetzung, bei dem der Digitalwert in mehreren Schritten ermittelt wird, stellt die sukzessive Approximation dar. Hierbei wird in einem iterativen Suchverfahren das Digitalwort Schritt für Schritt an den gesuchten Wert $INT(U_E/U_q)$ angenähert. Im folgenden wird vorausgesetzt, daß sich die Eingangsspannung U_E während des Umsetzungsvorgangs nicht ändert (z. B. durch Einsatz einer vorgeschalteten Abtast-Halte-Schaltung).

Das Blockschaltbild eines ADU nach diesem Verfahren zeigt Bild 4.11.

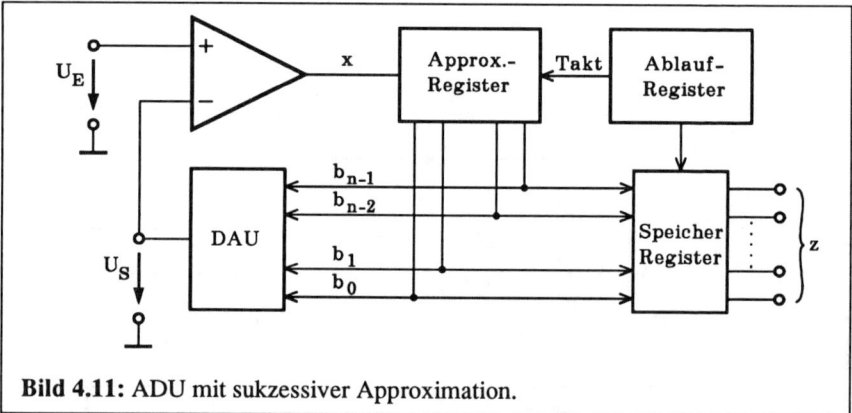

Bild 4.11: ADU mit sukzessiver Approximation.

Es zeigt einen Komparator, der die Eingangsspannung U_E mit der Schwellspannung U_S vergleicht. Die Schwellspannung wird über einen Digital/Analog-Umsetzer aus dem Digitalwert z, der in einem Register gespeichert wird, abgeleitet, so daß gilt

$$U_S = z \cdot U_q , \qquad (4.19)$$

d. h. U_S repräsentiert den analogen Äquivalenzwert des Digitalwertes z. Durch eine systematische Variation von z kann erreicht werden, daß für ein n bit Digitalwort nach n Approximationsschritten der gesuchte Wert $z = INT(U_E/U_q)$ gefunden wird.

Ein Beispiel für eine sukzessive Approximation mit n = 4 bit ist in Bild 4.12 dargestellt.

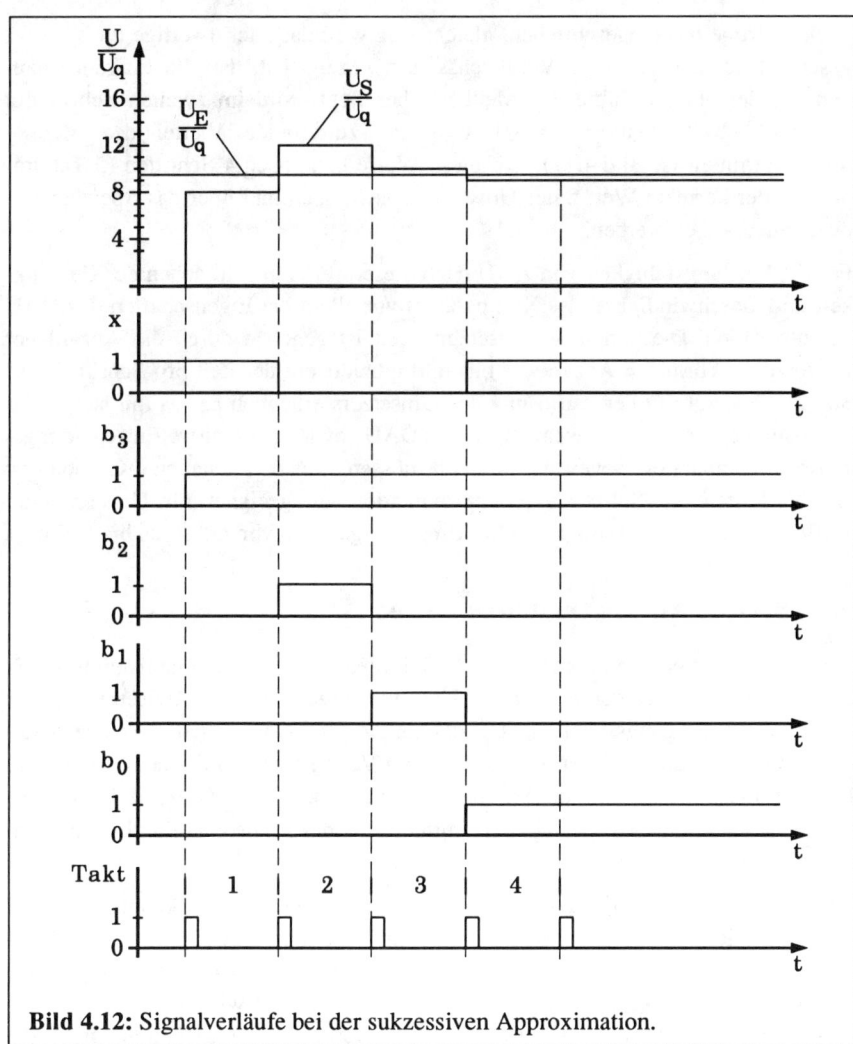

Bild 4.12: Signalverläufe bei der sukzessiven Approximation.

Für den ersten Approximationsschritt werden mit dem ersten Taktimpuls das höchstwertige bit b_3 des Registers auf 1, alle anderen auf 0 gesetzt. Dadurch wird die Eingangsspannung mit dem Äquivalenzwert $U_{S,1} = 2^3 \cdot b_3 \cdot U_q = U_{ref}/2$ im Komparator verglichen. Das Ergebnis x_1 des Vergleichs (im Beispiel $x_1 = 1$ wegen $U_E \geq U_{S,1}$) wird mit dem nächsten Taktimpuls in die Stelle b_3 des Registers (das höchstwertige bit) eingeschrieben, gleichzeitig wird das nächstwertige bit b_2 auf 1 gesetzt. Nachdem der erste Vergleichsschritt gezeigt hat, daß die Eingangsspannung in der oberen Hälfte des Meßbereiches liegt, wird im zweiten Schritt mit $U_{S,2} = (2^3 \cdot b_3 + 2^2 \cdot b_2) \cdot U_q = 3/4 \cdot U_{ref}$ das zutreffende Viertel des Meßbereiches ermittelt (s. Bild 4.12). Auf diese Weise kann nach 4 Schritten (5 Taktimpulsen) der korrekte Wert z der Umsetzung gewonnen und über das Speicher-Register ausgegeben werden.

Für die Leistungsfähigkeit von ADU nach diesem Prinzip sind neben der Genauigkeit und Geschwindigkeit des Komparators vor allem die Eigenschaften des DAU verantwortlich. Die benötigte Umsetzungszeit ist gegeben durch die Anzahl der Umsetzungsschritte (= Anzahl der bit) multipliziert mit der Zeit pro Schritt. Diese Schrittzeit steigt mit der Auflösung des Umsetzers erheblich an, da mit steigender Auflösung ein längeres Einschwingen des DAU sowie eine längere Entscheidungszeit des Komparators abgewartet werden müssen. Aus den genannten Gründen ist das Verfahren der Sukzessiven Approximation gut geeignet für Umsetzer mit Auflösungen von ca. 10 bis 14 bit bei Umsetzungszeiten von ca. 10 µs bis 100 µs.

4.2.4 Serielle Analog/Digital-Umsetzer

Umsetzer, bei denen in maximal $m = 2^n$ Schritten jeweils eine Quantisierungsstufe entschieden wird, werden als serielle Umsetzer bezeichnet. Bei Umsetzern dieser Art wird die Eingangsspannung U_E **nacheinander** mit sämtlichen Schwellspannungen $U_{S,\upsilon}$ ($1 \leq \upsilon \leq m$) verglichen. Bei dem Vergleichsbild mit der Balkenwaage bedeutet dies, daß es nur eine Art von Gewichten (der Größe U_q) gibt. Diese werden so lange in der Waagschale aufsummiert, bis das Meßsignal durch z Elementargewichte aufgewogen ist.

Hierbei kann man nun mehrere Strategien unterscheiden, ein unbekanntes Gewicht durch die Elementargewichte anzunähern. Ein Verfahren, bei dem für jeden Meßvorgang mit einer leeren Vergleichswaagschale begonnen wird und dann die Anzahl der Elementargewichte so lange jeweils um 1 erhöht wird, bis das Summengewicht größer ist als das Meßgut, weist als Vorteil eine hohe Linearität auf, da die Meßbedingungen bei jedem Meßvorgang identisch sind, dagegen als Nachteil eine große Zeitdauer der Messung. Typische Vertreter dieser Klasse sind ADU nach dem Rampenverfahren, die in Kap. 4.2.4.2 vorgestellt werden.

Einen zweiten Schwerpunkt serieller ADU stellen Verfahren dar, bei denen die Suche nach dem neuen Meßwert nicht bei dem Vergleichswert Null beginnt, sondern entweder

– bei dem Ergebnis der vorangegangenen Messung (ADU mit Delta-Modulation),

oder

– bei einem Schätzwert für den neuen Meßwert, der aus den vorangegangenen Meßwerten abgeleitet wird (ADU mit Sigma-Delta-Modulator).

Als Beispiele für die verschiedenen Strategien werden im folgenden ein ADU mit Delta-Modulator sowie ein ADU nach dem Rampenverfahren vorgestellt.

4.2.4.1   ADU mit Delta-Modulation

Die Grundstruktur des ADU mit Delta-Modulator nach Bild 4.13 a) weist große Ähnlichkeit mit der Struktur eines ADU mit sukzessiver Approximation (s. Bild 4.11) auf.

Sie zeigt einen Komparator K, der die Eingangsspannung U_E mit der Schwellspannung U_S vergleicht. Die Schwellspannung U_S wird über einen Digital/Analog-Umsetzer aus dem Digitalwert z, der in einem Zähler gespeichert wird, abgeleitet, so daß gilt

$$U_S = z \cdot U_q$$

d. h. U_S repräsentiert den analogen Äquivalenzwert des Digitalwertes z. Der Digitalwert z ändert sich pro Umsetzungsschritt (d. h. pro Taktimpuls des Taktgenerators) nur um den Wert +1 oder −1 (und nicht um ein bit wie bei der sukzessiven Approximation) abhängig von der Ausgangsgröße x des getakteten Komparators (s. Kap. 4.2.2), der die Zählrichtung des Zählers zwischen den Betriebsarten "Vorwärtszählen" und "Rückwärtszählen" umschaltet mit

$$U_E < U_S \quad \Rightarrow x = 0 \quad \Rightarrow \Delta z = -1 \quad \Rightarrow \text{Rückwärtszählen,}$$

$$U_E > U_S \quad \Rightarrow x = 1 \quad \Rightarrow \Delta z = +1 \quad \Rightarrow \text{Vorwärtszählen.}$$

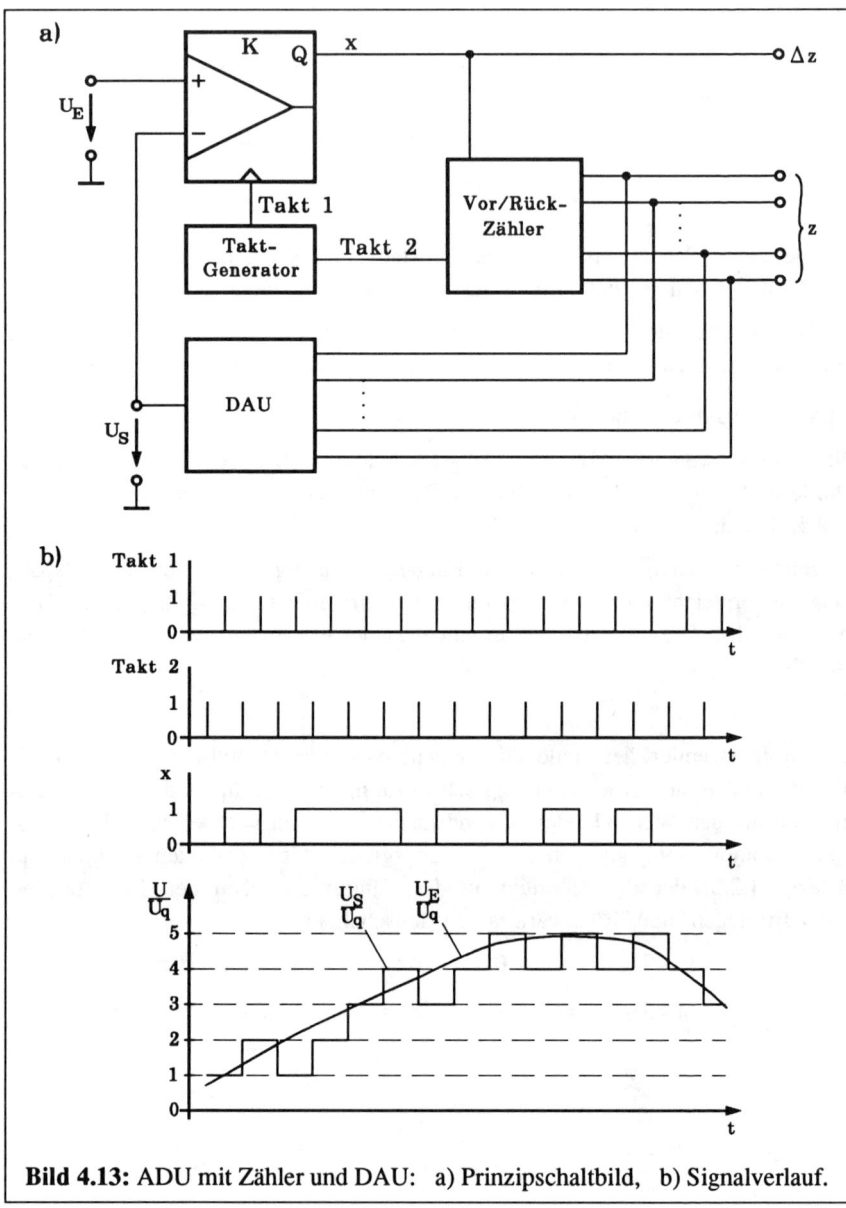

Bild 4.13: ADU mit Zähler und DAU: a) Prinzipschaltbild,   b) Signalverlauf.

Somit ergibt sich ein Signalverlauf nach Bild 4.13 b). Unter der Voraussetzung, daß sich die Eingangsspannung U_E pro Taktperiode um nicht mehr als die Quantisierungsspannung U_q ändert, stellt somit der Zählerstand z zu jedem Zeitpunkt den gültigen Digitalwert für die Eingangsspannung dar. Für eine Übertragung der Meßwerte bietet es sich an, nicht die vollständigen Zählerstände zu verwenden, sondern nur die Ausgangsinformation x des Komparators. Für einen bekannten Anfangswert kann aus dieser seriellen Information Δz, die die jeweilige Änderung (Delta-Wert) zum vorhergehenden Meßwert repräsentiert, der vollständige Digitalwert rekonstruiert werden.

Die Kombination aus Vorwärts-/Rückwärtszähler und DAU kann gemäß Bild 4.14 a) durch einen analogen Integrator (Operationsverstärker mit Kondensator C und Widerstand R) und einen Umschalter S ersetzt werden.

Dieser Schalter legt jeweils für die Dauer einer Taktperiode die Referenzspannung $+U_{ref}$ oder $-U_{ref}$ an den Eingang des Integrators. Die Schalterposition wird dabei durch den Ausgangspegel des Komparators zu Beginn der jeweiligen Taktperiode gesteuert mit

$$U_E < U_S \quad \rightarrow x = 0 \quad \rightarrow S = 1 \quad \rightarrow U_{rück} = +U_{ref},$$

$$U_E > U_S \quad \rightarrow x = 1 \quad \rightarrow S = 2 \quad \rightarrow U_{rück} = -U_{ref}.$$

Die Quantisierungsschrittweite dieses Umsetzers ergibt sich dabei durch die Änderung der Integratorausgangsspannung während einer Taktperiode T_{Takt} zu

$$U_q = \frac{T_{Takt}}{RC} \cdot U_{ref} \,.$$

Hierbei steht als Digitalwert nur der Delta-Wert Δz am Ausgang des Komparators zur Verfügung.

Der Mittelwert der Spannung $U_{rück}$ und damit auch der Mittelwert des seriellen Datenstroms Δz ist dabei proportional zur zeitlichen Ableitung der Eingangsspannung U_E.

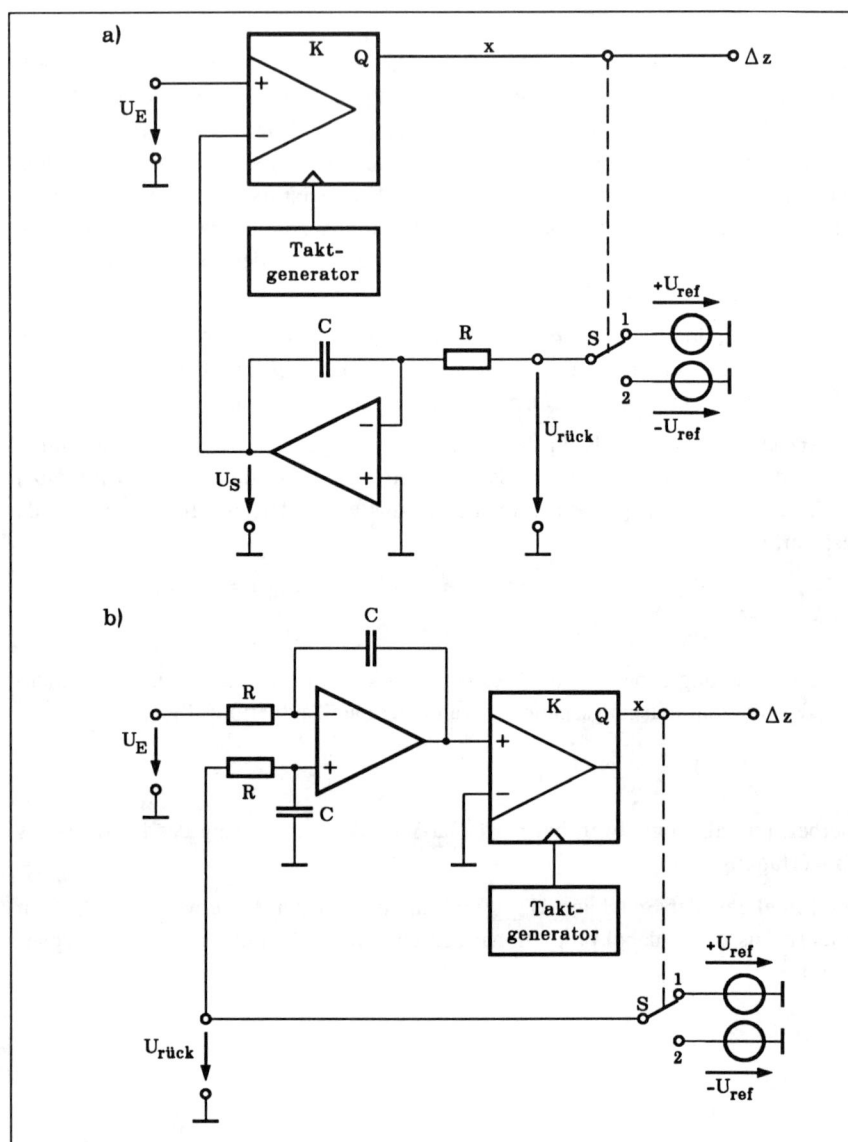

Bild 4.14: ADU mit Integrator: a) Delta-Modulator, b) Sigma-Delta-Modulator.

Die Schaltungsmodifikation nach Bild 4.14 b), bei der der Integrator mit der Differenz aus dem Eingangssignal U_E und dem Rückkopplungssignal $U_{rück}$ angesteuert wird, stellt die Grundform des "Sigma-Delta-Modulators" dar. Hierbei ist der Mittelwert der Spannung $U_{rück}$ und damit auch der Mittelwert von Δz proportional zur Eingangsspannung U_E, so daß durch ein nachgeschaltetes Digitalfilter zur Mittelwertbildung der gesuchte Digitalwert z berechnet werden kann. Dabei ergibt sich als günstige Eigenschaft dieses Umsetzers, daß die erreichbare Auflösung nicht unmittelbar durch die Genauigkeit der Schaltungskomponenten begrenzt ist, sondern durch die Dauer und Art der Mittelwertfilterung beeinflußt werden kann.

4.2.4.2 ADU nach dem Rampenverfahren

Bei ADU nach dem Rampenverfahren wird die Vergleichsgröße beginnend bei dem Wert Null so lange jeweils um eine Quantisierungseinheit erhöht, bis der Vergleichswert den gesuchten Meßwert erreicht. Eine sehr einfache und aufwandsminimale Lösung für dieses Verfahren ergibt sich, wenn man als Eingangs- und Vergleichsgrößen nicht Spannungen, sondern **Zeitintervalle** verwendet. In der Regel liegt die analoge Eingangsgröße als elektrische Spannung vor, so daß eine Spannung/Zeitintervall-Umsetzung erforderlich ist. Dies ist im einfachsten Fall durch eine Schaltung nach Bild 4.15 möglich, bei der mit Hilfe einer linearen rampenförmigen Spannung $u_C(t)$ mit dem Anfangswert U_E und der wohldefinierten Steigung

$$\frac{du_C}{dt} = -\frac{I_0}{C} \tag{4.20}$$

eine Spannung U_E in ein Zeitintervall

$$\Delta t_x = t_2 - t_1 = U_E \cdot \frac{C}{I_0} \tag{4.21}$$

umgesetzt wird.

Die Quantisierungsaufgabe besteht dann darin, das Zeitintervall $\Delta t_x = t_2 - t_1$ durch z Quantisierungsintervalle Δt_q bestmöglich anzunähern (s. dazu auch Kap. 7.3.1). Dazu wird das zu quantisierende Zeitintervall Δt_x durch die Dauer eines rechteckförmigen Impulses $x_E(t)$ nach Bild 4.16 a) ausgedrückt und die Quantisierungseinheit Δt_q durch die Periodendauer eines periodischen Taktsignals $x_{Takt}(t)$.

Der Zähler (s. Bild 4.16 b)) wird vor Beginn der Messung auf den Wert z = 0 zurückgesetzt. Während der gesuchten Zeit Δt_x werden dann die Taktimpulse durch das UND-Gatter zum Zähler weitergeleitet und dort gezählt. Nach Abschluß des

Zählvorgangs ($t > t_2$) kann das Digitalwort z am Ausgang des Zählers abgegriffen werden. Die gewünschte Codierung kann auf einfache Weise durch die Art des Zählers (z. B. Dual-Zähler, Dezimal-Zähler) festgelegt werden.

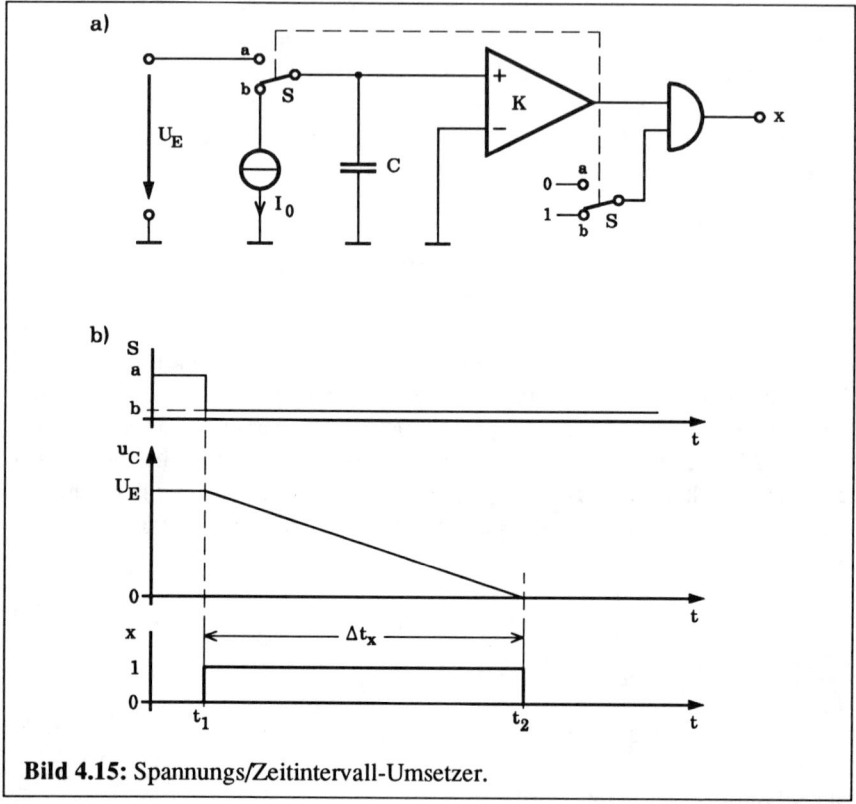

Bild 4.15: Spannungs/Zeitintervall-Umsetzer.

Durch diese Art der Quantisierung können sehr hohe Auflösungen und Genauigkeiten erreicht werden,

–   da ein periodisches Taktsignal (z. B. abgeleitet aus einen Quarzoszillator) durch die implizite Aneinanderreihung (Aufsummation) von Quantisierungseinheiten Δt_q ein extrem genaues Zeitraster erzeugt und

–   die Vergleichsoperation als Zeitvergleich durch ein UND-Gatter sehr einfach und präzise durchgeführt werden kann.

Da aus technischen Gründen (z. B. Geschwindigkeit des Zählers und Entscheidungszeit des UND-Gatters) die Quantisierungseinheit Δt_q nicht beliebig klein gewählt werden kann, muß mit steigender Auflösung eines solchen ADU das Eingangszeitintervall $\Delta t_{x,max} = z_{max}\,\Delta t_q = 2^n\,\Delta t_q$ länger gewählt werden, so daß die Umsetzungszeit entsprechend ansteigt.

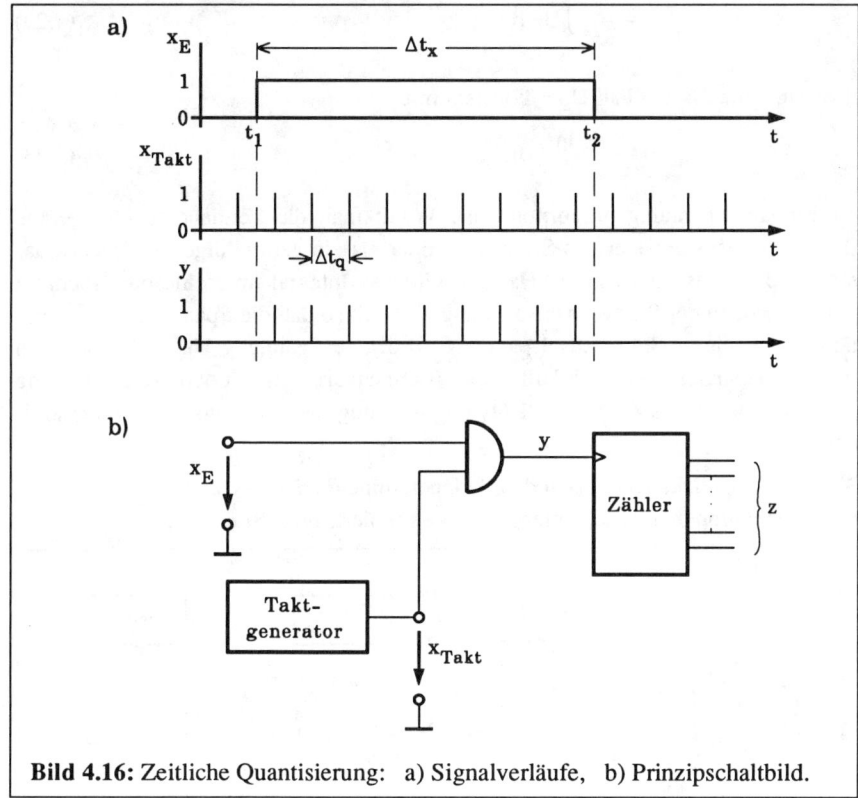

Bild 4.16: Zeitliche Quantisierung: a) Signalverläufe,   b) Prinzipschaltbild.

Bei der Messung von "Gleichspannungen", die durch eine unerwünschte überlagerte Wechselspannung (z. B. 50 Hz-"Brummspannung") gestört sind, ergeben sich mit den bisher beschriebenen Umsetzungsverfahren Probleme, da diese entweder einen Momentanwert (d. h. die Summe aus Gleichspannung und Stör-Wechselspannung) umsetzen oder – da die Voraussetzung einer konstanten Eingangsspannung während der Umsetzungszeit nicht erfüllt ist – unsinnige Ergebnisse liefern.

Eine Spannungs/Zeitintervall-Umsetzung, die gegenüber überlagerten Stör-Wechselspannungen sehr unempfindlich ist, stellt das **Doppelrampenverfahren** dar. Hierbei wird aus der Eingangsspannung U_E zunächst durch ein zeitvariantes Filter die Spannung

$$U_E^* = -\frac{1}{RC} \int_{t_0}^{t_1} U_E \, dt \tag{4.22}$$

abgeleitet, die für den Fall U_E = konstant mit

$$U_E^* = -\frac{t_1 - t_0}{RC} \cdot U_E \tag{4.23}$$

zur Eingangsspannung proportional ist. Wählt man die Zeitdauer $t_1 - t_0$ gerade gleich der Periodendauer des Störsignals oder als ein ganzzahliges Vielfaches davon (z. B. 20 ms für $f_{stör}$ = 50 Hz), so wird das Integral über eine oder mehrere ganze Perioden der Störwechselspannung zu Null, so daß die Spannung U_E^* unabhängig von dieser Störwechselspannung wird. Die Spannung U_E^* wird dann ab $t = t_1$ in bekannter Weise mit Hilfe eines Rampenverlaufes mit definierter Steigung in ein proportionales Zeitintervall $\Delta t_x = t_2 - t_1$ umgesetzt und anschließend quantisiert.

Die Schaltung eines ADU nach dem Doppelrampenverfahren, welche die beschriebenen Operationen in geschickter Weise kombiniert, zeigt Bild 4.17.

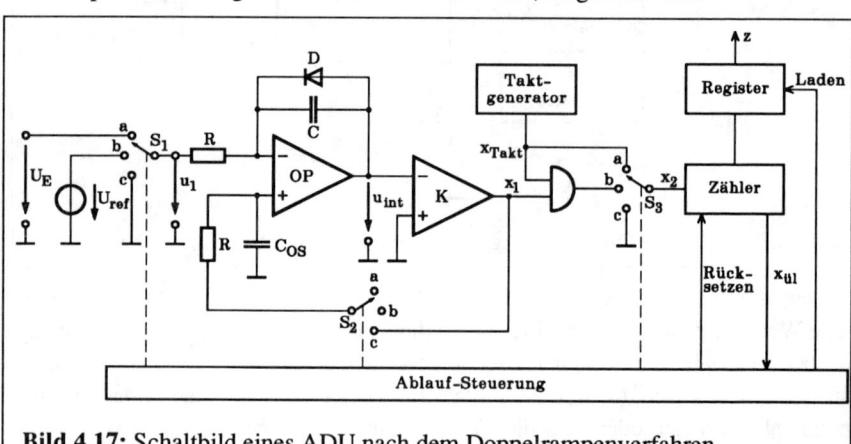

Bild 4.17: Schaltbild eines ADU nach dem Doppelrampenverfahren.

Sie zeigt als Kernstück eine Integratorschaltung, die über einen Eingangsschalter S_1 wahlweise mit der Eingangsspannung U_E (Schalterposition a), mit einer Referenzspannung U_{ref} (Position b) oder mit Nullpotential zum automatischen Nullpunktabgleich (Position c) angesteuert werden kann. Die Ausgangsspannung $u_{int}(t)$ des Integrators wird durch einen Komparator K, dessen Vergleichsspannung Null beträgt, überwacht.

Der $\oplus$-Eingang des Integrator-OPs wird aus dem Kondensator C_{OS} mit einer Korrekturspannung zur Kompensation des Offsetfehlers angesteuert. Der Kondensator wird vor jeder Messung über den Schalter S_2 auf den dazu erforderlichen Wert aufgeladen.

Der zweite wesentliche Teil der Schaltung umfaßt einen Taktgenerator, einen Umschalter S_3, der gleichphasig mit den Schaltern S_1 und S_2 gesteuert wird, sowie einen Zähler der Zählkapazität $m = 2^n$ mit angeschlossenem Speicherregister. In der Schalterstellung a wird der Zähler unmittelbar mit den Impulsen des Taktgenerators angesteuert ($x_2 = x_{Takt}$), in der Position b werden die Taktimpulse über das UND-Gatter nur weitergeleitet für $x_1 = 1$, d. h. für $u_{int}(t) > 0$. Die Ansteuerung der Schalter, das Rücksetzen des Zählers vor jeder Messung sowie die Übernahme des Zählergebnisses in das Register (Signal "Laden") werden von einer Ablaufsteuerung durchgeführt.

Ein vollständiger Meßzyklus der Schaltung ist in dem Zeitdiagramm in Bild 4.18 dargestellt.

Vor Beginn einer Messung ($t < t_0$) befinden sich die drei Schalter in Position c. Dabei wird durch eine Rückkopplung vom Komparator zum Integrator ein automatischer Nullpunktabgleich (Auto Zero) durchgeführt, bei dem

– sich die Ausgangsspannung u_{int} des Integrators auf die effektive Schwellspannung des Komparators einstellt, so daß der Einfluß der Offsetspannung des Komparators eliminiert wird,

– der Kondensator C_{OS} so aufgeladen wird, daß der Einfluß der Offsetspannung des Operationsverstärkers kompensiert wird.

Aufgrund dieses Nullabgleiches kann für die weitere Betrachtung angenommen werden, daß der Operationsverstärker und der Komparator ideal sind.

Während dieser Nullabgleichs-Phase wird auch der Zähler durch einen Rücksetzimpuls auf seinen Anfangswert 0 zurückgesetzt.

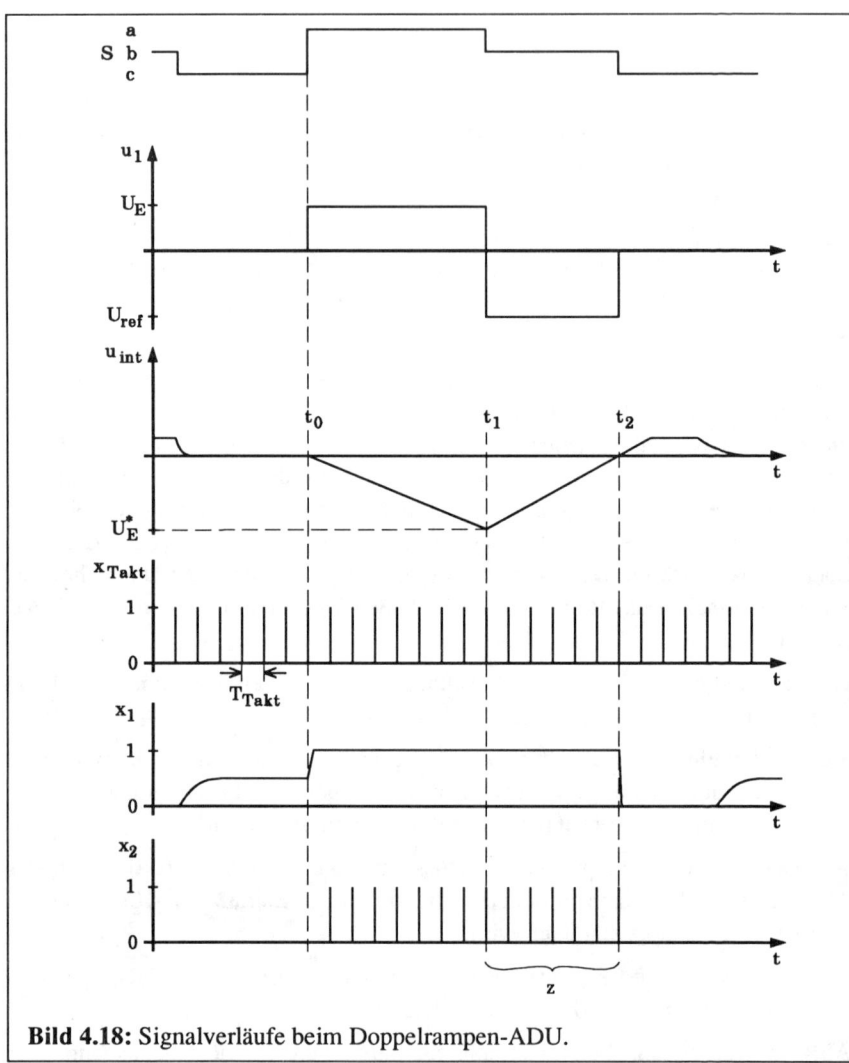

Bild 4.18: Signalverläufe beim Doppelrampen-ADU.

Zum Zeitpunkt t_0, der durch die Ablaufsteuerung synchron zum Taktsignal vorgegeben wird, werden die Schalter S_1 bis S_3 jeweils in Position a umgeschaltet. Dadurch werden der Integrator mit der Eingangsspannung U_E und der Zähler mit dem Taktsignal $x_2 = x_{Takt}$ angesteuert. Nachdem der Zähler einmal seine volle Zählkapazität durchlaufen hat, erzeugt er ein Überlaufsignal $x_{\ddot{u}l}$. Dieses veranlaßt die Ablaufsteuerung, wiederum synchron mit dem Taktsignal zum Zeitpunkt t_1 die drei Schalter in die Position b umzuschalten. Die Zeitdauer $t_1 - t_0$, in der sich die Schalter in Stellung a befinden und während der die Eingangsspannung U_E aufintegriert wird, ist mit

$$t_1 - t_0 = m \cdot T_{Takt} = 2^n \cdot T_{Takt} \tag{4.24}$$

durch die Zählerkapazität m und die Taktperiodendauer T_{Takt} vorgegeben. Damit gilt für die Ausgangsspannung des Integrators zum Umschaltzeitpunkt t_1:

$$u_{int}(t_1) = U_E^* = -\frac{t_1 - t_0}{RC} \cdot U_E = -\frac{m\, T_{Takt}}{RC} \cdot U_E \,. \tag{4.25}$$

Ab dem Zeitpunkt t_1 wird der Integrator mit der konstanten Referenzspannung U_{ref} angesteuert, die die umgekehrte Polarität wie die Eingangsspannung U_E aufweist. Dadurch ergibt sich für die Integratorausgangsspannung $u_{int}(t)$ eine Rampenfunktion mit konstanter Steigung:

$$u_{int}(t) = U_E^* - \frac{1}{RC} \int_{t_1}^{t} U_{ref}\, dt = U_E^* - U_{ref}\frac{t - t_1}{RC} \,. \tag{4.26}$$

Zum Zeitpunkt t_2 erreicht die Integratorausgangsspannung den Wert Null:

$$u_{int}(t_2) = 0 = U_E^* - U_{ref} \cdot \frac{t_2 - t_1}{RC} \,. \tag{4.27}$$

Dadurch ergibt sich die gewünschte Spannungs/Zeitintervall-Umsetzung zu

$$\Delta t_x = t_2 - t_1 = RC\,\frac{U_E^*}{U_{ref}} \,. \tag{4.28}$$

Während des Zeitintervalls t_1 bis t_2 werden über das UND-Gatter wegen $x_2 = x_1 \cdot x_{Takt}$ die Zählimpulse durchgeschaltet, ab dem Zeitpunkt t_2 wird das UND-Gatter gesperrt. Da zum Zeitpunkt t_1 ein Überlauf des Zählers stattgefunden hat, beginnt die Zählung zum Zeitpunkt t_1 mit dem Zählerstand Null. Am Ende des Zählvorgangs $(t > t_2)$ beträgt der Zählerstand dann

$$z = INT\left[\frac{t_2 - t_1}{T_{Takt}}\right] = INT\left[\frac{RC}{T_{Takt}} \cdot \frac{U_E^*}{U_{ref}}\right] \,. \tag{4.29}$$

Zusammen mit (4.25) ergibt sich daraus:

$$z = \text{INT}\left(-\frac{RC}{T_{Takt}} \cdot \frac{m\, T_{Takt}}{RC} \cdot \frac{U_E}{U_{ref}}\right) = \text{INT}\left(-m\, \frac{U_E}{U_{ref}}\right). \qquad (4.30)$$

Man erkennt, daß die Größen R, C und T_{Takt} keinen Einfluß auf das Meßergebnis haben, so lange sie während eines vollständiges Meßvorgangs (Zeitintervall t_0 bis t_2) als konstant betrachtet werden können. Es muß also nur eine entsprechende Kurzzeitstabilität dieser Größen gefordert werden.

Damit ergeben sich folgende Eigenschaften des Doppelrampen-ADU:

– hohe Auflösung,

– gute Störunterdrückung,

– geringer Aufwand,

– geringe Anforderungen an die Langzeitstabilität der Bauelemente.

Hauptanwendung finden diese Schaltungen bei der Messung von Gleichgrößen oder sehr langsam veränderlichen Größen wie z. B. bei Temperaturmessungen oder in den bekannten "Digital-Multimetern".

4.2.4.3 Kaskaden-ADU

Zwischen den Umsetzungsverfahren, die das gesamte Digitalwort in einem Schritt gewinnen (Parallel-ADU) und solchen, die pro Schritt ein bit des Digitalwortes ermitteln, sind vom Prinzip her beliebige Zwischenstufen möglich. Hier wird als Beispiel eine zweistufige Umsetzung nach dem Kaskadenverfahren vorgestellt, da dieses eine gewisse technische Bedeutung erlangt hat.

Die Schaltung nach Bild 4.19 zeigt einen Parallel-Umsetzer ADU_1 mit einer Wortlänge von n_1 bit, einen daran angeschlossenen DAU ebenfalls mit einer Wortlänge von n_1 bit, einen Differenzverstärker sowie einen zweiten Parallel-Umsetzer ADU_2 mit einer Auflösung von n_2 bit.

Für eine angestrebte Auflösung der Anordnung von $n_{ges} = n_1 + n_2$ muß der ADU_1

$$m_1 = 2^{n_1}$$

Quantisierungsstufen der Schrittweite $U_{q,1}$ aufweisen, die maximale Unsicherheit dieser Schwellwerte darf jedoch nur eine halbe Quantisierungsschrittweite $U_{q,ges}$ entsprechend der **Gesamt**auflösung $n_{ges} = n_1 + n_2$ betragen. Die gleiche Forderung muß für den anschließenden DAU gelten, der also m_1 unterschiedliche Ausgangsspannungen mit einer Genauigkeit entsprechen n_{ges} bit liefern muß. Durch diese erste Quantisierung wird also festgestellt, in welchem der m_1 möglichen Teilbereiche die Eingangsspannung U_E liegt. Die zugehörigen n_1 höherwertigen bit des Digitalwortes werden im DAU in eine Analogspannung U_{DAU} zurückgewandelt. Die Differenz zwischen der Eingangsspannung U_E und der DAU-Ausgangsspannung U_{DAU} stellt den Quantisierungsrest der ersten n_1-bit-Umsetzung dar. Die resultierende Ausgangsspannung

$$U_{Diff} = U_E - U_{DAU}$$

des Differenzverstärkers wird in dem nachfolgenden ADU$_2$ mit einer Auflösung von n_2 bit quantisiert; diese stellen die niederwertigen bit des Digitalwortes dar.

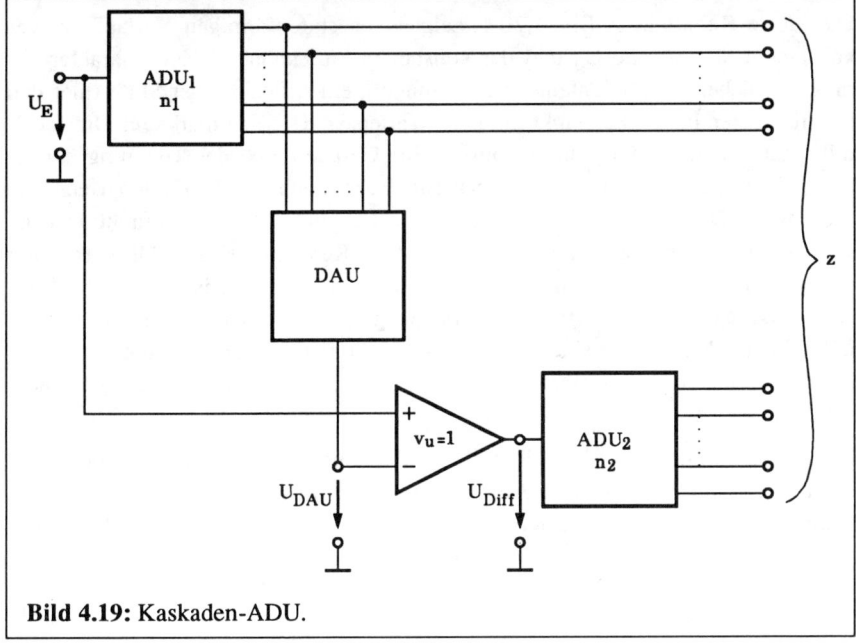

Bild 4.19: Kaskaden-ADU.

Auf diese Weise kann z. B. mit $n_1 = n_2 = 4$ durch die Kaskadierung von zwei Parallel-ADU mit jeweils $2^4 = 16$ (d. h. insgesamt 32) Komparatoren eine Auflösung von $n_{ges} = 8$ bit erreicht werden, für die bei einem reinen Parallelumsetzer nach Bild 4.8 eine Anzahl von $2^8 = 256$ Komparatoren benötigt werden. Diesem erheblichen Vorteil im Aufwand steht als Nachteil gegenüber, daß die Umsetzungsdauer (Entscheidungszeit des ADU$_1$ + Einschwingzeit des DAU + Einschwingzeit des Differenzverstärkers + Entscheidungszeit des ADU_2) gegenüber einem reinen Parallel-ADU erheblich ansteigt und daß die Eingangsspannung während dieser gesamten Umsetzungszeit z. B. durch eine Abtast-Halte-Schaltung konstant gehalten werden muß.

4.2.5 Fehlergrößen bei Analog/Digital-Umsetzern

Aufgrund der eingangs gemachten Voraussetzungen, daß die Eingangsspannung eines ADU während der Umsetzungszeit als konstant betrachtet werden kann, darf sich die Betrachtung von Störeffekten auf statische Fehler beschränken. Diese können am besten anhand der Übertragungskennlinie erläutert werden.

Die ideale Kennlinie in Bild 4.20 a) zeigt einen stufenförmigen Verlauf mit der konstanten Stufenbreite U_q und der konstanten Stufenhöhe 1. Zur Charakterisierung möglicher Kennlinienfehler ist es sinnvoll, einen Punkt jeder Stufe (hier den jeweils oberen linken Eckpunkt mit dem Wertepaar (U_j, j) zu markieren. Im Idealfall stellt die Verbindung dieser Punkte eine Gerade durch den Ursprung dar (in Bild 4.20 a) gestrichelt eingezeichnet). Ein Beispiel einer fehlerhaften Kennlinie zeigt Bild 4.20 b). In diesem Fall liegen die Eckpunkte der Stufenfunktion nach wie vor auf einer Geraden, jedoch weist die Kennlinie einen Nullpunktfehler (Offset) sowie einen Steigungsfehler (gain error) auf; letzterer ist verursacht durch eine falsche, jedoch aussteuerungsunabhängige Quantisierungschrittweite U_q'. Diese beiden Fehlerarten sind in der Regel leicht abgleichbar oder in der nachfolgenden digitalen Signalverarbeitung korrigierbar; sie sollen deshalb hier nicht weiter betrachtet werden.

Bei der Kennlinie nach Bild 4.20 c) liegen die Eckpunkte der Stufenfunktion nicht mehr auf einer Geraden. Die Abweichungen der Eckpunkte U_j der (bezüglich Nullpunkt- und Steigungsfehlern korrigierten) realen Kennlinie zu denen der idealen Kennlinie $(U_{j,id} = j\, U_q)$ stellen den integralen Nichtlinearitätsfehler

$$NL_{Int}(U_j) = \frac{U_j - U_{j,id}}{U_{j,max}} = \frac{U_j - j\, U_q}{m\, U_q}, \quad 1 \le j \le m \qquad (4.31)$$

dar. Abweichungen der realen Stufenbreiten von der idealen Stufenbreite U_q werden durch den differentiellen Nichtlinearitätsfehler

$$NL_{Diff}(U_j) = \frac{U_j - U_{j-1}}{U_q} - 1, \quad 1 \le j \le m \qquad (4.32)$$

definiert.

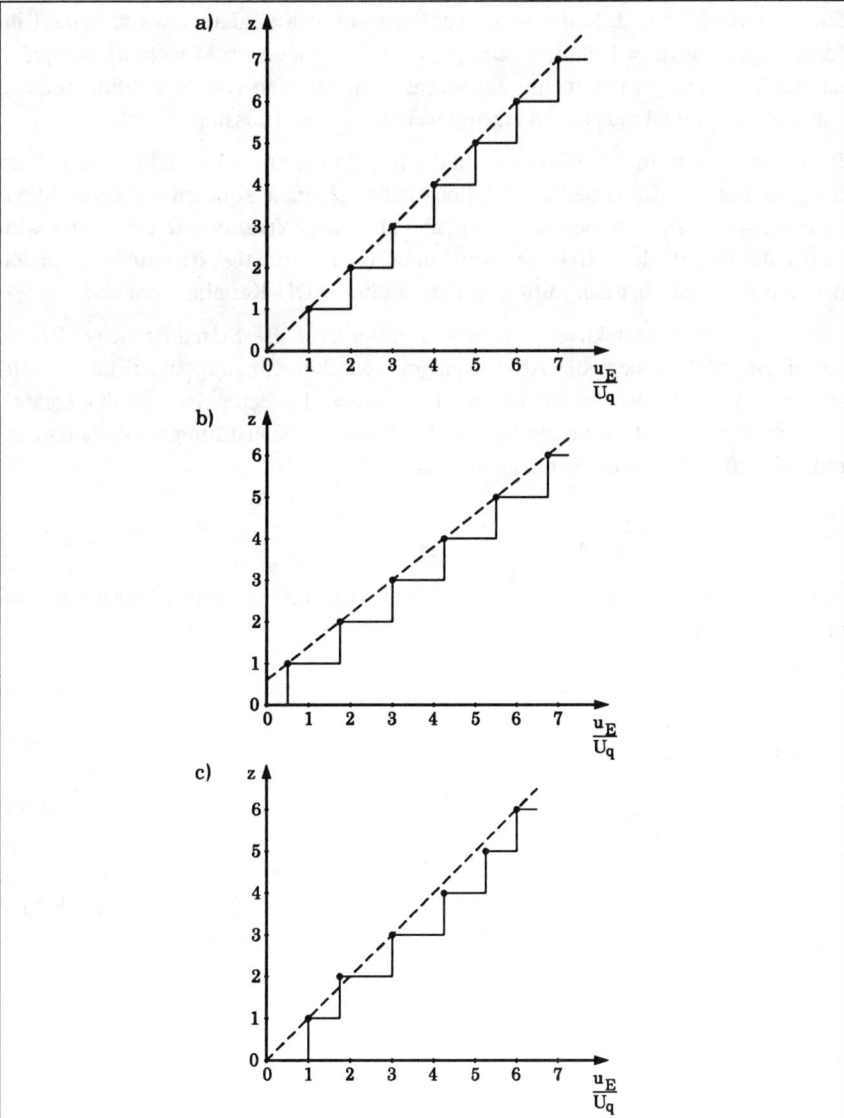

Bild 4.20: Kennlinienfehler bei ADU: a) Idealkennlinie, b) Kennlinie mit Nullpunkt- und Steigungsfehler, c) Kennlinie mit Linearitätsfehlern.

Die Stufenhöhe Δz, d. h. die jeweilige Änderung des Digitalwertes z, beträgt im Idealfall jeweils $\Delta z = 1$. Stufenhöhen $\Delta z < 1$ führen zu einem Monotonie-Fehler, so daß die Zuordnung nicht mehr eindeutig ist. Stufenhöhen von $\Delta z \geq 2$ führen dazu, daß gewisse Digitalcodes nicht erzeugt werden können (missing codes).

In den Datenblättern von ADU wird in der Regel nicht der vollständige Verlauf der integralen bzw. differentiellen Nichtlinearität angegeben, sondern nur deren Maximalwert spezifiziert. Neben dieser Angabe über die **Extremwerte** der Fehler wird häufig der Begriff der "effektiven Auflösung" (z. T. "effektive Bitzahl") verwendet, der eine Aussage über den **mittleren Fehler** einer ADU-Kennlinie erlaubt.

Die Definition der effektiven Auflösung erfolgt über das Signal/Rauschverhältnis bei einem ADU, indem die Abweichungen zwischen Eingangssignal und quantisiertem Signal als "Rauschen" interpretiert werden. Im Falle eines idealen Quantisierers mit n bit Auflösung beträgt für den Fall einer sinusförmigen Vollaussteuerung der Effektivwert des Eingangssignals

$$U_E = \frac{2^n\, U_q}{2\,\sqrt{2}} \tag{4.33}$$

sowie der Effektivwert des durch die Rundungsoperation verursachten Quantisierungsrauschens [10]

$$U_{r,ideal} = \frac{U_q}{\sqrt{12}} \tag{4.34}$$

und somit das Signal/Rauschverhältnis

$$SNR_{ideal} = \frac{U_E}{U_{r,ideal}} = 2^n \sqrt{\frac{3}{2}}. \tag{4.35}$$

Für eine nichtideale ADU-Kennlinie ergibt sich ein höherer Wert $U_{r,real}$ des "Quantisierungsrauschens" und damit ein schlechteres Signal/Rauschverhältnis SNR_{real}, aus dem sich dann mit (4.35) eine "effektive Auflösung"

$$n_{eff} = ld\left(SNR_{real} \sqrt{\frac{2}{3}}\right) \tag{4.36}$$

ermitteln läßt.

5 Kopplung zwischen Schaltungen und Geräten

5.1 Grundlagen

Häufig besteht die Aufgabe, Signale zwischen Schaltungen bzw. zwischen Geräten über eine gewisse Entfernung zu übertragen, so z. B. innerhalb eines Gerätes zwischen verschiedenen Schaltungsteilen mit Entfernungen von einigen Zentimetern, bzw. in einem Meßaufbau zwischen verschiedenen Geräten mit Entfernungen bis zu einigen Metern. Für eine störarme Meßsignalübertragung stellen Koaxialleitungen eine sehr günstige Lösung dar. Dies liegt einerseits an der guten Abschirmwirkung dieser Leitungen, die

– einer Einkopplung externer Störsignale entgegenwirkt und

– eine Abstrahlung des Meßsignals selbst verhindert,

andererseits an dem wohldefinierten und konstanten Wellenwiderstand, der für eine verzerrungsarme Übertragung eines analogen Meßsignals eine grundlegende Voraussetzung darstellt. Im folgenden soll angenommen werden, daß die Leitungen homogen und verlustlos sind.

Das Übertragungsverhalten einer Leitung wird durch die Leitungsgleichungen (s. Kap. 2.4) beschrieben. Diese allgemeingültige Beschreibung ist jedoch für viele Fälle zu unhandlich; deshalb werden im folgenden zwei für die Meßtechnik wichtige Sonderfälle behandelt:

a) Übertragung von Impulsen (d. h. Signalen hoher Bandbreite), deren Impulsdauer t_w in der Größenordnung der Leitungslaufzeit t_d liegt,

b) Übertragung von bandbegrenzten Signalen, deren minimale Periodendauer $T_{S,min}$ wesentlich größer ist als die Leitungslaufzeit t_d.

Einen dritten wichtigen Sonderfall stellt die Übertragung hochfrequenter Signale geringer Bandbreite dar. Dieser soll jedoch hier nicht behandelt werden.

5.2 Leitungsübertragung von Impulsen

Wie schon in Kap. 2.4 gezeigt wurde, kann unter den Bedingungen, daß

a)   die Leitungen als verlustlos angenommen werden können und

b)   die Abschlußimpedanzen reell und frequenzunabhängig sind (ohmsche Widerstände),

die Übertragung von Impulsen mit einfachen Betrachtungen im Zeitbereich analysiert werden. Dazu ist es zweckmäßig, als Anregungssignal einen rechteckförmigen Impuls mit einer Impulsdauer t_w zu wählen, die kürzer ist als die Signallaufzeit t_d des kürzesten Leitungsabschnitts, um eine Überlagerung der hinlaufenden und rücklaufenden Wellen am Einspeisepunkt zu vermeiden. Unter diesen Bedingungen ergeben sich aus den Leitungsgleichungen die folgenden Regeln:

1)   Bei der Signaleinspeisung ist der Eingangswiderstand einer Leitung gleich dem Wellenwiderstand Z_L unabhängig von der Größe des Abschlußwiderstandes. (Informationen über die Größe des Abschlußwiderstandes können frühestens nach der doppelten Leitungslaufzeit durch die reflektierte Welle am Einspeisepunkt ankommen.)

2)   Eine Welle pflanzt sich mit der Ausbreitungsgeschwindigkeit $v_L = 1/t_d'$ auf einer Leitung fort. (t_d': Laufzeit pro Längeneinheit)

3)   Für eine Welle $\underline{u}$[9], die sich auf einer Leitung vom Punkt A zum Punkt B ausbreitet (s. Bild 5.1 a)) und dort auf den Abschlußwiderstand R_B trifft, gilt im Punkt B der Reflexionsfaktor

$$r_{AB} = \frac{R_B - Z_L}{R_B + Z_L} .$$

$$(5.1)$$

4)   Trifft eine Welle $\underline{u}_1$ auf das Ende eines Leitungsabschnitts, so breitet sich die Originalwelle $\underline{u}_1$ in alle mögliche Zweige des Netzwerkes aus **mit Ausnahme** des Zweiges, aus dem sie gekommen ist. **Zusätzlich** breitet sich eine **neue** (durch die Reflexion am Ende des Leitungsabschnitts entstandene) Welle $\underline{u}_r = r \cdot \underline{u}_1$ in **alle** Netzwerkzweige aus.

Diese Regeln sollen im folgenden in einigen Beispielen angewendet und damit verdeutlicht werden.

---

[9] Wellen werden mit unterstrichenen Größen gekennzeichnet.

Zunächst soll dazu die Anordnung nach Bild 5.1 a) betrachtet werden, bei der die Meßsignale von einer Signalquelle (beschrieben durch eine Ersatzspannungsquelle mit der Leerlaufspannung $u_0(t)$ und dem reellen Innenwiderstand $R_A = 20\,\Omega$ zu einer passiven Signalsenke (reeller Lastwiderstand $R_B = 300\,\Omega$) mittels einer verlustlosen homogenen Leitung (charakterisiert durch den reellen Wellenwiderstand $Z_L = 60\,\Omega$ und die Ausbreitungsgeschwindigkeit $v_L = 0,2$ m/ns, sowie die Leitungslängen $l_1 = 0,8$ m und $l_2 = 1,2$ m) übertragen werden sollen. Die Spannung u_Y auf der Leitung soll am Punkt Y ohne Belastung und damit rückwirkungsfrei abgegriffen werden.

Zunächst sollen die Reflexionsfaktoren des Netzwerkes ermittelt werden. Für eine Welle, die sich vom Anschluß A zum Anschluß B ausbreitet, gilt im Punkt B der Reflexionsfaktor

$$r_{AB} = \frac{R_B - Z_L}{R_B + Z_L} = \frac{2}{3}, \tag{5.2}$$

für eine Welle, die sich vom Punkt B nach A ausbreitet, gilt im Punkt A

$$r_{BA} = \frac{R_A - Z_L}{R_A + Z_L} = -\frac{1}{2}. \tag{5.3}$$

Die Laufzeiten auf den Leitungsabschnitten ergeben sich zu

$$t_{d,1} = v_L \cdot l_1 = 4 \text{ ns} \tag{5.4}$$

$$t_{d,2} = v_L \cdot l_2 = 6 \text{ ns}. \tag{5.5}$$

Die Schaltung wird nun mit einem rechteckförmigen Spannungsimpuls $u_0(t)$ nach Bild 5.1 b) mit der Amplitude $\hat{u}_0 = 8$ V und der Impulsdauer $t_w = 2$ ns angesteuert. Durch den Spannungsteiler aus Generatorinnenwiderstand und Wellenwiderstand der Leitung (s. Regel 1) ergibt sich verzögerungsfrei der Impuls Nr. 1 im Signal $u_A(t)$ gemäß Bild 5.1 c) mit einer Amplitude

$$\hat{u}_{A,1} = \hat{u}_0 \frac{Z_L}{R_A + Z_L} = 6 \text{ V}. \tag{5.6}$$

Als Folge dieser Spannungsanregung am Eingang der Leitung breitet sich eine Welle u_1 mit der Amplitude von 6 V auf der Leitung in Richtung zum Leitungsende aus. Diese Welle erreicht zum Zeitpunkt t = 4 ns den Abgriffpunkt Y und führt dort zu dem Impuls Nr. 2 (s. Bild 5.1 d)). Nach der weiteren Laufzeit $t_{d,2}$ erreicht die Welle zum Zeitpunkt t = 10 ns das Leitungsende. Hier entsteht verzögerungsfrei eine reflektierte neue Welle mit der Amplitude

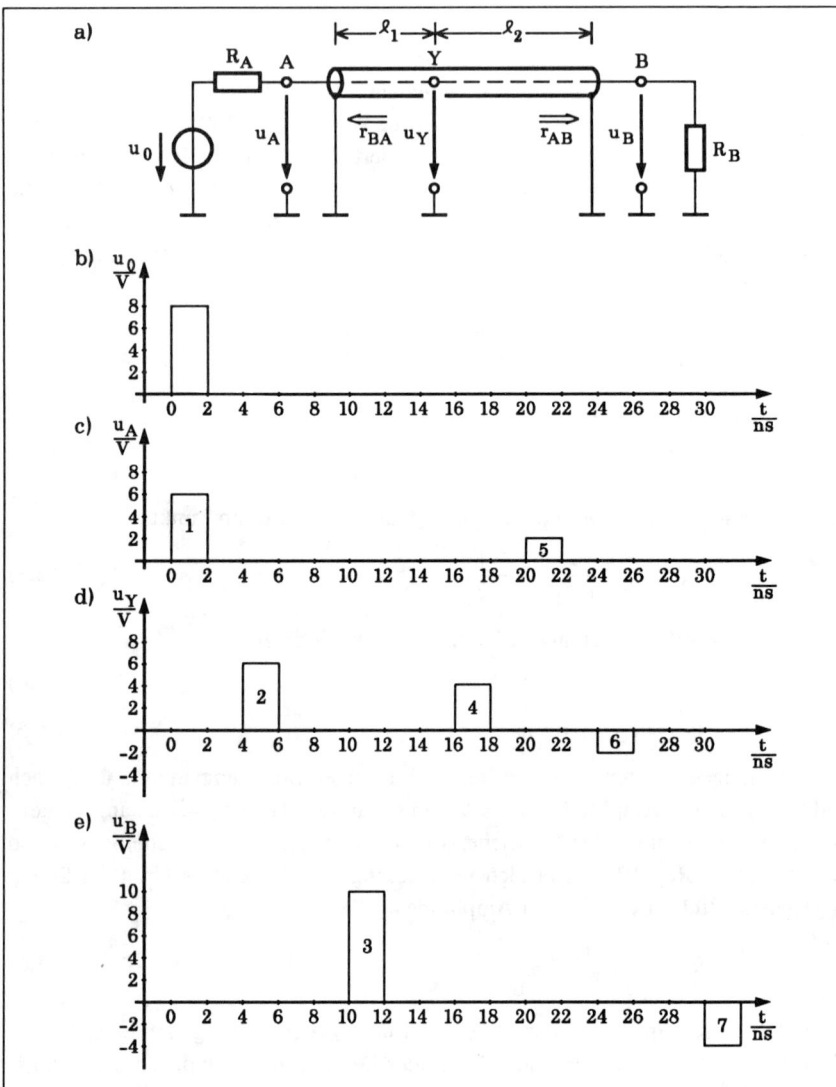

Bild 5.1: a) Leitungsanordnung,   b) Ansteuerspannung $u_0(t)$,   c) - e): resultierende Spannungsverläufe.

$$\hat{u}_2 = r_{AB}\,\hat{u}_1 = \frac{2}{3}\cdot 6\text{ V} = 4\text{ V}.\tag{5.7}$$

Gemäß Regel 4 läuft die Originalwelle $\underline{u}_1$ **nur** zum Lastwiderstand R_B, während sich die neue Welle $\underline{u}_2$ **sowohl** zum Lastwiderstand **als auch** als rücklaufende Welle auf der Leitung in Richtung zum Leitungsanfang ausbreitet. Die Spannung u_B (Impuls Nr. 3 in Bild 5.1 e)) am Lastwiderstand R_B ergibt sich aus der Summe von hinlaufender und reflektierter Welle mit einer resultierenden Amplitude von

$$\hat{u}_{B,3} = \hat{u}_1 + \hat{u}_2 = 10\text{ V}.\tag{5.8}$$

Die rücklaufende Welle $\underline{u}_2$ führt zum Zeitpunkt $t = t_{d,1} + 2t_{d,2} = 16$ ns zum Impuls Nr. 4 mit der Amplitude von 4 V im Zeitverlauf $u_Y(t)$. Am Leitungsanfang wird zum Teitpunkt $t = 2(t_{d,1} + t_{d,2}) = 20$ ns mit dem Reflexionsfaktor r_{BA} eine neue Welle $\underline{u}_3$ mit der Amplitude

$$\hat{u}_3 = r_{BA}\cdot\hat{u}_2 = -\frac{1}{2}\cdot 4\text{ V} = -2\text{ V}\tag{5.9}$$

gebildet, die sich in Richtung zum Leitungsende ausbreitet. Daraus resultieren die Impulse Nr. 5 im Spannungsverlauf $u_A(t)$ mit der Amplitude $\hat{u}_{A,5} = \hat{u}_2 + \hat{u}_3 = 2$ V, der Impuls Nr. 6 im Signal $u_Y(t)$ zum Zeitpunkt $t = 24$ ns mit der Amplitude $\hat{u}_{Y,6} = \hat{u}_3 = -2$ V, sowie das erste "Echosignal" Nr. 7 mit einer Amplitude von $-3,33$ V am Leitungsende B zum Zeitpunkt $t = 3(t_{d,1} + t_{d,2}) = 30$ ns.

Diese Reflexionen setzen sich theoretisch unendlich lange fort. Bedingt durch die Energieabgabe in den ohmschen Abschlußwiderständen sinken jedoch die Amplituden der Wellen bei jedem Reflexionsvorgang, so daß der durch die Reflexionen entstehende "Einschwingvorgang" schon nach wenigen Perioden abgeklungen ist.

Aus Bild 5.1 ist zu erkennen, daß es zwei wichtige Möglichkeiten gibt, das Signal $u_0(t)$

- bis auf die unvermeidliche Signalverzögerung sowie

- bis auf eine Spannungsteilung durch die Widerstände R_A, R_B und Z_L

unverzerrt zum Lastwiderstand R_B zu übertragen, d. h. im vorliegenden Beispiel, nur **einen** Impuls am Lastwiderstand zu erhalten. Diese Möglichkeiten sind:

a)   Empfangsseitige Anpassung der Leitung mit $R_B = Z_L$. Dadurch entstehen im Netzwerk keinerlei reflektierte Wellen und damit auch keine Signalverzerrungen durch Reflexionen.

b)   Sendeseitige Anpassung der Leitung mit $R_A = Z_L$. Dadurch entsteht zwar bei $R_B \neq Z_L$ am Leitungsende eine reflektierte Welle, diese wird jedoch am Leitungsanfang wegen der dort vorliegenden Anpassung vollständig absorbiert, so daß auch in diesem Fall keine reflektierte Welle zu einem späteren Zeitpunkt als die Originalwelle das Leitungsende erreicht.

Da in realen Systemen eine ideale Anpassung nicht möglich ist, ist es für eine qualitativ hochwertige Signalübertragung erforderlich, eine empfangsseitige **und** sendeseitige Anpassung vorzusehen. Dadurch wird erreicht, daß durch eine kleine Fehlanpassung am Leitungsende entstehende Reflexionssignale am Leitungsanfang weitgehend absorbiert werden, so daß letztendlich die Amplituden der "Echosignale" vernachlässigbar klein werden.

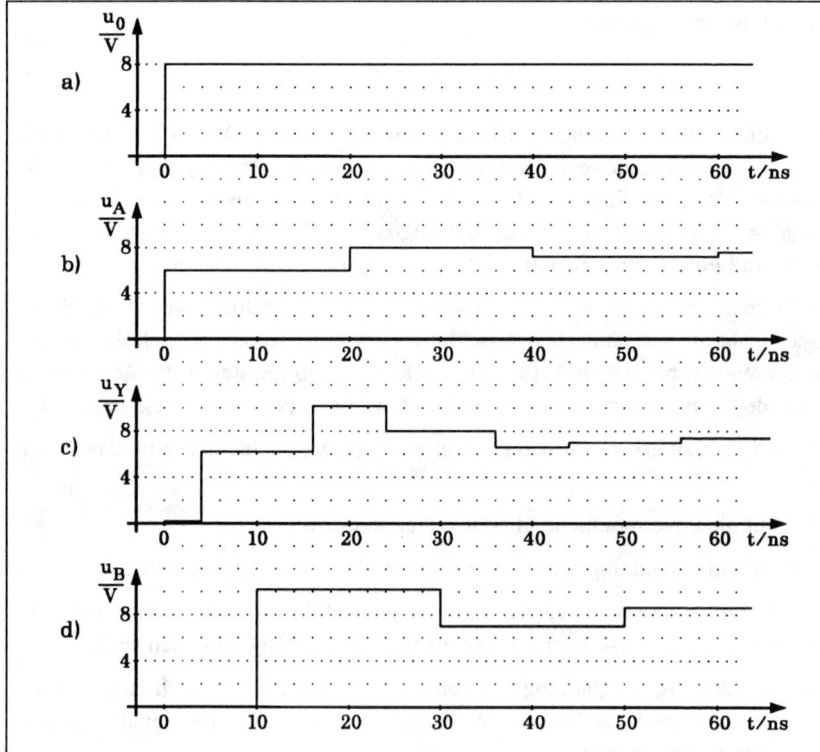

Bild 5.2: Signalverläufe in der Schaltung nach Bild 5.1 a) mit:
a) Ansteuersprungfunktion $u_0(t)$, b) - d): resultierende Spannungen.

Um einerseits zu zeigen, daß die Analyse eines Leitungssystems mit **kurzen** Impulsen sinnvoll ist, und um andererseits die Signalverzerrungen durch Reflexionen zu verdeutlichen, zeigt Bild 5.2 für die Schaltung nach Bild 5.1 die Verläufe der Spannungen $u_A(t)$, $u_B(t)$ und $u_Y(t)$ im Zeitbereich $0 \le t \le 60$ ns für den Fall einer Sprungfunktion der ansteuernden Spannung $u_0(t)$.

Als zweites Beispiel soll die Schaltung nach Bild 5.3 betrachtet werden.

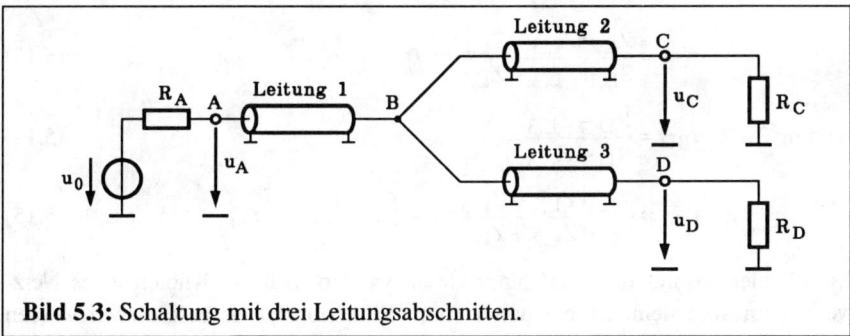

Bild 5.3: Schaltung mit drei Leitungsabschnitten.

Diese besteht aus drei verlustlosen Leitungsabschnitten mit unterschiedlichen Wellenwiderständen, Ausbreitungsgeschwindigkeiten, Leitungslängen und den daraus resultierenden Laufzeiten gemäß Tabelle 5.1.

Tabelle 5.1:

Leitung Nr.	Wellenwiderstand	Ausbreitungs geschwindigkeit	Leitungs länge	Laufzeit
1	$Z_{L,1} = 100\ \Omega$	$v_{L,1} = 0{,}15$ m/ns	$l_1 = 3$ m	$t_{d,1} = 10$ ns
2	$Z_{L,2} = 50\ \Omega$	$v_{L,2} = 0{,}20$ m/ns	$l_2 = 2$ m	$t_{d,2} = 30$ ns
3	$Z_{L,3} = 100\ \Omega$	$v_{L,3} = 0{,}15$ m/ns	$l_3 = 6$ m	$t_{d,3} = 40$ ns

Bei der Ermittlung der Reflexionsfaktoren ist zu beachten, daß z. B. die Leitung 1 am ihrem Leitungsende (Knoten B) mit einer wirksamen Impedanz $Z = Z_{L,2} \parallel Z_{L,3}$ (s. Regel 1) abgeschlossen ist. Somit ergeben sich mit

$$R_A = Z_{L,1} = 100\ \Omega,\ R_C \to \infty,\ R_D = 0$$

für das System die Reflexionsfaktoren:

Leitung 1: $r_{AB} = \dfrac{Z_{L,2} \| Z_{L,3} - Z_{L,1}}{Z_{L,2} \| Z_{L,3} + Z_{L,1}} = -\dfrac{1}{2}$,   (5.10)

$r_{BA} = \dfrac{R_A - Z_{L,1}}{R_A + Z_{L,1}} = 0$.   (5.11)

Leitung 2: $r_{BC} = \dfrac{R_C - Z_{L,2}}{R_C + Z_{L,2}} = 1$,   (5.12)

$r_{CB} = \dfrac{Z_{L,1} \| Z_{L,3} - Z_{L,2}}{Z_{L,1} \| Z_{L,3} + Z_{L,2}} = 0$.   (5.13)

Leitung 3: $r_{BD} = \dfrac{R_D - Z_{L,3}}{R_D + Z_{L,3}} = -1$,   (5.14)

$r_{DB} = \dfrac{Z_{L,1} \| Z_{L,2} - Z_{L,3}}{Z_{L,1} \| Z_{L,2} + Z_{L,3}} = -\dfrac{1}{2}$.   (5.15)

Es soll hier besonders darauf hingewiesen werden, daß ein Knoten eines Netzwerkes im allgemeinen nicht durch **einen** Reflexionsfaktor beschrieben werden kann, sondern daß für **jedes Leitungsende** an einem Knoten (s. Knoten B) jeweils ein eigener Reflexionsfaktor gültig ist.

Bild 5.4 a) zeigt die gleiche Schaltung wie Bild 5.3, jedoch sind nun zur besseren Übersicht an den Leitungsabschnitten die Reflexionsfaktoren sowie die Laufzeiten eingetragen. Zusätzlich sind zur Beobachtung der Wellen auf den Leitungen jeweils in Leitungsmitte rückwirkungsfreie Abgriffe für die Spannungen u_X, u_Y und u_Z vorgesehen. Für den vorgegebenen Verlauf der Generatorspannung $u_0(t)$ lassen sich damit unter Anwendung der o. a. Regeln die Zeitverläufe der übrigen Spannungen gemäß Bild 5.4 b) ermitteln.

Bild 5.4:
a) Schaltungs-
anordnung.

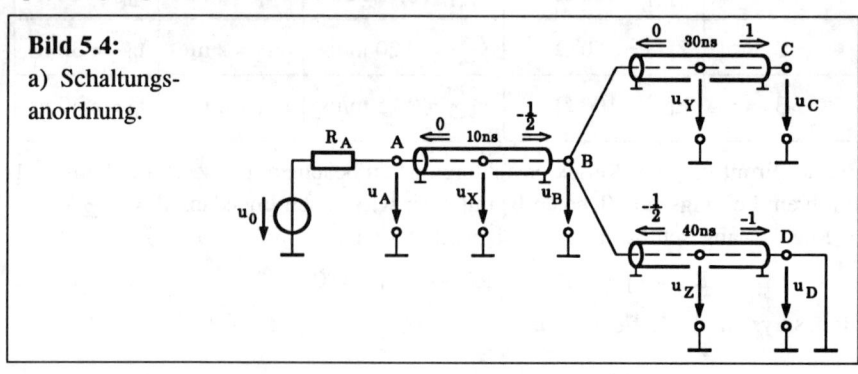

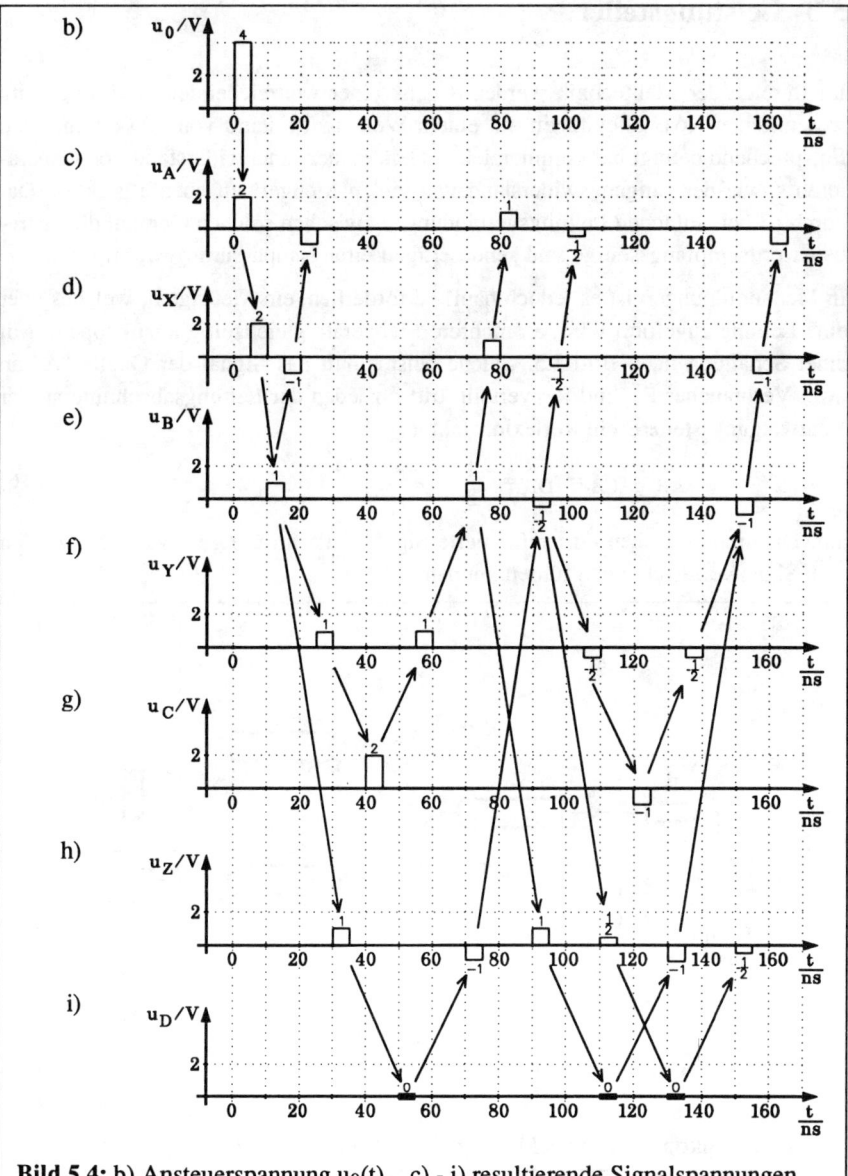

Bild 5.4: b) Ansteuerspannung $u_0(t)$, c) - i) resultierende Signalspannungen.

5.3 Leistungsteiler

Im Bereich der Meßtechnik werden – dank einer weitreichenden Normung – im wesentlichen Koaxialleitungen mit einem Wellenwiderstand von 50 Ω eingesetzt. Entsprechend beträgt bei kommerziellen Geräten der Innenwiderstand von Generatoren sowie der Eingangswiderstand von vielen Meßgeräten ebenfalls 50 Ω. Dadurch ist bei einfachen Leitungsverbindungen zwischen solchen Geräten die erstrebenswerte empfangsseitige **und** sendeseitige Leitungsanpassung gewährleistet.

In Meßanordnungen ist es jedoch häufig erforderlich, ein Meßsignal, welches über eine Leitung zugeführt wird, an mehrere Meßgeräte gleichzeitig anzukoppeln. Mit einer Schaltung nach Bild 5.5, welche beispielhaft das Signal der Quelle "A" an zwei Verbraucher R_C und R_D verteilt, tritt für jeden der Leitungsabschnitte an der Verzweigungsstelle B ein Reflexionsfaktor

$$r_{AB} = r_{CB} = r_{DB} = -\frac{1}{3} \qquad (5.16)$$

auf. Dadurch entstehen dort reflektierte Signale, die im übrigen Netzwerk zu den o. a. Signalverfälschungen führen können.

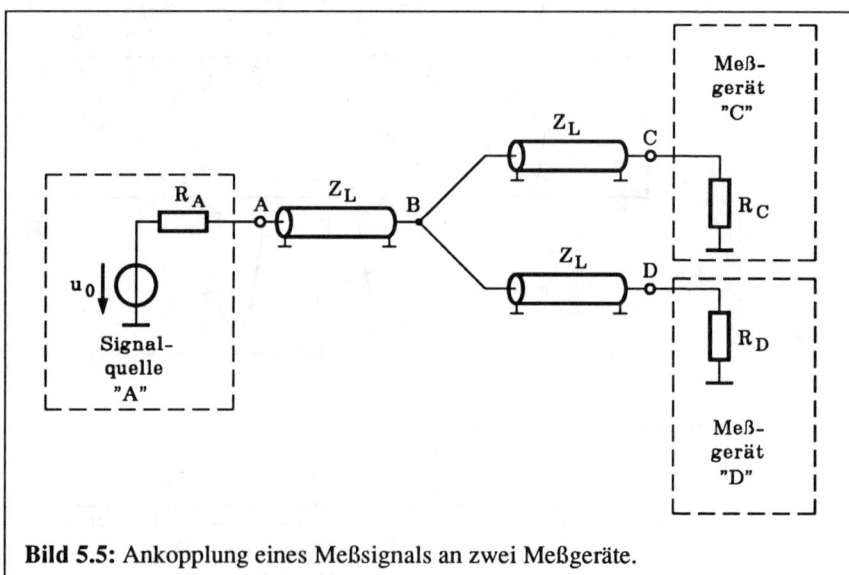

Bild 5.5: Ankopplung eines Meßsignals an zwei Meßgeräte.

Für Signale hoher Bandbreite stellt ein passiver Leistungsteiler nach Bild 5.6 die günstigste Lösung zur Leitungsanpassung in einer Verzweigungsstelle dar.

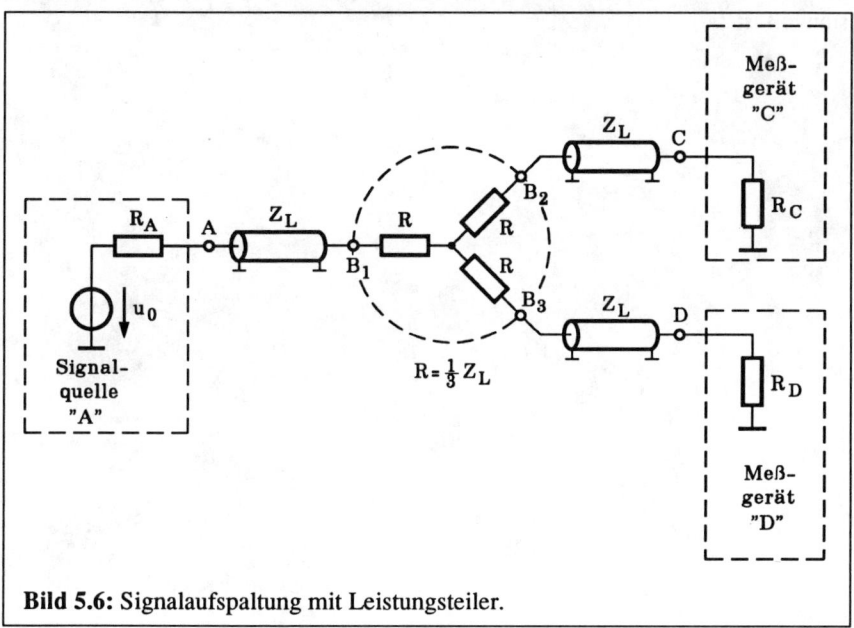

Bild 5.6: Signalaufspaltung mit Leistungsteiler.

Mit der angegebenen Dimensionierung von

$$R = \frac{1}{3} \cdot Z_L \qquad (5.17)$$

ergeben sich für den Fall, daß alle 3 Tore des Leistungsteilers mit dem Sollwert Z_L abgeschlossen sind, an **jedem** Tor des Leistungsteilers ein Eingangswiderstand Z_L und damit Reflexionsfaktoren

$$r_{AB_1} = r_{CB_2} = r_{DB_3} = 0 \,. \qquad (5.18)$$

Als Nachteil muß in Kauf genommen werden, daß die Hälfte der ankommenden Signalleistung in den ohmschen Widerständen des Leistungsteilers in Wärme umgesetzt wird, so daß die Wellen, die in die Leitungen Nr. 2 und Nr. 3 eingespeist werden, nur jeweils die halbe Spannungsamplitude der auf der Leitung Nr. 1 ankommenden Welle aufweisen.

Die bisher gezeigten Zusammenhänge gelten im Idealfall völlig frequenzunabhängig. Im Realfall ist zu hohen Frequenzen hin zu beachten, daß die Leitungsdämpfung mit zunehmender Signalfrequenz stark ansteigt und deshalb die Annahme einer verlustlosen Leitung nur für eine erste Abschätzung des Systemverhaltens sinnvoll ist.

5.4 Übertragung niederfrequenter Signale

Zu niedrigen Frequenzen hin wird durch die Ableitungsverluste der Leitung der Wellenwiderstand nicht mehr reell, dies spielt jedoch nur bei sehr langen Leitungen mit Leitungslängen größer als die Signalwellenlänge eine Rolle. Für den häufigeren Fall, daß niederfrequente Signale mit der minimalen Wellenlänge λ_{min} über kurze Leitungen der Länge $l \ll \lambda_{min}$ übertragen werden müssen, sind die in Kap. 5.2 angegebenen Betrachtungen zwar zutreffend, jedoch sehr unhandlich. Deshalb soll im folgenden für diesen Fall eine einfache Näherungslösung aufgezeigt werden.

Dazu soll die Schaltung nach Bild 5.7 a) mit einer beidseitig fehlangepaßten Leitung ($R_A, R_B \gg |Z_L|$) betrachtet werden.

Analysiert man dieses Leitungssystem zunächst gemäß den in Kap. 5.2 angegebenen Regeln, so ergibt sich mit den Reflexionsfaktoren $r_{AB} \approx r_{BA} \approx 1$ für eine Ansteuerspannung $u_0(t)$ nach Kurve b) eine Ausgangsspannung $u_B(t)$ nach Kurve c). Dieser Kurvenverlauf stellt in erster Näherung (d. h. bis auf die endliche Impulsbreite) die Impulsantwort $u_B^*(t)$ des Systems dar, aus der sich mit Hilfe des Überlagerungssatzes die Sprungantwort des Systems nach Kurve d) herleiten läßt. Interessiert nur das Verhalten für niedrige Frequenzen, weil entweder das Ansteuersignal nur solche enthält oder die nachfolgenden Signalverarbeitungseinheiten eine entsprechende Tiefpaßcharakteristik aufweisen, so kann die Sprungantwort durch die Exponentialfunktion

$$u_B^{**}(t) = \hat{u}_B \cdot (1 - e^{-t/\tau}) \qquad (5.19)$$

nach Kurve e) angenähert werden. Der Wert von $\hat{u}_B$ ergibt sich dabei aus der Eingangssprunghöhe $\hat{u}_0$ durch einen Spannungsteiler aus Generator- und Lastwiderstand zu

$$\hat{u}_B = \hat{u}_0 \frac{R_B}{R_A + R_B} \qquad (5.20)$$

und die Zeitkonstante τ aus der Kabelkapazität $C_L = l \cdot C_L'$ und den beteiligten Widerständen zu

$$\tau = C_L (R_A \| R_B) = C_L \frac{R_A \cdot R_B}{R_A + R_B} . \qquad (5.21)$$

170   5 Kopplung zwischen Schaltungen und Geräten

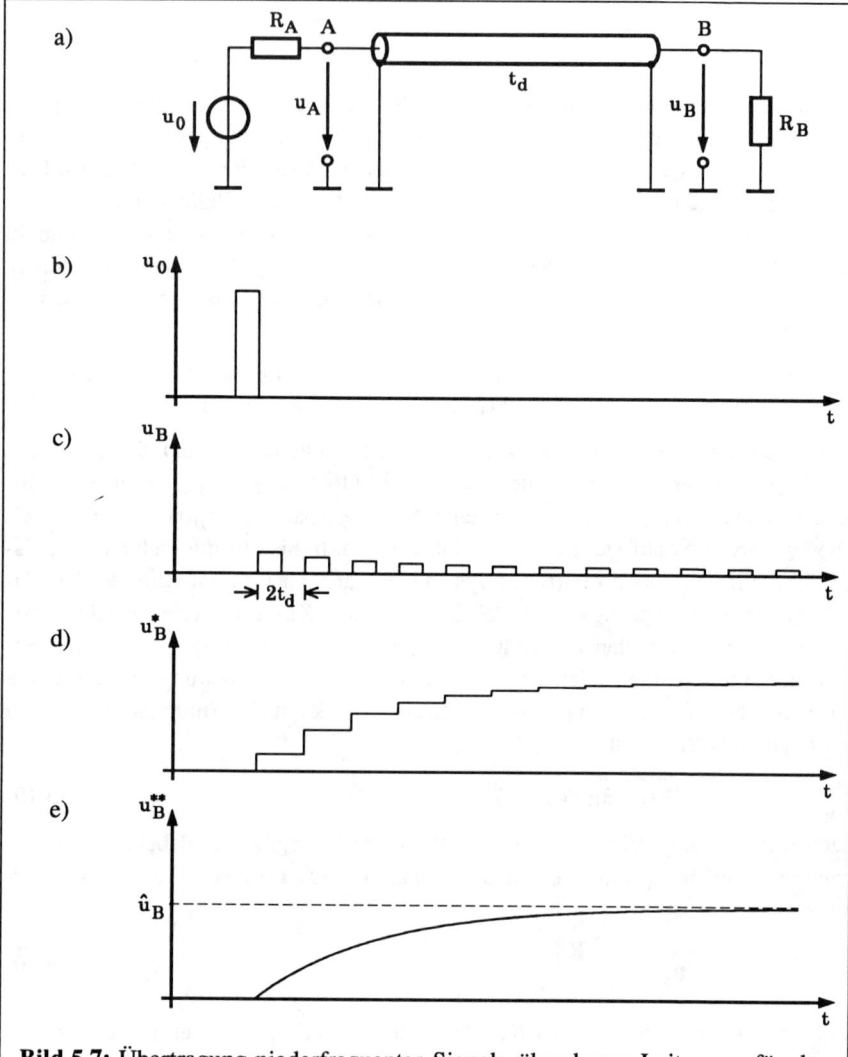

Bild 5.7: Übertragung niederfrequenter Signale über kurze Leitungen für den Fall R_A, $R_B \gg |Z_L|$: a) Schaltbild, b) Ansteuerimpuls $u_0(t)$, c) Ausgangssignal $u_B(t)$, d) Sprungantwort, e) Niederfrequenzanteil der Sprungantwort.

Dies bedeutet, daß für den betrachteten Betriebsfall

–   Leitungslänge $\ll$ Signalwellenlänge

–   beidseitige Fehlanpassung mit Reflexionsfaktor $r \rightarrow 1$

die verteilte Struktur "Leitung" durch das konzentrierte Element "Leitungskapazität" angenähert werden kann.

5.5 Meßtastköpfe

Häufig ist es erforderlich (z. B. bei der meßtechnischen Untersuchung einer elektronischen Schaltung), die Signalspannungsverläufe nacheinander an verschiedenen Stellen abzugreifen und einem Meßgerät (z. B. Oszilloskop) zuzuführen. Dazu werden Tastköpfe eingesetzt, die einen "ausgelagerten", mechanisch frei beweglichen Eingang des Meßgerätes realisieren sollen. Eine günstige, jedoch aufwendige Lösung stellen **aktive** Tastköpfe dar, bei denen ein Teil des Eingangsverstärkers des Meßgerätes in den Tastkopf verlegt und über eine angepaßte Leitung mit dem Meßgerät verbunden ist. In vielen Anwendungsfällen sind jedoch die weniger aufwendigen **passiven** Tastköpfe ausreichend, die im folgenden beschrieben werden.

Meßtastköpfe zur Spannungsmessung haben die Aufgaben,

a)   das Meßsignal möglichst rückwirkungsfrei, d. h. hochohmig an der Meßstelle abzugreifen und

b)   über eine Leitung verzerrungsarm zum Meßgerät zu übertragen.

Eine empfangsseitig angepaßte Leitung als Meßtastkopf (s. Bild 5.8 a)) kann zwar die zweite Bedingung nach verzerrungsarmer Übertragung erfüllen, jedoch ist die Forderung nach einer hohen Eingangsimpedanz Z_E aufgrund des niedrigen Wellenwiderstandes von Leitungen ($Z_L < 300\,\Omega$) nicht erfüllbar.

Mit der Schaltung nach Bild 5.8 b) kann durch einen vorgeschalteten Widerstand von z. B. $R_v = 9Z_L$ der Eingangswiderstand auf $Z_E = 10Z_L$ erhöht werden auf Kosten einer Signalabschwächung um den Faktor 10. Kommerziell erhältliche Tastköpfe für Meßgeräte mit einem Eingangswiderstand von $50\,\Omega$ erreichen nach diesem Prinzip mit Abschwächungsfaktoren von 1/10 bzw. 1/100 und zugehörigen Eingangswiderständen von $Z_E = 500\,\Omega$ bzw. $5\,k\Omega$ Bandbreiten von mehreren Gigahertz.

Viele Meßgeräte wie z. B. Oszilloskope besitzen hochohmige Eingänge mit einer Eingangsimpedanz, die sich als Parallelschaltung eines Widerstandes $R_{Osz} = 1\,M\Omega$ und einer Kapazität $C_{Osz} \approx 20\,pF$ darstellen läßt.

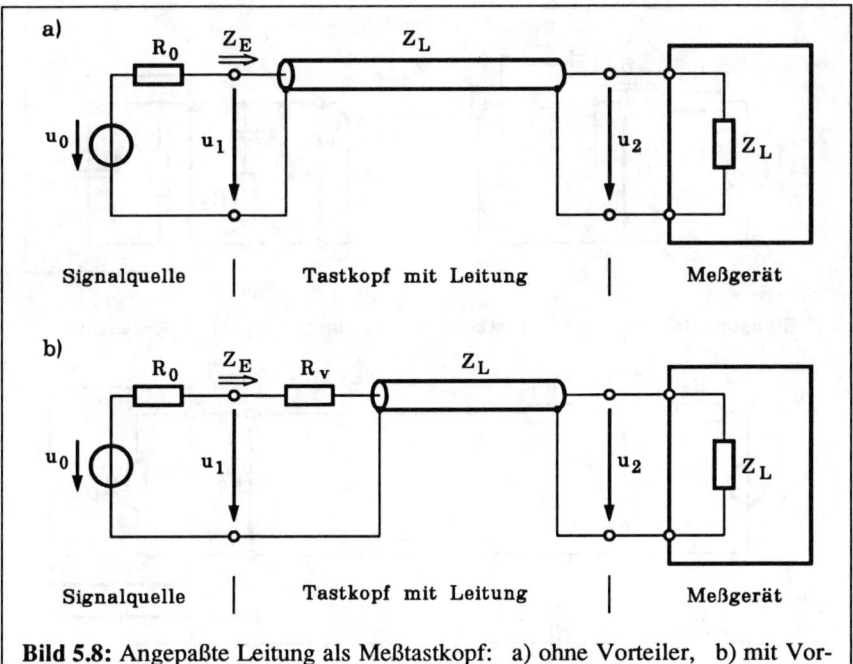

Bild 5.8: Angepaßte Leitung als Meßtastkopf: a) ohne Vorteiler, b) mit Vorteiler.

Mit einer passiven Tastkopfschaltung nach Bild 5.9 a), die an diesen hochohmigen Eingang des Oszilloskops angeschlossen wird, gelingt es, auf Kosten einer Signalabschwächung z. B. um den Faktor 1/10 die Forderungen nach einer hohen Eingangsimpedanz und nach einer verzerrungsarmen Übertragung näherungsweise zu erfüllen.

Die Prinzipschaltung eines solchen Tastkopfs weist eine eingangsseitige Längsimpedanz aus den Elementen R_1 und C_1 auf, eine spezielle koaxiale Verbindungsleitung mit dem Wellenwiderstand Z_L , und ein Anpassungsnetzwerk aus C_2 und R_2 am Oszilloskop-Eingang. Ziel der Schaltung ist es, eine näherungsweise frequenzunabhängige Übertragungsfunktion

$$\left| H\,(j\omega) \right| = \left| \frac{U_2(j\omega)}{U_1(j\omega)} \right| = \frac{1}{10} \qquad (5.22)$$

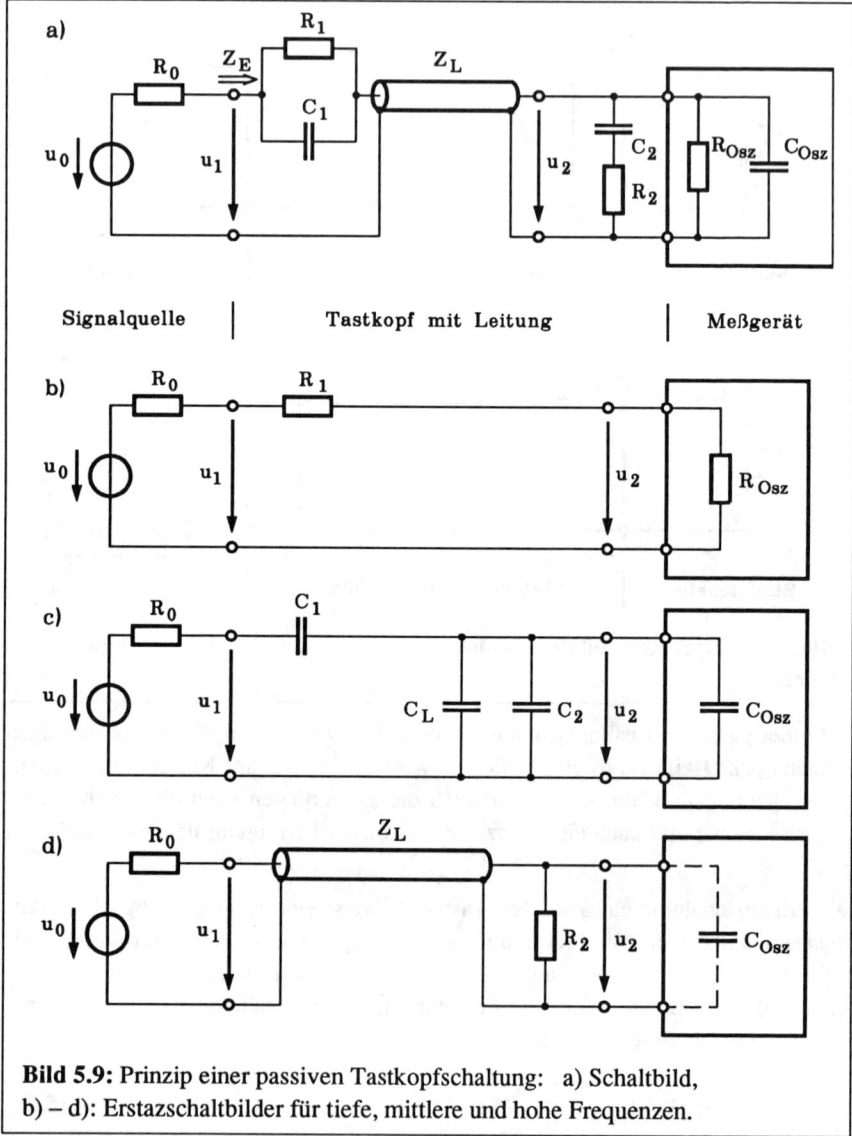

Bild 5.9: Prinzip einer passiven Tastkopfschaltung: a) Schaltbild,
b) – d): Erstazschaltbilder für tiefe, mittlere und hohe Frequenzen.

sowie eine möglichst hochohmige Eingansimpedanz $\left|\, Z_E \,\right|$ zu erreichen. Zur besseren Übersicht soll das Verhalten des Netzwerkes getrennt bei tiefen, mittleren und hohen Frequenzen analysiert werden.

Bei **tiefen** Frequenzen ($\omega \to 0$) kann die Leitung als direkte Verbindung, alle Kapazitäten als Leerlauf betrachtet werden. Dadurch ergibt sich der einfache ohmsche Spannungsteiler nach Bild 5.9 b). Für die geforderte Übertragungsfunktion muß der Widerstand $R_1 = 9 \cdot R_{Osz} = 9\,\mathrm{M}\Omega$ gewählt werden. Damit wird die Eingangsimpedanz in diesem Frequenzbereich näherungsweise durch die ohmschen Widerstände zu

$$Z_E = R_1 + R_{Osz} = 10\,\mathrm{M}\Omega \qquad (5.23)$$

bestimmt.

Bei **mittleren** Frequenzen können wegen

$$R_1 \gg \frac{1}{\left|\, j\omega C_1 \,\right|}, \qquad (5.24)$$

$$R_{Osz} \gg \frac{1}{\left|\, j\omega C_{Osz} \,\right|}, \qquad (5.25)$$

die Widerstände R_1 und R_{Osz} als Leerlauf und wegen

$$R_2 \ll \frac{1}{\left|\, j\omega C_2 \,\right|} \qquad (5.26)$$

der Widerstand R_2 als Kurzschluß betrachtet werden. Da die Leitungslänge wesentlich kürzer ist als die betrachtete Signalwellenlänge und die Leitung beidseitig hochohmig (d. h. mit Reflexionsfaktor $r \to 1$) abgeschlossen ist, kann die Leitung in diesem mittleren Frequenzbereich durch die Leitungskapazität C_L ersetzt werden (s. Kap. 5.4). Damit ergibt sich die Schaltung nach Bild 5.9 c). Die geforderte Abschwächung von 1/10 wird nun durch den rein kapazitiven Spannungsteiler mit

$$\left|\, H(j\omega) \,\right| = \frac{C_1}{C_1 + C_L + C_2 + C_{Osz}} \overset{!}{=} \frac{1}{10} \qquad (5.27)$$

durch einen Abgleich von C_1 oder C_2 erreicht. Dabei ergibt sich durch den kapazitiven Teiler auch eine kapazitive Eingangsimpedanz von

$$Z_E \approx \frac{1}{j\omega C_1}. \qquad (5.28)$$

Bei **hohen** Frequenzen können die Kapazitäten C_1 und C_2 als Signalkurzschlüsse betrachtet werden (dies gilt **nicht** für die Kapazität C_{Osz}, deshalb soll diese zunächst zu $C_{Osz} = 0$ angesetzt werden!). Damit ergibt sich ein Ersatzschaltbild nach Bild 5.9 d). Mit der Dimensionierung $R_2 = Z_L$ wird die Leitung empfangsseitig angepaßt, so daß eine verzerrungsfreie Übertragung möglich wird. Die geforderte Dämpfung von 1/10 wird als Leitungsdämpfung durch den Einsatz einer speziellen, bei hohen Frequenzen stark verlustbehafteten Leitung erreicht. Die Eingangsimpedanz in diesem Frequenzbereich ist näherungsweise durch den Wellenwiderstand der Leitung zu

$$Z_E \approx Z_L \approx R_2 \qquad\qquad (5.29)$$

gegeben.

Durch die Kapazität C_{Osz}, die in der bisherigen Betrachtung für hohe Frequenzen vernachlässigt worden ist, tritt eine deutliche Fehlanpassung am Leitungsende sowie eine unerwünschte Tiefpaßwirkung in der Übertragungsfunktion auf. Zur Reduktion dieses Einflusses werden in kommerziellen Tastkopfschaltungen aufwendigere Anpassungsnetzwerke am Oszilloskopeingang eingesetzt.

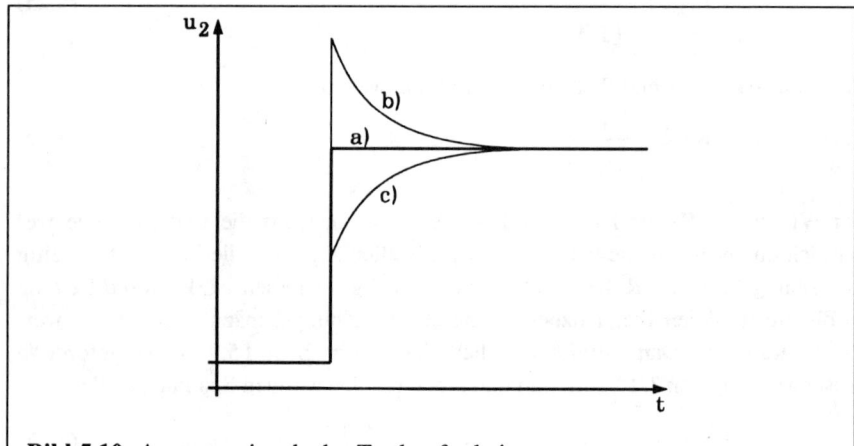

Bild 5.10: Ausgangssignale des Tastkopfes bei
a) korrektem Abgleich, b) Überkompensation, c) Unterkompensation.

Um für die Übertragungsfunktion für alle Frequenzen den Sollwert von 1/10 zu erreichen, ist in der Regel ein Abgleich des Tastkopfes erforderlich. Hierzu ist als Meßsignal eine Sprungfunktion besonders geeignet, da diese alle interessierenden

Spektralkomponenten enthält. Das Ausgangssignal des Tastkopfes (bzw. dessen Darstellung auf dem Oszilloskop-Bildschirm) in Bild 5.10 stellt bei korrektem Abgleich wiederum eine Sprungfunktion dar (Kurve a)), ein Fehlabgleich des Abgleichkondensators (C_1 oder C_2 in Bild 5.9 a)) führt zu entsprechendem Überschwingen (Kurve b)) oder Unterschwingen (Kurve c)). Da die Zeitkonstante, mit der das Signal bei einem Fehlabgleich auf den Endwert einschwingt, meist im Bereich $\tau \approx R_1 \cdot C_1 \approx 10\,\text{M}\Omega \cdot 10\,\text{pF} \approx 100\,\mu\text{s}$ liegt, ist darauf zu achten, daß ein ausreichend großer Zeitausschnitt der Sprungantwort erfaßt und dargestellt wird, um einem korrekten Abgleich zu ermöglichen.

6 Darstellung von Signalzeitverläufen

6.1 Einführung

Der Informationsinhalt elektrischer Signale liegt in deren Signalgröße und Zeitverhalten. Unter dem Begriff der "Signalgröße" versteht man im allgemeinen seine Polarität und seine Amplitude. Das "Zeitverhalten" wird üblicherweise bei periodischen Signalen durch die Wiederholfrequenz oder Periodendauer und bei impulsförmigen Signalen durch den Zeitpunkt des Auftretens des Signals in Bezug auf einen Referenzzeitpunkt sowie durch die Signalanstiegszeit (10 % ... 90 % der Amplitude) und die Signalhalbwertsbreite FWHM (Full Width at Half Maximum) angegeben. In vielen Fällen ist nur eines der o. g. Kriterien signifikant. In jedem Fall aber erfaßt man alle möglichen signifikanten Informationskriterien eines Signals, wenn man seinen vollständigen Signal-Zeitverlauf darstellt bzw. registriert.

Die meisten primären Meßsignale, also Signale, so wie sie vom Sensor geliefert werden, sind analog und zeitkontinuierlich. Wegen der vielfältigen, bekannten Vorteile der digitalen Signalverarbeitung ist es häufig wünschenswert, diese analogen, zeitkontinuierlichen Signale durch Abtast-/Halteglieder in zeitdiskrete Signale zu "zerhacken" (abzutasten) und diese mit A/D-Umsetzern in digitale Datenwortfolgen umzusetzen. Bezüglich der Signalerfassung unterscheidet man "Realzeit"- oder "Echtzeit"-Systeme, bei denen die Signalparameter synchron zum Signal selbst aufgenommen werden und "Äquivalenzzeit"-Systeme, bei denen die Erfassung der Signalparameter im transformierten, gedehnten Zeitmaßstab erfolgt. Diese Verfahren sollen im folgenden besprochen werden.

6.2 Zeitkontinuierliche Signaldarstellung in Realzeit

6.2.1 Grundlagen

Eine zeitkontinuierliche Signaldarstellung ist prinzipiell nur bis zu einer bestimmten oberen Grenzfrequenz möglich. Das ist in den meisten Fällen kein wesentlicher Nachteil, da die von den Sensoren gelieferten Signale ohnehin bereits durch die üblicherweise vorhandenen parasitären Tiefpässe bandbegrenzt sind. Grundforderung für ein Signalübertragungssystem ist, daß dessen obere Grenzfrequenz größer ist als die Grenzfrequenz des Signals ($f_{g,\text{Meßsystem}} > f_{g,\text{Signal}}$). Ist dies nicht gewährleistet, so läßt sich der Einfluß auf die Signalverformung folgendermaßen abschätzen: Bei einer Bandbegrenzung des Meßsystems durch voneinander entkoppelte RC-Tiefpässe (als Parasitärelemente die häufigste Ursache für eine ungewollte Tiefpaßfilterung) ergibt sich z. B. eine Sprungantwort mit der Anstiegszeit

$$t_{r,\text{ges}} = \sqrt{\sum_{i=1}^{n} t_{r,i}^2} \tag{6.1}$$

mit $t_{r,i}$ = Anstiegszeit der Sprungantwort des i'ten Tiefpasses,
  n = Anzahl der wirksamen Tiefpässe.

Als "Faustformel" für den Zusammenhang zwischen Anstiegszeit t_r der Sprungantwort und der Grenzfrequenz f_g eines Tiefpasses gilt:

$$t_r \cdot f_g \approx 0{,}35 \tag{6.2}$$

wobei $t_r \approx 2{,}2 \cdot \tau$; $\tau = \dfrac{1}{\omega_g} = \dfrac{1}{2\pi \cdot f_g}$ ist.

Für Signal-Zeitverläufe bis zu einige Hz Grenzfrequenz kann die Darstellung über galvanometrische oder Kompensationsschreiber bzw. Plotter auf Papier geschehen. Signalverläufe mit höherer Grenzfrequenz werden üblicherweise auf dem Schirm einer Elektronenstrahlröhre dargestellt.

6.2.2 Das Analogoszilloskop

Ein analog arbeitendes Realzeitoszilloskop mit eingebautem Verstärker ist z. Zt. in der Lage, Signale im Millivoltbereich mit einer Grenzfrequenz von ca. 1 GHz aufzuzeichnen. Spezial-Elektronenstrahlröhren lassen sich heute mit einer Grenzfrequenz von ca. 10 GHz herstellen. Zur Darstellung von Signalamplituden im 100 mV-Bereich sind zusätzlich Breitband-Großsignalverstärker mit einer Aussteuerbarkeit bis ca. 10 V bei einer Grenzfrequenz von 10 GHz und einer Spannungsverstärkung von etwa 40 dB nötig.

Zur Speicherung solcher Signal-Zeitfunktionen können
  a)   spezielle Speicherröhren,
  b)   fotografische Verfahren,
  c)   Videoaufnahmen
angewendet werden.

Bild 6.1 zeigt das vereinfachte Prinzipschaltbild eines Realzeit-Oszilloskops mit zwei y-Eingängen.

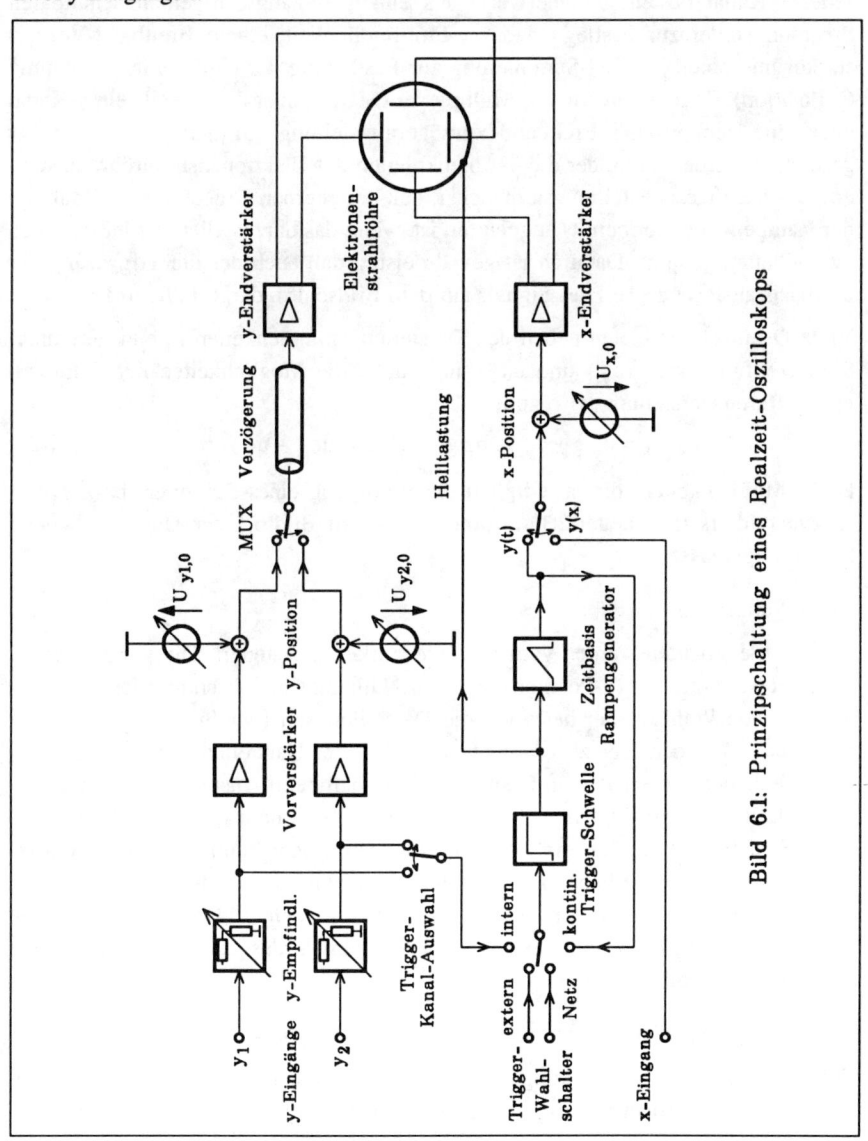

Bild 6.1: Prinzipschaltung eines Realzeit-Oszilloskops

Der y-Kanal:

Jeder y-Kanal besteht üblicherweise aus einem eingangsseitigen umschaltbaren Spannungsteiler zur Festlegung der y-Empfindlichkeit, einem Breitband-Vorverstärker und einer y-Offset-Summierung zur Festlegung der Nullinie in y-Richtung (y-Position). Es folgt ein Analog-Multiplexer (MUX), über den jeweils ein y-Kanal über eine gemeinsame Breitband-Verzögerungsleitung auf den y-Endverstärker geschaltet werden kann, der die y-Ablenkplatten der Elektronenstrahlröhre ansteuert. Die Verzögerungsleitung stellt sicher, daß bei interner Triggerung der Zeitbasis der Rampengenerator bereits angelaufen ist, wenn das darzustellende Meßsignal an die y-Platten gelangt. Dadurch ist gewährleistet, daß auch der die Triggerung der Zeitbasis auslösende Teil des Signals auf dem Bildschirm dargestellt wird.

Viele Oszilloskope bieten neben den Darstellungsmöglichkeiten zweier getrennter Signalzeitfunktionen ($u_{y,1}$ und $u_{y,2}$) auch noch die Möglichkeiten der Summen- und Differenzdarstellung, also von

$$u_{y,ges} = u_{y,1} + u_{y,2} \quad \text{bzw.} \quad u_{y,ges} = u_{y,1} - u_{y,2} \qquad (6.3)$$

Diese Möglichkeiten, die ja lediglich die Einfügung eines Summier- bzw. Differenzverstärkers (s. Kapitel 2.1) erfordern, sind im Bild 6.1 der Übersichtlichkeit halber weggelassen.

Der x-Kanal:

Die x-Ablenkplatten werden vom x-Endverstärker angesteuert. Die vorgeschaltete x-Offset-Summierung (x-Position) legt den Nullpunkt in x-Richtung fest. Der davor liegende Wahlschalter bestimmt die Darstellungsart (wahlweise $u_y = f(t)$ oder $u_y = f(u_x)$). Für den hier zu besprechenden Fall der Darstellung von Signal-Zeitverläufen steht der Schalter in Position y(t), so daß beim Ansprechen der Triggerschwelle durch ein y-Signal (Schalterstellung "intern") oder durch ein äußeres Signal (Schalterstellung "extern") bzw. netzsynchron oder kontinuierlich an den x-Ablenkplatten eine zeitlich linear ansteigende Spannung anliegt, die den Elektronenstrahl zeitproportional von links nach rechts über den Bildschirm führt, so daß die dargestellte Bildschirmkurve den Signal-Zeitverlauf des jeweils eingeschalteten y-Kanals wiedergibt.

Der Analog-Multiplexer, Darstellung mehrerer y(t)-Signale:

Zur gleichzeitigen Darstellung mehrerer Signal-Zeitabläufe kann man sog. "Mehrstrahl-Elektronenröhren" verwenden. Diese enthalten für jeden Kanal ein eigenes Elektronenstrahl-Erzeugungssystem, ein eigenes y-Ablenksystem, das von jeweils einem eigenen y-Verstärkerkanal angesteuert wird, sowie **ein** für alle Strahlen **gemeinsames** x-Ablenksystem mit Zeitbasis. Solche Mehrstrahlröhren sind sehr aufwendig und werden deshalb kaum noch angewandt. Man verwendet üblicherweise eine einstrahlige Elektronenstrahlröhre, deren y-Platten wechselseitig von den verschiedenen y-Kanälen über einen Analog-Multiplexer (MUX) angesteuert werden. Dies sei im folgenden für zwei y-Kanäle erläutert.

Für die "gleichzeitige" Darstellung zweier y(t)-Vorgänge über ein y-Ablenksystem gibt es zwei verschiedene Funktionsweisen des Analog-Multiplexers (MUX):

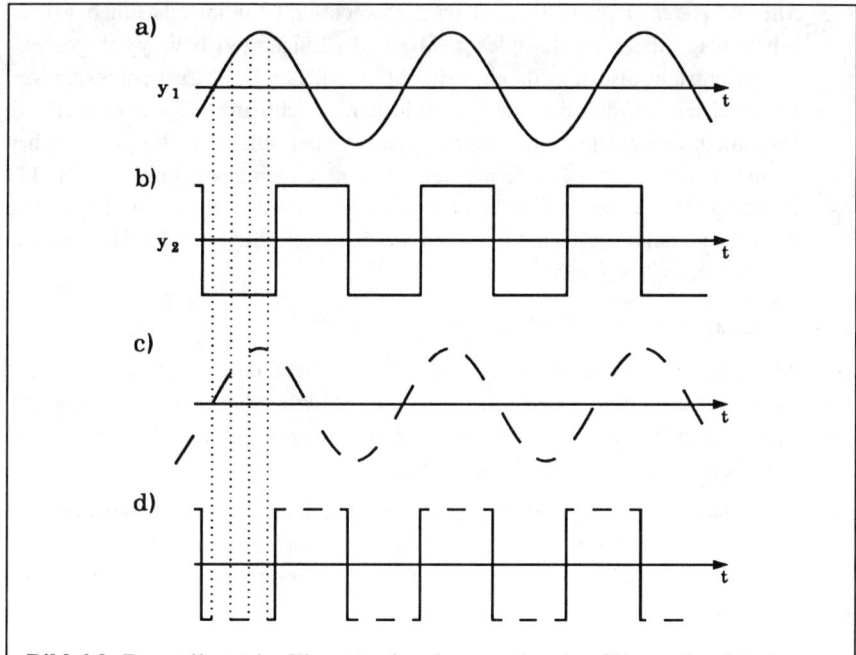

Bild 6.2: Darstellung der Eingangssignale y_1 und y_2 im Chopperbetrieb: a), b): Zeitverlauf der Eingangssignale y_1 und y_2, c), d): Bildschirmdarstellung.

– *Chopper-Betrieb*: Während eines Rampendurchlaufs im x-Kanal, also während eines in x-Richtung darzustellenden Zeitintervalls, wird vielfach vom Multiplexer (MUX) zwischen den beiden y-Kanälen umgeschaltet. Dadurch ergeben sich auf dem Bildschirm pro x-Durchlauf zwei nahezu kontinuierlich erscheinende Signal-Zeitverläufe $y_1(t)$ und $y_2(t)$. Übliche Umschaltfrequenzen für den Multiplexer liegen zwischen 100 kHz und 1 MHz, d. h. es wird alle 10 bzw. 1 µs zwischen y_1 und y_2 umgeschaltet. Ist die x-Durchlaufzeit für eine Zeitbasis-Rampe nicht mehr lang gegen diese Umschaltzeit, so wird im Bild deutlich, daß die Signal-Zeitverläufe abwechselnd, also diskontinuierlich aufgezeichnet werden (Bild 6.2), wodurch evtl. kurzzeitige Signaländerungen nicht dargestellt werden, wenn sie in die jeweilige "Ausblendzeit" fallen. Damit eignet sich diese Betriebsart nur für die Darstellung von Zeitintervallen, welche groß gegenüber der Umschaltperiodendauer des Multiplexers sind.

– *Alternierender Betrieb*: Hierbei wird abwechselnd für jeweils einen ganzen x-Durchlauf über den Multiplexer (MUX) der Eingang y_1 bzw. y_2 eingeschaltet. Es entsteht also jeweils ein zeitkontinuierliches Bild. Zu berücksichtigen ist dabei jedoch, daß die auf dem Bildschirm sichtbaren Signal-Zeitverläufe eben nicht koinzident sind, sondern nacheinander ablaufen. Bei periodischen Signalen in beiden y-Kanälen spielt dies im allgemeinen keine Rolle. Für Phasenvergleiche zwischen beiden y-Kanälen muß jedoch die Triggerung immer vom selben y-Kanal gesteuert werden (feste Stellung des Umschalters "Trigger-Kanal-Auswahl").

Der Zeitbasisgenerator und Triggermöglichkeiten:

In Bild 6.1 ist der Zeitbasisgenerator stark vereinfacht dargestellt. Bild 6.3 gibt eine etwas detailliertere Auskunft über die Struktur dieser Funktionseinheit, wenngleich auch hier aus Gründen der Übersichtlichkeit auf die Darstellung von verschiedenen Einzelheiten verzichtet wurde.

Im Ruhezustand ist das Triggerflipflop nicht gesetzt, d. h. Q = 0. Der Schalter S am Integratoreingang liegt in Position 1. Der Eingangsstrom ($n \cdot I_0$) fließt über die leitende Diode D im Rückkopplungskreis ab, der Integrationskondensator C wird nicht umgeladen.

Ein eintreffendes Triggersignal gelangt über den Trigger-Wahlschalter und den Polaritätsschalter auf den Triggerdiskriminator mit einstellbarer Triggerschwelle. Dessen Ausgangssignal setzt das Triggerflipflop (Q = 1), welches den Schalter in Position 2 bringt. Damit fließt der Strom ($-I_0$) in den Integratoreingang und lädt, da die Diode D sperrt, den Integrationskondensator C auf, so daß die Integratorausgangsspannung zeitproportional ansteigt.

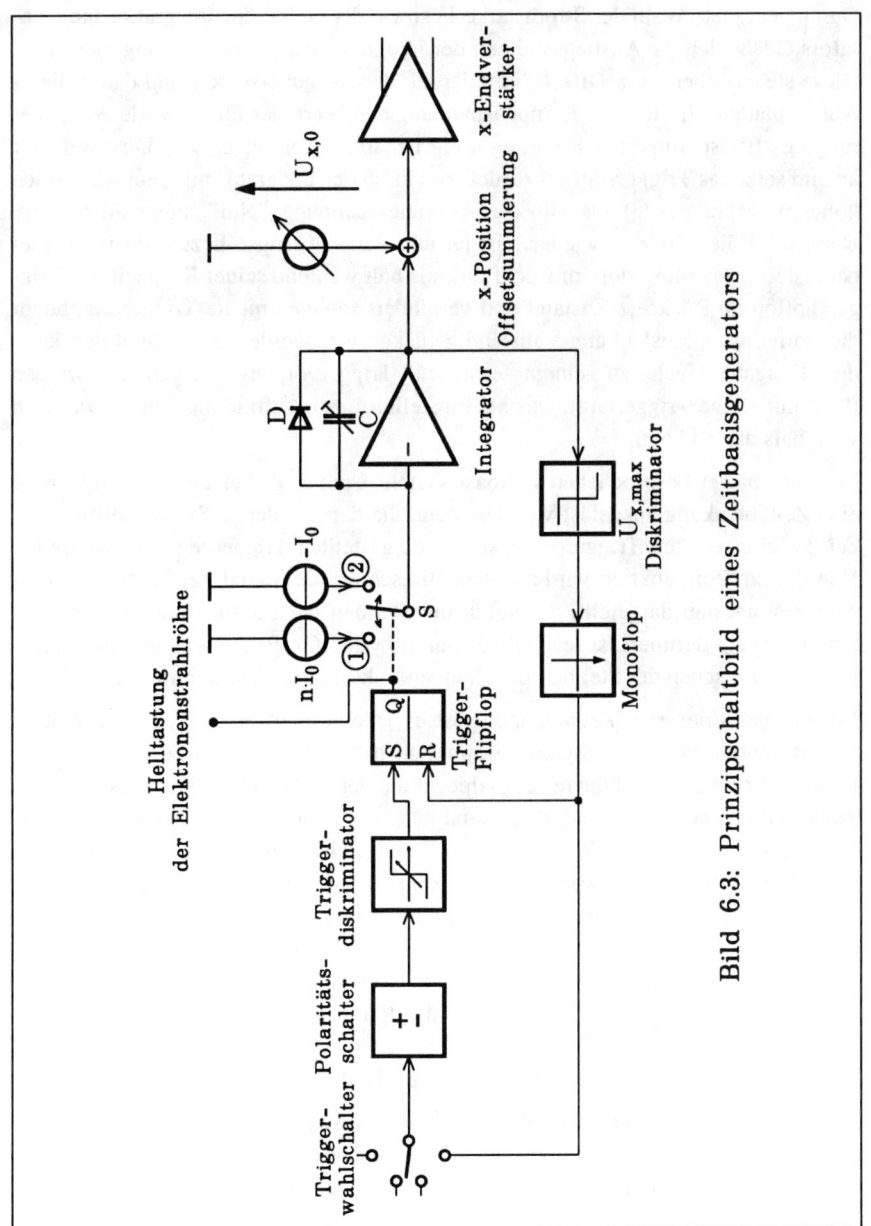

Bild 6.3: Prinzipschaltbild eines Zeitbasisgenerators

Durch geeignete Wahl der Stromstärke I_0 sowie der Größe des Integrationskondensators C läßt sich die Anstiegssteilheit der Integrator-Ausgangsspannung einstellen. Diese steuert über die x-Offset-Summierung den x-Endverstärker und damit die x-Ablenkplatten. Erreicht die Rampenspannung den Wert, der für die volle Aussteuerung des Bildschirms in x-Richtung nötig ist, so spricht der $U_{x,max}$-Diskriminator an und setzt das Triggerflipflop zurück, wodurch der Integrator mit dem wesentlich höheren Strom $(n \cdot I_0)$ bis auf die Ausgangsspannung "Null" umgeladen wird. Dann wird die Diode D wieder leitend, und der Ausgangsruhezustand ist wieder hergestellt. Das Monoflop im Rückführkreis hält während seiner Kippzeit das Triggerflipflop im Rücksetz-Zustand und verhindert so eine erneute Triggerung, bevor die vorherige x-Auslenkung vollständig rückgesetzt worden ist. Schließlich kann die Freigabe auch zu einem erneuten Triggervorgang ausgenutzt werden (kontinuierliche Triggerung), was als Einstellhilfe zur Auffindung eines erwarteten y-Signals dienen kann.

Mit dem bisher besprochenen Zeitbasissystem kann z. B. bei interner Triggerung eine Zeitablenkung ausgelöst werden, wenn die darzustellende Signal-Zeitfunktion bei der eingestellten Triggerpolarität den eingestellten Triggerpegel überschreitet. Von diesem Zeitpunkt an wird auf dem Bildschirm die Signal-Zeitfunktion mit einem Zeitmaßstab dargetellt, der durch die Steilheit der Rampenfunktion am Integratorausgang definiert ist (einstellbar durch I_0 und C). Bild 6.4 zeigt den Zusammenhang zwischen der Steilheit der Rampenfunktion und dem Schirmbild.

Mit der beschriebenen Zeitablenkung ist es jedoch nicht möglich, Signal-Zeitabschnitte mitten aus einer Signal-Zeitfunktion darzustellen, wenn bereits zu einem früheren Zeitpunkt ein höherer Signalpegel als der zu Beginn des interessierenden Zeitabschnitts aufgetreten ist, denn dann hätte der Triggerdiskriminator schon darauf angesprochen. Um solche "mittleren Signal-Zeitabschnitte" gespreizt über den gesamten Bildschirm darstellen zu können, verwendet man eine zweite, "verzögerte Zeitbasis". Die erste Zeitbasis arbeitet wie vorher beschrieben. Die zweite Zeitbasis ist im Prinzip identisch aufgebaut, jedoch erhält diese ihr Triggersignal vom Ausgang des ersten Integrators. Mit ihrem Triggerdiskriminator kann ihr Triggerpegel $U_{tr,2}$ also gleitend auf der Rampenfunktion der ersten Zeitbasis eingestellt werden, so daß der Beginn der zweiten Rampenfunktion demgemäß verzögert zum Beginn der ersten Rampe liegt (Bild 6.5).

Verwendet man nun die erste Zeitbasis zur x-Auslenkung des Elektronenstrahls, das Helltastsignal der zweiten Zeitbasis zur Intensivierung der Helltastung, so kann man damit aus dem gesamten Signalbild durch entsprechende Einstellung von

Triggerpegel und Rampensteilheit der zweiten Zeitbasis den interessierenden Zeitbereich markieren. Durch Umschalten des x-Endverstärkereingangs auf den Ausgang des zweiten Integrators wird dann dessen Rampenfunktion für die x-Ablen-
kung wirksam, und damit wird der vorher hellgetastete Signal-Zeitabschnitt gedehnt über den ganzen Bildschirm dargestellt (Bild 6.5).

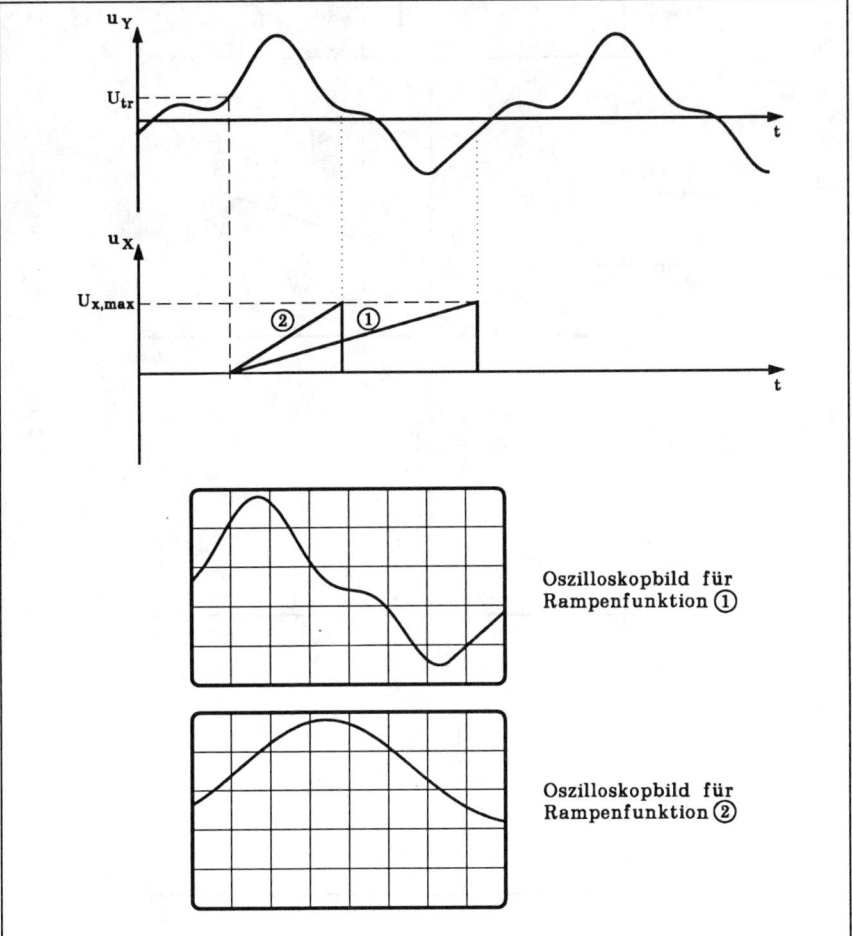

Bild 6.4: Zusammenhang zwischen der Steilheit der Rampenfunktion und dem
dargestellten Schirmbild.

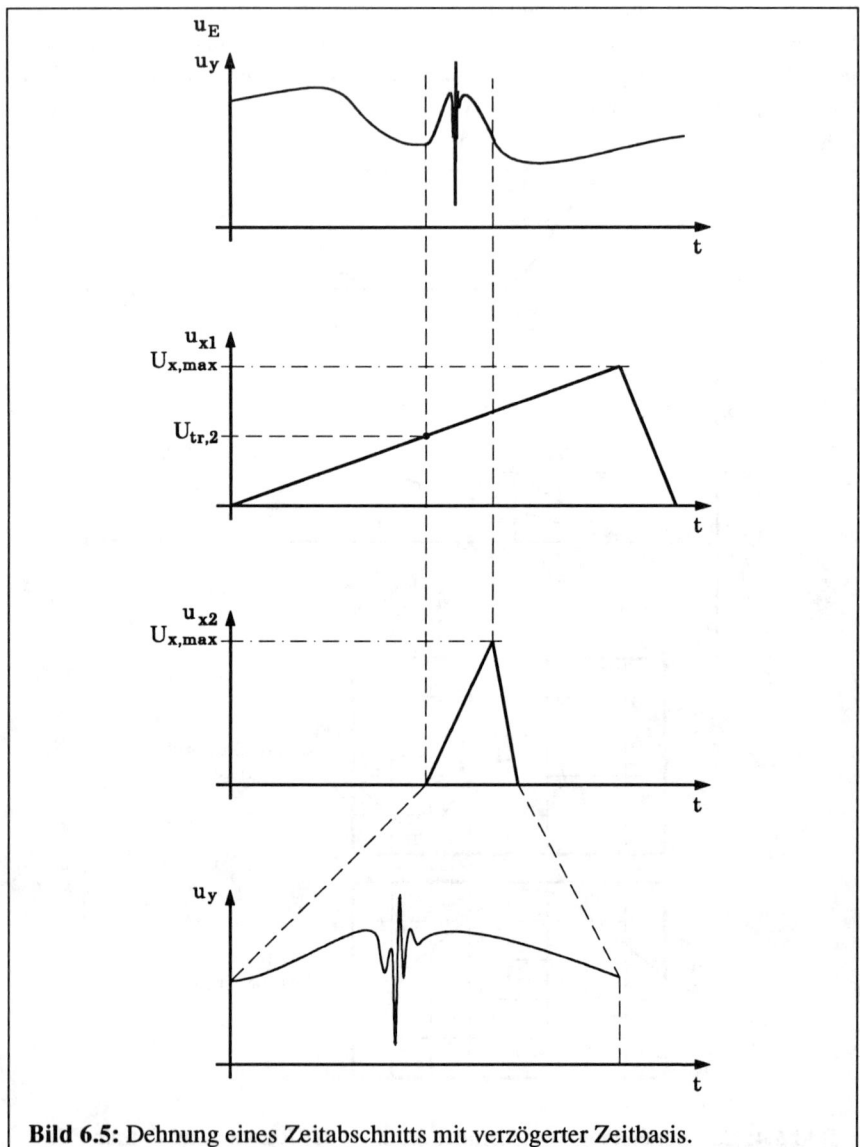

Bild 6.5: Dehnung eines Zeitabschnitts mit verzögerter Zeitbasis.

Die Elektronenstrahlröhre:

Als "Anzeigeeinheit" gehört die Elektronenstrahlröhre grundsätzlich zwar nicht mehr in den in der Einleitung definierten Umfang dieses Buches. Da jedoch die Leistungsfähigkeit eines Realzeit-Oszilloskops entscheidend von den Daten der verwendeten Elektronenstrahlröhre abhängt, verdienen die hier verwendeten Spezialröhren innerhalb dieses Buches durchaus eine Betrachtung. (Bild 6.6 zeigt das Prinzip einer solchen Breitband-Oszilloskopröhre mit hoher Ablenkempfindlichkeit).

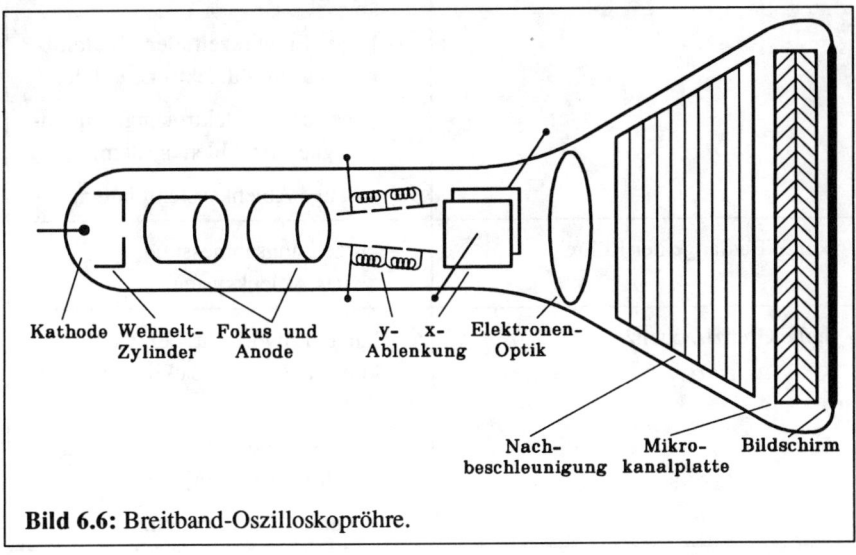

Bild 6.6: Breitband-Oszilloskopröhre.

Es wird vorausgesetzt, daß der Aufbau und die Funktion einer üblichen Elektronenstrahlröhre mit elektrostatischer Ablenkung bekannt sind [11]. Infolge der hohen Anforderungen bezüglich Ablenkempfindlichkeit, Grenzfrequenz und Bildqualität (Helligkeit und Schärfe) entstehen Konstruktionsanforderungen, die einander prinzipiell widersprechen und durch besondere Maßnahmen miteinander vereinbar gemacht werden müssen. Dies soll in Tabelle 6.1 verdeutlicht werden.

Tabelle 6.1:   Anforderungen und Erfordernisse für eine Breitband-Oszilloskop-röhre mit hoher Ablenkempfindlichkeit

Anforderungen	resultierende Erfordernisse
hohe Ablenkempfindlichkeit (d. h. großes Schirmbild bei kleiner Ablenkspannung)	– große Baulänge zwischen Ablenksystem und Bildschirm – Enges Ablenksystem (hohe Feldstärke) – lange Einwirkzeit der Coulombkraft auf Strahlelektronen, d. h.: – geringe Elektronengeschwindigkeit im Ablenksystem, – lange Ablenksystemplatten.
kurze Baulänge der Röhre	– kurze Längsabmessung, weites Ablenksystem
hohe Grenzfrequenz	– kurze Einwirkzeit der Coulombkraft auf den Elektronenstrahl, d. h. – hohe Elektronengeschwindigkeit im Ablenksystem, – kurze Ablenkplatten.
helles Schirmbild	– hohe Strahlintensität – hohe Elektronenenergie, d. h. – hohe Elektronengeschwindigkeit.

Wie man sieht, ergeben sich aus den verschiedenen Anforderungen kontroverse Konstruktionsrichtlinien. Es bedarf daher zusätzlicher Funktionseinheiten in der Röhre, wie diese in Bild 6.6 dargestellt sind und im weiteren erläutert werden.

– Die Verwendung eines Wanderwellensystems in der y-Ablenkung gewähr-leistet, daß das elektrische Ablenkfeld mit gleicher Geschwindigkeit mit den Strahlelektronen mitläuft und so eine lange Einwirkzeit der Coulombkraft auf die Strahlelektronen erfolgt, ohne Beeinträchtigung der Grenzfrequenz.

– Die elektronenoptische Nachvergrößerung erlaubt ein großes Schirmbild bei kurzer Röhrenbaulänge zwischen Ablenksystem und Bildschirm (jedoch schlechtere Strahlschärfe).

– Die Nachbeschleunigung der Strahlelektronen zwischen Ablenksystem und Bildschirm ergibt höhere Elektronenenergie und damit ein helleres Schirm-bild.

– Die Mikrokanalplatten-Elektronenvervielfacher geben ein ca. 1000fach hel-leres Schirmbild.

Speicherung bei der analogen Realzeitdarstellung:

Um einmalige oder langsam repetierende Vorgänge mit bloßem Auge als stehendes Bild sehen zu können, besitzen die Bildschirme eine gewisse Nachleuchtdauer. Sie liegt üblicherweise zwischen einigen Millisekunden und einer Sekunde. Soll ein einmal geschriebenes Schirmbild längere Zeit erhalten bleiben (z. B. einige Minu-ten bis Stunden), so werden spezielle Speicherröhren verwendet (Bild 6.7).

Die Speicherung geschieht grundsätzlich dadurch, daß durch den schreibenden Elektronenstrahl auf einer vor dem Bildschirm angeordneten, isolierenden flächen-förmigen Speicherelektrode (feinmaschiges Gitter) durch Sekundärelektronen-emission ein positives elektrostatisches Ladungsbild der darzustellenden Signal-Zeitfunktion gebildet wird. Die Sekundärelektronen werden durch ein weitmaschi-ges, positiv geladenes Kollektorgitter abgesaugt. Beaufschlagt man nun die so längs der Signalspur positiv aufgeladene Speicherelektrode flächenförmig mit nie-derenergetischen Elektronen (Elektronenbrause), die von sog. Flutkathoden emit-tiert werden, so können diese die Speicherelektrode nur an den vorher durch den Schreibstrahl positiv umgeladenen Stellen passieren und so auf dem dahinter lie-genden Bildschirm ein leuchtendes Schirmbild erzeugen. Bild 6.7 zeigt das Prinzip einer solchen Speicherröhre.

Die Speicherzeit ist dadurch begrenzt, daß die gespeicherten Ladungen über den nichtidealen Isolator abfließen, und daß Restgasionen in der Röhre auch die nicht vom Schreibstrahl aufgeladenen Stellen der Speicherelektrode positiv umladen. Damit können im Laufe der Zeit überall Flutelektronen die Speicherelektrode durchdringen, so daß der gesamte Bildschirm mit der Zeit hell wird und damit das Signalbild untergeht. Das bewußte Löschen des gespeicherten Bildes und das Vorbereiten für einen neuen Schreib-, also Speichervorgang geschieht durch impulsförmige Spannungsänderung des Potentials an der Speicherelektrode, wodurch alle Bereiche derselben zuerst positiv, dann negativ aufgeladen und somit gelöscht werden.

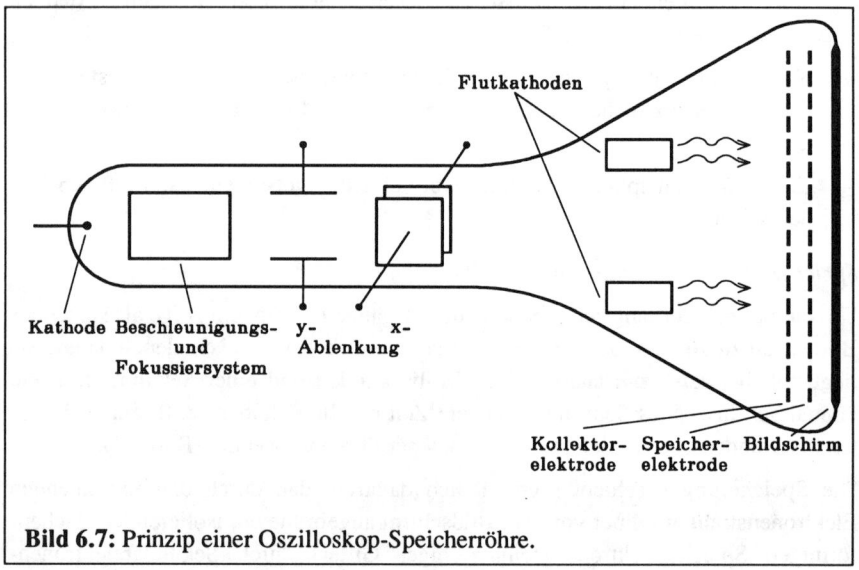

Bild 6.7: Prinzip einer Oszilloskop-Speicherröhre.

Es existieren verschiedene Ausführungsformen dieser geschilderten Speicherstruktur zur Erzeugung eines zweidimensionalen Ladungsbildes entsprechend dem darzustellenden Schirmbild. Die wichtigsten sind:

1)   das bistabile Verfahren

2)   das monostabile Verfahren

3)   das Transfer-Verfahren

Zu 1):   Beim bistabilen Verfahren sind nur zwei Helligkeitsstufen möglich, nämlich "hell" und "dunkel". Das Verfahren erlaubt nur langsame Schreibgeschwindigkeiten. Sein Vorteil ist der einfache Aufbau: Die Speicherelektrode besteht aus einer feinkörnigen Isoliermasse, die einseitig leitfähig beschichtet (Kollektorelektrode) direkt auf dem Bildschirm aufgebracht ist. Die Speicherzeiten liegen in der Größenordnung einer

Stunde. Dieses Verfahren wird vorzugsweise für die weniger anspruchs-
volle, rein visuelle Darstellung langsamer einmaliger Vorgänge verwendet.

Zu 2):   Beim monostabilen Verfahren sind unterschiedliche Helligkeiten und
Abklingzeiten einstellbar. Das Verfahren erlaubt hohe Schreibgeschwindigkeiten. Sein Nachteil ist, daß nur Speicherzeiten im Minuten-
bereich erzielbar sind. Der Aufbau ist wesentlich aufwendiger als beim
bistabilen Verfahren: Kollektor- und Speicherelektrode sind getrennt im
Abstand einiger Millimeter vor dem Bildschirm angebracht. Die Speicherelektrode besteht aus einem extrem engmaschigen Metallgitter, das
mit einem isolierenden Überzug umhüllt ist.

Zu 3):   Das Transferverfahren verbindet mehrere Vorteile der beiden vorher beschriebenen Verfahren ohne deren Nachteile: Es erlaubt hohe Schreibgeschwindigkeiten und gewährleistet lange Speicherzeiten. Erreicht wird
dies durch die Kaskadierung eines monostabilen Systems mit einem bistabilen System. Der zu speichernde Signal-Zeitverlauf wird kurzzeitig
durch das monostabile System zwischengespeichert und danach durch
Berieselung mit Flutelektronen auf das nachgeschaltete bistabile System
zur längerfristigen Speicherung übertragen.

Der Vollständigkeit halber soll im folgenden noch eine etwas exotische Lösung
eines Analog-Speichersystems beschrieben werden, das als zweidimensionaler
Ortsspeicher analog zu der vorher beschriebenen Speicherelektrode eine ca. 10µm
dicke Siliziumscheibe verwendet, die matrixförmig in geringstmöglichem Abstand
eine Vielzahl von Dioden beinhaltet, deren Anoden offen, deren Kathoden miteinander verbunden sind. Diese Siliziumscheibe (Target) ist als gemeinsamer
"Bildschirm" zwischen zwei koaxial gegeneinander gerichteten Elektronenstrahl-
röhren eingebaut (Bild 6.8). Die linke Röhrenhälfte dient als "Schreibsystem", die
rechte als "Lesesystem". Der Lesestrahl tastet das Target zeilen- und spaltenförmig
von der "Leseseite" ab und lädt dabei alle Dioden in Sperr-Richtung auf. Anschließend schreibt der Schreibstrahl die zu speichernde Signal-Zeitfunktion auf die
"Schreibseite" des Targets, wobei die getroffenen Dioden entladen werden. Beim
nachfolgenden Leseprozeß (zeilen- und spaltenförmig) werden die vorher vom
Schreibstrahl entladenen Dioden wieder in Sperr-Richtung aufgeladen, wodurch
ein Ladestrom in der gemeinsamen Kathodenleitung fließt, der vom Leseverstärker
registriert wird. Der zugehörige geometrische Ort der umgeladenen Diode ist durch
die steuernden x- und y–Spannungen des Lesesystems bekannt. Wenn diese durch

D/A-Umsetzer erzeugt werden, liegt der geometrische Ort eines jeden vom Schreibstrahl berührten Punktes auf dem Target sogar als digitales Datenwort vor, weshalb diese Speicherröhre auch als "Scan Converter-Tube" bezeichnet wurde. Mit diesem System wurden bereits in den 70er Jahren analoge Speichersysteme mit einer Grenzfrequenz von 1 GHz gebaut.

Tatsächlich verlieren diese Analogspeicherröhren zunehmend an Bedeutung gegenüber digitalen Speicherverfahren.

Digitalisierung analog gespeicherter Signal-Zeitabläufe:

Eine Art der Umsetzung analog gespeicherter Signal-Zeitfunktionen in digitale Datenwörter wurde bereits unmittelbar vorher beschrieben.

Eine Weiterentwicklung des oben beschriebenen Prinzips verwendet eine normale Breitband-Elektronenstrahlröhre mit Bildschirm, wie sie in Bild 6.6 dargestellt ist. Die Speicherung und Digitalisierung erfolgt außerhalb der Röhre mit Hilfe einer außen angesetzten Video-Kamera. Voraussetzung für die Funktion ist, daß die Lichtstärke des Bildes und die Nachleuchtdauer des Bildschirms hinreichend groß sind. Die eigentliche Langzeitspeicherung der Signalfunktion geschieht dann in einem nachgeschalteten Digitalsystem (z. B. PC).

Eine umfangreiche Abhandlung über die vielfältigen Arten und Anwendungsmöglichkeiten von Oszilloskopen bietet [11].

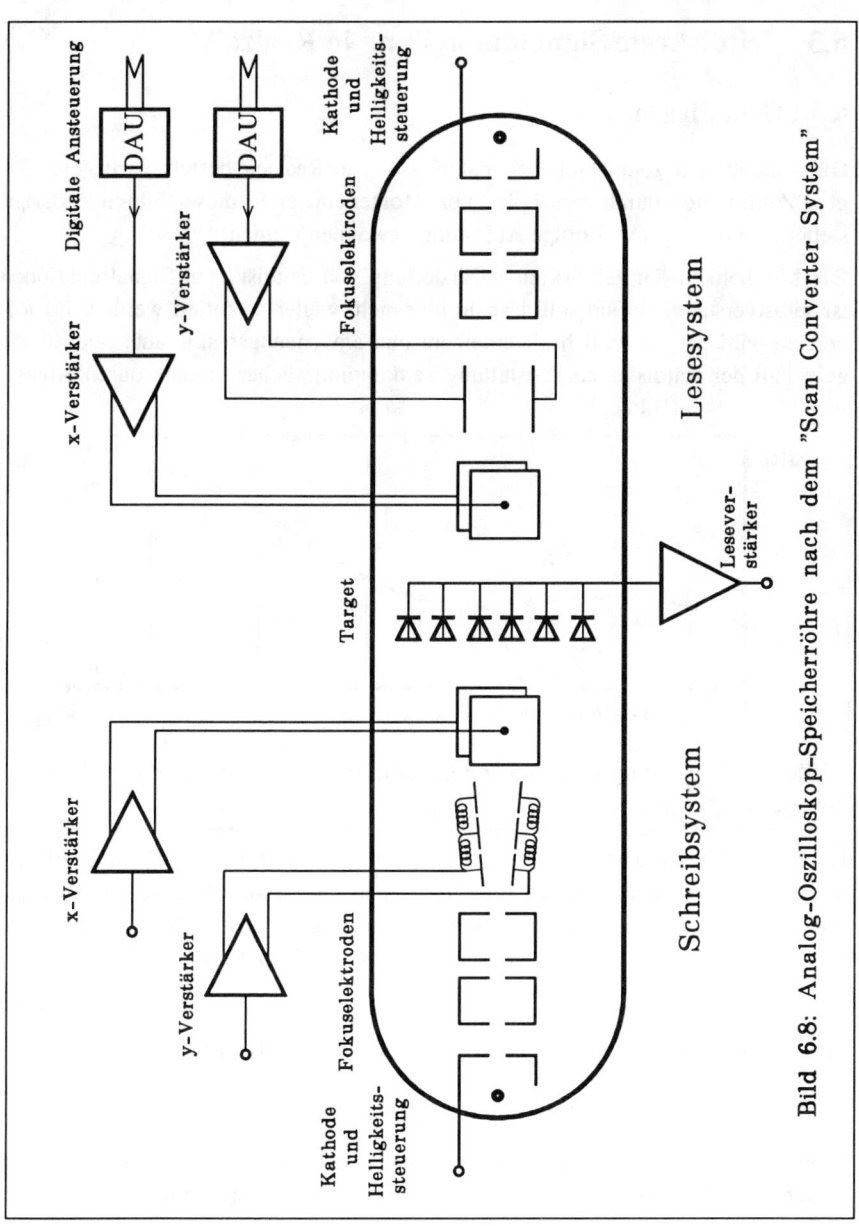

Bild 6.8: Analog-Oszilloskop-Speicherröhre nach dem "Scan Converter System"

6.3 Zeitdiskrete Signaldarstellung in Realzeit

6.3.1 Grundlagen

Die Aufgabe der zeitdiskreten Signalerfassung in Realzeit besteht darin, eine Signal-Zeitfunktion durch eine Folge von Momentanwerten dieser Funktion darzustellen, die durch punktförmige Abtastung gewonnen werden.

Die Möglichkeit der zeitdiskreten Darstellung von zeitdiskreten Signalfunktionen ist selbstverständlich und soll deshalb hier nicht weiter diskutiert werden. Im folgenden wird der wesentlich allgemeinere und anwendungsmäßig auch viel häufigere Fall der zeitdiskreten Darstellung zeitkontinuierlicher Signale durch Abtastwerte betrachtet (Bild 6.9).

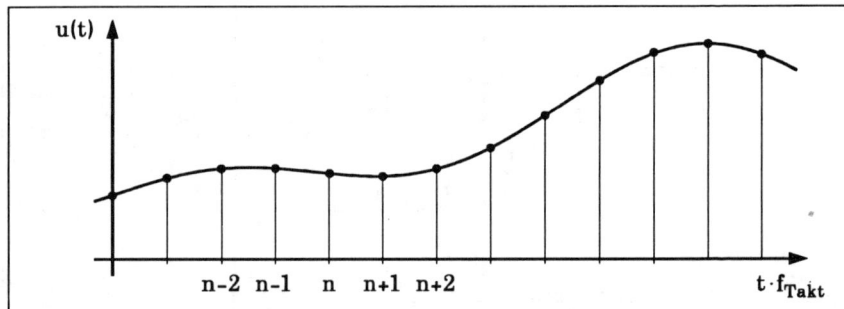

Bild 6.9: Darstellung einer zeitkontinuierlichen Signalfunktion durch Abtastwerte.

Nach dem Abtasttheorem von Shannon lassen sich bandbegrenzte Signalzeitfunktionen eindeutig durch Abtastwerte darstellen, wenn die Abtastfrequenz f_{Takt} größer ist als die doppelte Bandbreite B des darzustellenden Signals [12]. Die minimale Abtastfrequenz $f_{Takt,0}$ bezeichnet man als Nyquist-Frequenz

$$f_{Takt,0} = 2 \cdot B_0 ; \tag{6.4}$$

die dabei maximal mögliche Bandbreite des Signals ist die Nyquistbandbreite

$$B_0 = \frac{1}{2} \cdot f_{Takt,0}. \tag{6.5}$$

Überschreitet die tatsächliche Signalbandbreite den Wert B_0, so treten innerhalb dieser Bandbreite zusätzliche Mischprodukte auf, gebildet aus dem Signalspektrum und der Abtastfrequenz f_{Takt}, die das Signalspektrum verfälschen können (Aliaseffekt) [13, 14]. Bild 6.10 zeigt dies am einfachen Beispiel der Abtastung einer sinusförmigen Signalfunktion der Frequenz f_S, die z. B. Teil eines Gesamtsignals sein könnte.

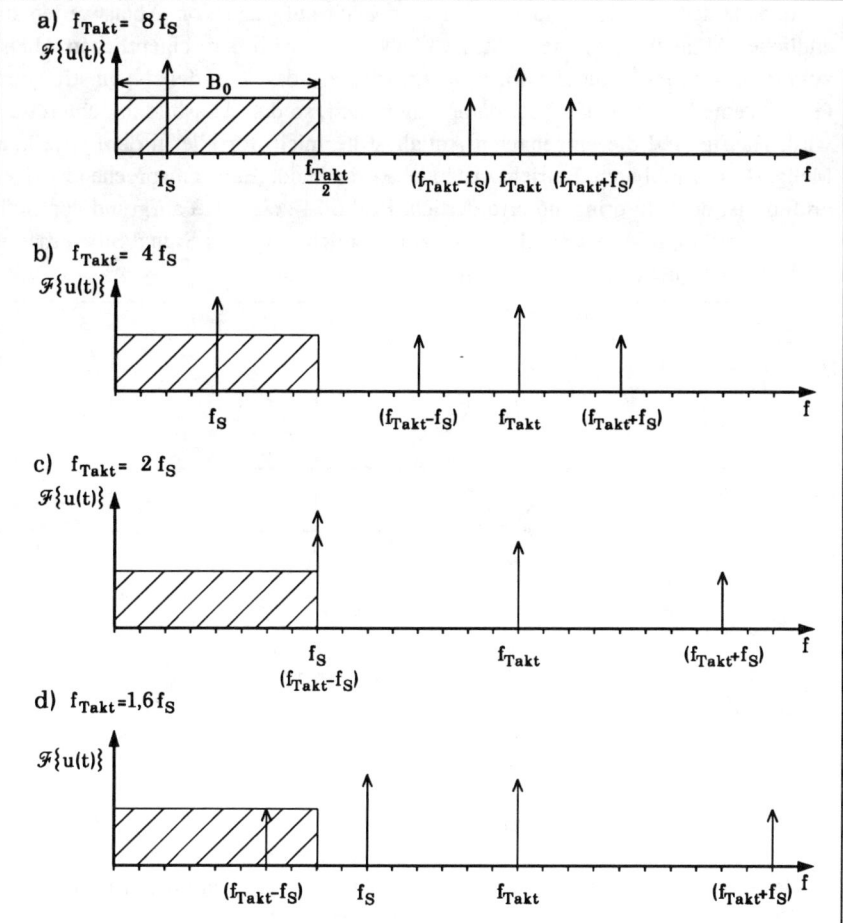

Bild 6.10: Frequenzspektrum bei der Abtastung einer sinusförmigen Signalfunktion der Frequenz f_S mit einer Abtastfrequenz f_{Takt}, a), b): Abtasttheorem erfüllt, c): Grenzfall, d): Aliaseffekt.

Man erkennt, daß in den Fällen a) und b) das Signalband der Breite $B_0 = f_{Takt} / 2$ ungestört bleibt. Im Fall d) jedoch fällt das Mischprodukt der Frequenz ($f_{Takt} - f_S$) in den Bereich B_0. Der Fall c) ergibt sich als Grenzfall.

Da reale Signale prinzipiell durch bandbegrenzte Systeme erzeugt und übertragen werden, lassen sie sich also grundsäztlich auch aufgrund von Abtastwerten mit endlicher Abtastfrequenz darstellen. Üblicherweise wird dem eigentlichen Abtastsystem ein Filter (Antialiasfilter) vorgeschaltet, das bei der Nyquistfrequenz $f_{Takt} / 2$ eine hinreichende Sperrdämpfung besitzt, so daß Aliasbildung unterdrückt wird. Häufig sind die eingebauten Antialiasfilter nicht für alle in dem jeweiligen Meßgerät einstellbaren Betriebszustände ausreichend. Eine entsprechende Überprüfung ist deshalb dringend erforderlich. Bild 6.11 zeigt, daß aufgrund der endlichen Sperrdämpfung der nutzbare Dynamikbereich bzw. das Signal/Störverhältnis bei hohen Frequenzen reduziert wird.

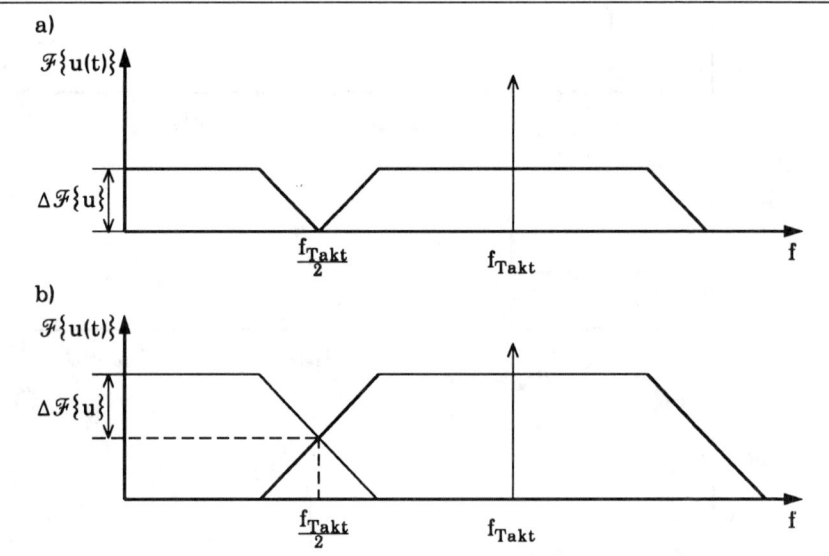

Bild 6.11: Einfluß der Sperrdämpfung des Antialiasfilters auf die Aliasbildung: $\Delta F\{u\}$: Nutzbarer Bereich der Amplitudendynamik,
a): Grenzfall der ungestörten Darstellung, b): gestörte Darstellung durch zu geringe Sperrdämpfung im Frequenzbereich um $f_{Takt}/2$.

Die technischen Schwierigkeiten bei der Abtastung in Realzeit liegen in der real erreichbaren Amplituden- und Zeitauflösung sowie den hohen Abtast-, Umsetz- und Speicherraten, so daß für die Darstellung von Signalen mit extrem hoher Grenzfrequenz von der Realzeitdarstellung auf eine zeittransformierte "Äquivalenzzeiterfassung" übergegangen werden muß (Kapitel 6.4).

Das Abtasttheorem wird häufig dahingehend einengend interpretiert, daß die Abtastfrequenz f_{Takt} größer sein müsse als die höchste im Signal vorkommenden Frequenz. Diese Forderung ist zwar hinreichend, aber nicht notwendig. Wenn diese Forderung notwendig wäre, dann könnten Systeme mit Äquivalenzzeitdarstellung nicht funktionieren. Beide Systeme, das der Realzeitdarstellung und das der Äquivalenzzeitdarstellung, werden im folgenden beschrieben.

Die Beschreibung von Signalzeitfunktionen durch Abtastwerte ist insbesondere von Vorteil, wenn die Abtastwerte quantisiert werden und so in Form einer Folge digitaler Datenworte zur Verfügung stehen. Die wesentlichen Vorteile dieses Verfahrens liegen in der Vielzahl der Möglichkeiten digitaler Signalverarbeitung und Speicherung im Vergleich zu den Möglichkeiten im analogen Bereich. Wegen dieser breiten Palette der Möglichkeiten digitaler Signalverarbeitung (z. B. adaptiver Filterung, Signalverknüpfung, variabler Speicherung über beliebige Zeiten, etc.) wird die Signalabtastung und Digitalisierung häufig selbst dann angewandt, wenn das Signal danach wieder in einen Analogwert umgesetzt werden muß (Beispiele: Digitales Fernsprechen, Compact Disc, Digitales Fernsehen etc.).

Ein weiterer Vorteil der zeitdiskreten Signaldarstellung durch Abtastwerte liegt darin, daß, wie in Kapitel 6.3.2 gezeigt wird, wegen der einfachen Speicherbarkeit digitaler Signale bei einigen Verfahren **nach** dem Auftreten eines bestimmten Ereignisses zu einem vorher unbekannten Zeitpunkt noch die Darstellung der Vorgeschichte möglich ist (Pretrigger-Verfahren).

Die Nachteile der Digital-Abtastverfahren liegen im wesentlichen im höheren Aufwand und in der geringeren Signalverarbeitungsgeschwindigkeit im Vergleich zu rein analog arbeitenden Systemen. Dennoch gehört die Zukunft sicherlich für die Mehrzahl aller Anwendungen den digitalen Abtastsystemen.

6.3.2 Das Digitaloszilloskop

Ein weitgehend vereinfachtes Blockschaltbild eines digitalen Abtastsystems in Form eines Digitaloszilloskops zeigt Bild 6.12.

Es besteht im wesentlichen aus den 4 Funktionseinheiten "Meßkanal", "Trigger-einheit", "Taktgenerator" und "Anzeige", die im folgenden vorgestellt werden:

Der Taktgenerator:

Er besteht aus einem Oszillator mit der Frequenz f_0, die in einem nachgeschalteten Frequenzteiler auf die gewünschte Abtastfrequenz f_{Takt} herabgesetzt wird. Der Taktgenerator liefert damit die Synchronisation aller Abtastschritte.

Die Anzeige:

Sie enthält zwei Digital/Analog-Umsetzer (DAU), z. B. zur Ansteuerung einer Elektronenstrahlröhre. Dem Digital/Analog-Umsetzer für die x-Position ist ein Digital-Zähler vorgeschaltet, womit digital festgelegt werden kann, wo ein Signal-Momentanwert auf der Abszisse angezeigt wird. Der Momentanwert (in y-Richtung) entspricht dem Ausgangswert des Digital-Speichers (Schieberegister). Häufig ist zwischen den Ausgang des Digitalspeichers und den Eingang des DAU für den y-Kanal noch ein digitales Rechenwerk geschaltet, das Zwischenwerte zwischen zwei aufeinanderfolgenden Abtastwerten interpoliert, so daß die analog dargestellte Signalzeitfunktion geglättet erscheint.

Der Meßkanal:

Dem Signaleingang nachgeschaltet ist ein Abschwächer zur Anpassung des Si-gnalpegels an den verarbeitbaren Amplitudenbereich des nachfolgenden Breitband-Verstärkers. Hier befindet sich auch zuweilen ein Antialiasfilter zur Bandbegren-zung entsprechend der maximalen Abtastrate des nachgeschalteten Analog/Digital-Umsetzers (ADU). Dieser liefert die digitalen Datenworte entsprechend den digi-talisierten Abtastwerten des Signals in einen Digitalspeicher, meist in Form eines Schieberegisters mit einer Wortlänge entsprechend der Bitzahl des ADU und einer Speichertiefe k entsprechend der Anzahl der interessierenden Signal-Momentan-werte. Bei jedem Abtastbefehl, der vom Taktgenerator an den Meßkanal gegeben wird, erfolgt im ADU die Abtastung und Quantisierung des gerade anliegenden Momentanwerts. Das zugehörige Datenwort wird in den ersten Platz des Digital-speichers eingelesen; gleichzeitig werden alle vorher eingelesenen Datenwörter um eine Stelle in Richtung des Schieberegister-Ausgangs weitergeschoben. Bei bereits vollem Schieberegister fällt damit das älteste gespeicherte Digitalwort entspre-chend dem ältesten gespeicherten Signal-Momentanwert heraus und geht verloren.

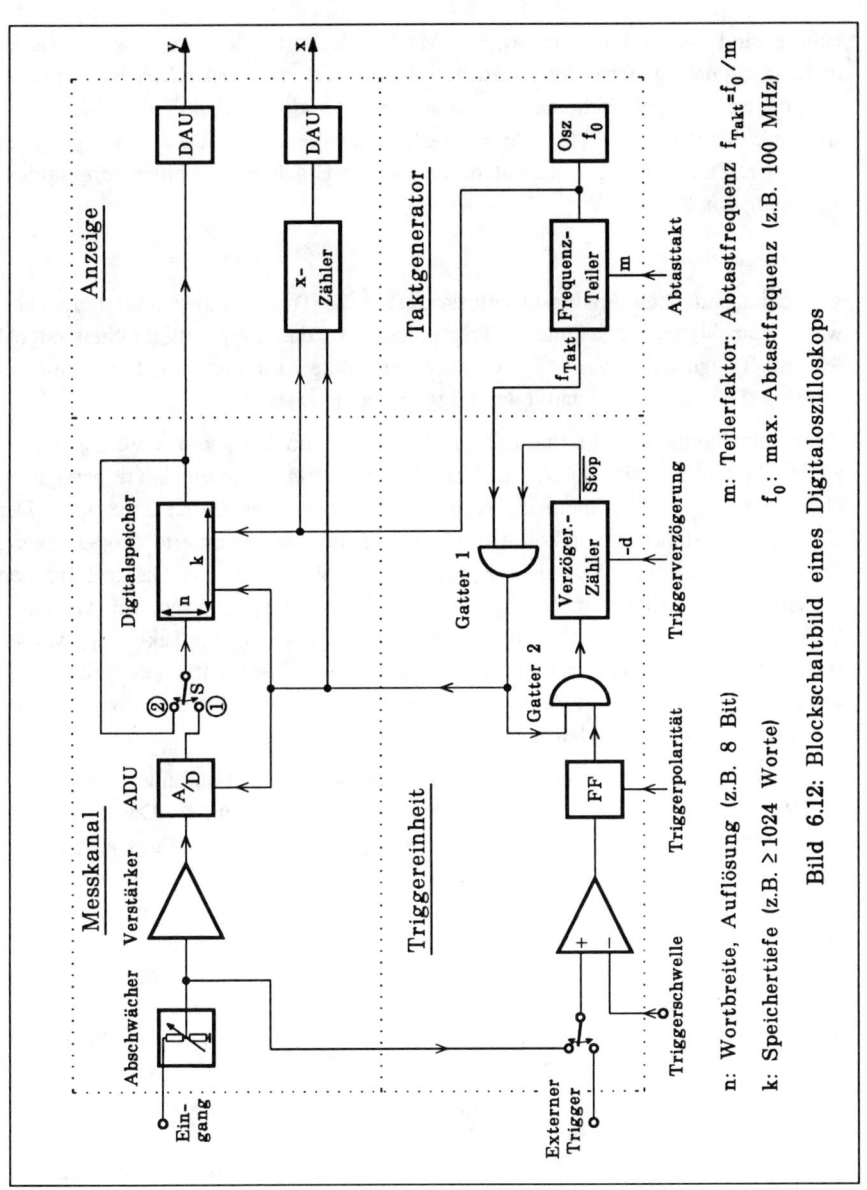

Bild 6.12: Blockschaltbild eines Digitaloszilloskops

n: Wortbreite, Auflösung (z.B. 8 Bit)

k: Speichertiefe (z.B. ≥ 1024 Worte)

m: Teilerfaktor: Abtastfrequenz $f_{Takt} = f_0/m$

f_0: max. Abtastfrequenz (z.B. 100 MHz)

Häufig sind zwei oder mehr solcher Meßkanäle vorhanden, in denen entweder mehrere Signale gleichzeitig abgetastet, digitalisiert und gespeichert werden können, oder ein Signal nacheinander, gewissermaßen also "reihum" abgetastet wird, wodurch die effektive Abtastrate verdoppelt bzw. vervielfacht werden kann. Man erreicht z. Zt. maximale Abtastraten von einigen Gigahertz bei einer Amplitudenauflösung von 8 Bit.

Die Triggereinheit:

Wie beim einfachen Analog-Oszilloskop wird die Triggereinheit angesteuert entweder vom Signal selbst (interne Triggerung) oder durch ein äußeres Steuersignal (externe Triggerung). Wie beim Analog-Oszilloskop wird durch die Triggerung ein Flipflop (FF) gesetzt und damit der Triggervorgang gestartet.

Zum Verständnis der Funktion der UND-Gatter 1 und 2 sowie des Verzögerungszählers betrachten wir zunächst die Zeit **vor** dem Eintreffen eines Triggersignals: Das Triggerflipflop ist dann nicht gesetzt und damit das Gatter 2 gesperrt. Der Verzögerungszähler erhält **keine** Eingangsimpulse; der invertierte Stop-Ausgang ($\overline{\text{Stop}}$) führt also den logischen Pegel "1" und hält damit das Gatter 1 für den Durchgang der Abtastimpulse im Takt der Frequenz f_{Takt} offen. Im Meßkanal laufen damit die im folgenden beschriebenen Vorgänge ab: Im Takt f_{Takt} werden vom Signal Abtastwerte genommen, digitalisiert und der zeitlichen Reihenfolge entsprechend bis zu einer Anzahl k gespeichert. Danach fällt das jeweils älteste Datenwort aus dem Speicher heraus.

Will man den Speicherinhalt darstellen ohne weitere fortlaufende Analyse, so schaltet man den Schalter S im Meßkanal von Stellung ① auf ②. Damit wird der Eingang des Digitalspeichers mit seinem Ausgang verbunden und das jeweils herausfallende Datenwort am Eingang wieder eingespeist. Bei synchroner Beaufschlagung des Schiebetaktes und des x-Zählers mit f_0 oder f_{Takt} wird auf einer nachgeschalteten Elektronenstrahlröhre der Speicherinhalt in Form von k Punkten in x-Richtung mit der y-Auflösung von n bit dargestellt. Führt man den beschriebenen Vorgang mit der Frequenz f_0 aus und schaltet man zusätzlich den Schalter S im Takt von f_{Takt} kurzzeitig von ② nach ①, so wird nach jeder vollständigen Bilddarstellung die dargestellte Signal-Zeitfunktion um einen Punkt nach rechts verschoben. Das Bild gleitet also von links nach rechts, wobei der jeweils älteste Wert rechts aus dem Bild herausläuft. Diese Darstellung wird z. B. in der Medizin (EKG-Überwachung) sehr häufig verwendet, da sie dem Beobachter eine eindrückliche Information über die jüngere Vergangenheit des dargestellten Signalverlaufs vermittelt.

Dies alles geschieht bisher ohne Triggerung. Es soll nun der getriggerte Betrieb betrachtet werden. Die Funktion des Systems ist dabei wesentlich von der Voreinstellung des Verzögerungszählers abhängig. Man bezeichnet diese Funktion als "Vortrigger" oder "Pretrigger". Der Verzögerungszähler sei z. B. vor Eintreffen eines Triggerimpulses auf den Zählerstand $(-d)$ eingestellt worden $(d \leq k)$. Beim Eintreffen eines Triggerimpulses wird das Flipflop FF gesetzt und damit das Gatter 2 für die Taktimpulse aus dem Gatter 1 geöffnet. Das Gatter 1 selbst ist geöffnet, da der $\overline{\text{Stop}}$-Ausgang des Verzögerungszählers den logischen Wert "1" hat. Es werden also beginnend mit dem Triggerimpuls Taktimpulse f_{Takt} in den Verzögerungszähler eingezählt, und gleichzeitig finden im selben Taktrhythmus Abtastungen, Quantisierungen und Speicherungen der Abtastwerte im Digitalspeicher statt. Nach "d" Abtastwerten hat der Verzögerungszähler die Vorwahlzahl erreicht und der Zählerausgang $\overline{\text{Stop}}$ schaltet um auf den Logikpegel "0". Damit sperrt das Gatter 1 alle weiteren Taktimpulse. Der Digitalspeicher enthält "d" digitalisierte Abtastwerte **nach** und $(k - d)$ digitalisierte Abtastwerte **vor** dem Triggerzeitpunkt. Wählt man $d = k$, so wird, wie beim einfachen Analog-Oszilloskop, das Signal nach dem Triggerzeitpunkt dargestellt. Den Zeitmaßstab gibt die Taktfrequenz f_{Takt} zusammen mit der Speichertiefe k an.

Die für viele Meßaufgaben wesentlich interessantere Voreinstellung des Verzögerungszählers ist jedoch $d < k$, so daß, wie vorher geschildert, das Signal für die Zeit $(k - d)/f_{\text{Takt}}$ **vor** Eintreffen des Triggersignals und für die Zeit d/f_{Takt} **danach** im Digitalspeicher zur Verfügung steht. Im Grenzfall mit $d = 0$ sind somit die letzten k Abtastwerte, also der Signalverlauf während der Zeit k/f_{Takt} **vor** Eintreffen des Triggersignals, gespeichert.

Diese Art der Messung ist insbesondere wichtig für die Ursachenanalyse unvorhergesehener Ereignisse, indem man vom Ereignis selbst den Triggervorgang auslöst und dadurch den vorangegangenen Signalverlauf im Nachhinein analysieren kann.

6.4 Signaldarstellung in Äquivalenzzeit

Die bisher dargestellten Systeme waren sogenannte "Realzeitsysteme" oder "Echtzeitsysteme", weil bei ihnen die Signalerfassung, Analyse und Speicherung im tatsächlichen Signal-Zeitverlauf geschah. Bezogen auf das Shannon'sche Abtasttheorem bedeutet dies, daß die Signalbandbreite B gleichgesetzt wurde mit der höchsten im Signal enthaltenen Frequenz $f_{S,max}$ Daraus resultiert dann die Anforderung, daß die minimale Abtastfrequenz $f_{Takt,min}$, also die Nyquistfrequenz, größer sein muß als die doppelte maximale im Signal enthaltene Frequenz, also

$$f_{Takt,min} > 2 f_{S,max}. \qquad (6.6)$$

Diese Forderung ist zweifellos hinreichend, in vielen Fällen aber nicht notwendig: So z. B. haben **periodische** Signale Linienspektren, also theoretisch beliebig schmale Spektrallinien mit einem endlichen gegenseitigen Abstand. Bei endlich vielen Spektrallinien ist die Gesamtbandbreite des Spektrums also beliebig klein. Für solche Signale ist also auch eine Abtastung mit $f_{Takt} < 2 f_{S,max}$ möglich. In der angelsächsischen Literatur ist dieses Abtastsystem unter dem Namen "Super-Nyquist" geläufig [14]. Dieses System läßt sich auch auf nicht-periodische, repetierende Signale anwenden, wenn durch signalbezogene Triggerung der Abtastvorgang synchronisiert wird und somit signalbezogen eine periodische Abtastung entsteht.

Bei entsprechend niedriger Abtastfrequenz f_{Takt} (Unterabtastung) entsteht u. a. ein frequenztransformiertes und damit zeittransformiertes Abbild der Original-Signal-Zeitfunktionen (Stroboskop-Prinzip). Für das Abtastprinzip gibt es zwei Möglichkeiten, nämlich die **sequentielle Äquivalenzzeitabtastung** und die **statistische Äquivalenzzeitabtastung.**

Sequentielle Abtastung:

Betrachtet sei zuerst eine periodische Signalzeitfunktion mit der Periodendauer T_S und der Wiederholfrequenz $f_S = 1/T_S$. Bei der sequentiellen Äquivalenzzeitabtastung wird diese Signalfunktion mit einer Abtastfrequenz $f_{Takt} < f_S$ periodisch abgetastet. Damit verschiebt sich der Abtastzeitpunkt bei jeder Abtastung gegenüber der zugehörigen Signalperiode um ein Zeitintervall

$$\Delta T = \frac{1}{f_{Takt}} - \frac{1}{f_S}. \qquad (6.7)$$

Das Bild 6.13 zeigt dieses Abtastprinzip. Für das Frequenzverhältnis

$$\alpha = \frac{f_S}{f_S - f_{Takt}} \tag{6.8}$$

entsteht nach α Abtastungen mit je einem Abtastzeitpunkt innerhalb einer Signalperiode ein aus α Abtastpunkten bestehendes, im Zeitmaßstab um den Faktor α gedehntes Abbild einer Signalperiode.

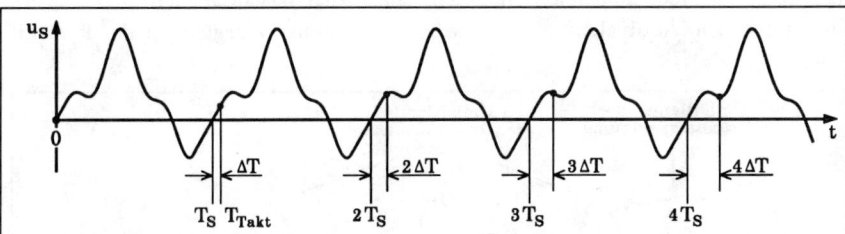

Bild 6.13: Sequentielle Abtastung einer Signalfunktion in Äquivalenzzeit: T_S: Signalperiodendauer, T_{Takt}: Abtastperiodendauer, $\Delta T = T_{Takt} - T_S$.

Diese Art der Darstellung hat den Vorteil, daß lediglich die Abtastung des Momentanwertes der Signalfunktion in Realzeit geschehen muß. Die gesamte Verarbeitung des jeweiligen Abtastwertes und seine Speicherung kann dagegen in dem gegenüber dem Originalsignal gedehnten Zeitmaßstab geschehen, bevor der nächste Abtastwert aufgenommen werden muß. Diese Zeit kann sogar dadurch nochmals verlängert werden, daß eben nicht in jeder Signalperiode ein Abtastwert genommen wird, sondern z. B. nur in jeder k-ten Signalperiode.

Ein so aufgebautes Abtastoszilloskop, allgemein als "Sampling Oscilloscope" bezeichnet, benötigt also "nur" ein entsprechend schnell arbeitendes Abtast-Halte-Glied. Alle anderen Komponenten können um den Zeitdehnungsfaktor langsamer arbeiten. Die Grenze der Zeitauflösung bzw. die Grenzfrequenz der Darstellungsmöglichkeit für ein solches, vom Prinzip her beliebig breitbandiges System liegt gerade in diesem Abtast-Halte-Glied (Sampling Gate), worauf später noch näher eingegangen wird.

Im folgenden soll die sequentielle Abtastung in Äquivalenzzeit auch im Frequenzbereich betrachtet werden: Da die Signalzeitfunktion periodisch ist, besitzt sie ein Linienspektrum. Die Wiederholfrequenz ist f_S; die höheren Harmonischen liegen bei ganzzahligen Vielfachen von f_S. Bild 6.14 zeigt das Signalspektrum, das mit der etwas niedrigeren Abtastfrequenz f_{Takt} abgetastet wird. Dadurch entstehen in den verschiedenen Frequenzbereichen Modulationsprodukte, die jeweils den ge-

samten Informationsinhalt der Signalfunktion enthalten, jedoch gegenüber dem
vom Originalsignal beanspruchten Frequenzbereich um den vorher erwähnten
Zeitdehnungsfaktor α gestaucht sind. Betrachtet man speziell den Frequenzbereich
des Basisbandes, so erhalten wir um den Frequenznullpunkt herum komprimiert,
also frequenztransformiert, alle Spektralanteile des Originalsignals. Diese
Stauchung im Frequenzbereich entspricht der vorher beschriebenen Dehnung im
Zeitbereich. Die Äquivalenzzeit ist also um den Faktor α gegenüber der Realzeit
gedehnt.

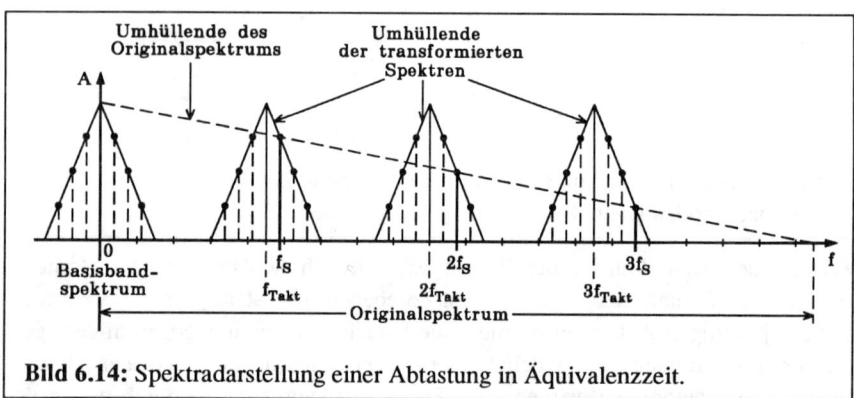

Bild 6.14: Spektradarstellung einer Abtastung in Äquivalenzzeit.

Die bisher für periodische Signale angestellten Überlegungen können direkt auch
auf nichtperiodisch repetierende Signale übertragen werden, wenn von den Origi-
nalsignalen die Abtastvorgänge durch Triggerung synchronisiert werden, so daß für
die Abtastung die gleichen Phasenbedingungen zum Signal gelten, wie eingangs
für periodische Signale besprochen.

Statistische Abtastung (Random Sampling):

Im Gegensatz zu der vorher besprochenen "Sequentiellen Abtastung", bei der die
Abtastzeitpunkte bezogen auf die Phase der darzustellenden repetierenden Signale
jeweils um ein konstantes Zeitinkrement gegenüber dem vorherigen Abtastzeitpunkt versetzt sind, sind bei der "Statistischen Abtastung" die Abtastzeitpunkte
nicht mit dem zu messenden Signal korreliert, sondern statistisch verteilt. Um nun
die abgetasteten Amplitudenwerte eindeutig der darzustellenden Signal-Zeitfunktion zuordnen zu können, muß zu jedem Abtastwert der Signalamplitude auch
der zugehörige Zeitpunkt zum vorherigen oder zum folgenden Triggerzeitpunkt
miterfaßt werden.

Dies eröffnet z. B. die Möglichkeit, auch Zeitbereiche der repetierenden Signalfunktion darzustellen, die zeitlich vor dem Triggerzeitpunkt liegen. Das ist bei der
"Sequentiellen Abtastung" nur duch Verwendung einer entsprechenden Signalver-
zögerungsleitung im y-Kanal möglich. Solche Verzögerungsleitungen für Ana-
logsignale mit hoher Bandbreite sind jedoch grundsätzlich mit Phasendispersionen
behaftet, was zu Signalverzerrungen führt. Bei der statistischen Abtastung ist eine
solche Verzögerung des Originalsignals nicht nötig.

Der Nachteil der "Statistischen Abtastung" gegenüber der "Sequentiellen Abtastung" liegt darin, daß die Dichte der Abtastzeitpunkte nicht konstant ist, so daß
eine größere Anzahl von Abtastpunkten benötigt wird, um das Signal mit gleicher
Qualität darzustellen wie bei der "Sequentiellen Abtastung". Diesen Nachteil kann
man durch das sogenannte "Multiple Random Sampling" reduzieren, wobei zu jedem statistisch gewählten Abtastzeitpunkt mehrere äquidistante Abtastungen vorgenommen werden.

Parasitäre Effekte (Grenzfrequenz) durch nicht-ideale Abtastung:

Bei den bisherigen Betrachtungen wurde stets eine ideale Erfassung der momen-
tanen Abtastwerte vorausgesetzt. Systemtheoretisch bedeutet dies die Multiplikation des Signals mit einer Folge von Dirac-Impulsen mit der Abtastfrequenz f_{Takt}.
Im Bildbereich ergibt sich dadurch, wie weiter vorn ebenfalls dargelegt, die Faltung beider Funktionen. Es wurde ebenfalls gezeigt, daß bei richtiger Wahl der
Abtastfrequenz f_{Takt} die unverfälschte Darstellung der Signalfunktion möglich ist.
Der Grund dafür liegt darin, daß die Folge von Dirac-Impulsen selbst ein unendlich
ausgedehntes Frequenzspektrum konstanter Amplitudendichte besitzt, so daß dadurch das Faltungsprodukt nicht in seiner Amplitudendichte verfälscht wird.

Verständlicherweise ist die elektronische Erzeugung von Dirac-Impulsen nicht
realisierbar. Dazu müßte z. B. für eine beliebig kurze Zeit ein unendlich hoher
Strom aufgebracht werden können. Da dies nicht möglich ist, muß die Dirac-Funktion durch elektrisch realisierbare Impulse approximiert werden. Dies wären z. B.
in erster Näherung Rechteck-, Trapez- oder Dreieckfunktionen, noch realistischer
z. B. eine Sinus- bzw. eine Sinus^2-Funktion. Der Einfachheit halber wollen wir im
folgenden die Abtastung mit einer Rechteckfolge annehmen, die das Abtast-Halte-
Glied mit einer Frequenz f_{Takt} jeweils für die Dauer T_a aktiviert (s. Bild 6.15 a)).
Bei jedem Abtastvorgang wird also für die Zeitdauer T_a das Abtasttor auf
"Durchlaß" geschaltet (Schalter S in Stellung ①), so daß während dieser Zeit die
Speicherkapazität aufgeladen wird. Vor dem nächsten Abtastvorgang wird die

Speicherkapazität wieder entladen. Der endliche Ausgangswiderstands R_0 der dem Abtast-Halte-Glied vorgeschalteten Signalverarbeitung ergibt mit dem Speicherkondensator C des Abtast-Halte-Glieds eine Tiefpaßfilterung mit der Zeitkonstanten $\tau = R_0 \cdot C$. Realistisch ist, daß diese wesentlich größer ist als die Abtastdauer, daß also gilt $\tau \gg T_a$. Dies hat entscheidende Konsequenzen auf die Signaldarstellung durch die so gewonnenen Abtastwerte, wie im folgenden am Beispiel der Darstellung einer Einheitssprungfunktion gezeigt wird (s. Bild 6.15).

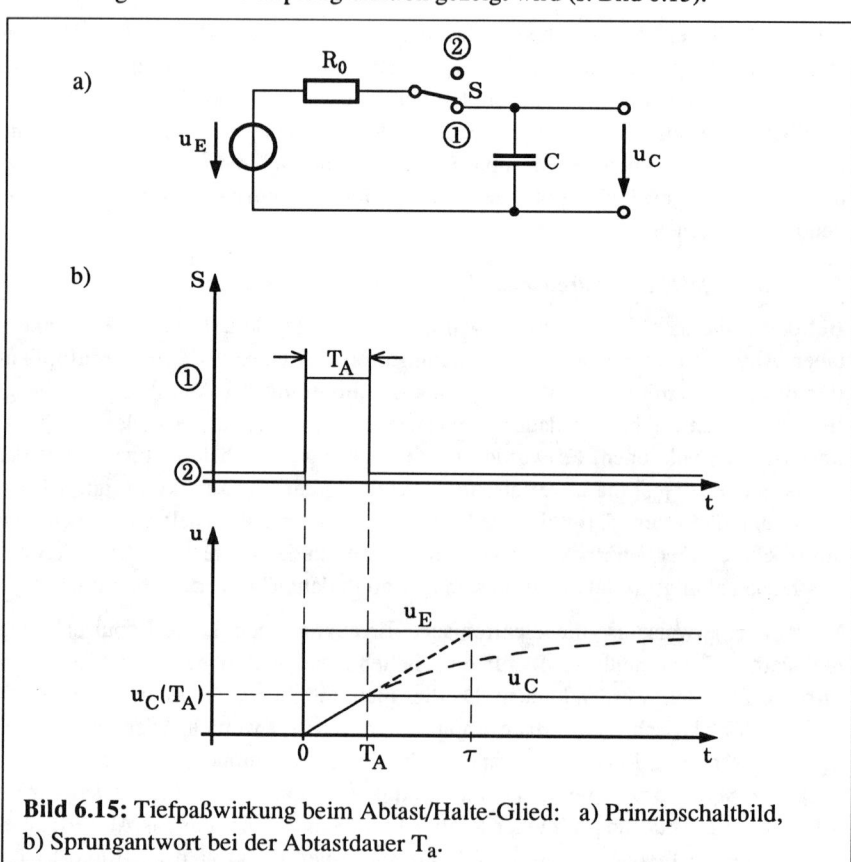

Bild 6.15: Tiefpaßwirkung beim Abtast/Halte-Glied: a) Prinzipschaltbild, b) Sprungantwort bei der Abtastdauer T_a.

Durch die Tiefpaßfilterung kann die Spannung u_C am Speicherkondensator während der Zeit T_a nicht auf den Momentanwert der Signalspannung u_E ansteigen, woraus sich der sogenannte Abtastwirkungsgrad

$$\eta = \frac{u_C(T_a)}{u_E(T_a)} < 1 \qquad (6.9)$$

ergibt. Für $\tau \gg T_a$ wird

$$\eta \approx \frac{T_a}{\tau}. \qquad (6.10)$$

Übliche Werte sind $\eta = 5...10\,\%$. Ein geringer Abtastwirkungsgrad bedeutet, daß nur ein geringer Amplitudenanteil des zu messenden Signals genutzt wird. Im Sinne eines hohen Abtastwirkungsgrades ist man zuerst geneigt, das Abtastintervall T_a möglichst groß zu wählen. Dies hat aber erhebliche Nachteile bezüglich der darzustellenden Signalfunktion bzw. der daraus resultierenden System-Grenzfrequenz, da ja während der Abtastdauer T_a aufgrund der Tiefpaßzeitkonstante $\tau = R_0 \cdot C$ eine Signalmittelung durchgeführt wird. Für das Beispiel einer Signalsprungfunktion erhält man, wie vorher erklärt, am Speicherkondensator eine fast linear ansteigende Rampe der Dauer T_a mit der Endamplitude $u_C(T_a)$. Die Anstiegszeit dieser Rampe (10% bis 90% des Endwerts) beträgt $t_r = 0,8 \cdot T_a$. Unter Berücksichtigung von (6.2) ergibt sich daraus eine Betriebsgrenzfrequenz des Gesamtsystems

$$f_{g,B} \approx \frac{0,35}{t_r} = \frac{0,44}{T_a}. \qquad (6.11)$$

Das Gesamtsystem hat also als Folge der nicht-idealen Abtastung nicht mehr eine unendliche Bandbreite, sondern hat eine endliche Grenzfrequenz $f_{g,B} \approx 0,44/T_a$ erhalten.

Eine systemtheoretische Betrachtung ergibt die folgende Überlegung: Durch die Abtastung der Signalfunktion mit der Abtastfunktion zusammen mit der integrierenden Eigenschaft des Tiefpasses ergibt dies insgesamt eine Faltung von Signalfunktion und Abtastfunktion und damit eine Multiplikation ihrer Spektralfunktionen. Für den theoretischen Idealfall, daß die Signalfunktion mit Dirac-Impulsen abgetastet wird (und die vorher beschriebenen Abtastbedingungen erfüllt sind), gibt die Folge von Abtastwerten die ursprüngliche Signalfunktion unverfälscht wieder, da die abtastende Dirac-Funktion eine frequenzunabhängige, also konstante Spektralfunktion hat. Wird eine reale Abtastfunktion verwendet, so bestimmt die (−3dB)-Grenzfrequenz von deren Spektralfunktion die Grenzfrequenz des Gesamtsystems.

Für die Abtastung mit einem Rechteck-Impuls der Dauer T_a ergibt sich eine Amplitudendichtefunktion der Form

$$A(f) \sim \frac{\sin \dfrac{\omega T_a}{2}}{\dfrac{\omega T_a}{2}} = \frac{\sin \pi f T_a}{\pi f T_a} . \tag{6.12}$$

Diese Funktion hat einen Amplitudenabfall von -3dB bei $f_g \approx 0{,}44/T_a$, so daß diese Frequenz auch die Grenzfrequenz des Gesamtsystems ist. Die Sprungantwort hat eine Anstiegszeit von $t_r \approx 0{,}8 \cdot T_a$ [11].

Ähnlich ergibt sich für eine Dreieck-Abtastfunktion der Fußbreite T_a eine Amplitudendichtefunktion der Form

$$A(f) \sim \left(\frac{\sin x}{x}\right)^2 \quad \text{mit} \quad x = \frac{\pi f T_a}{2} , \tag{6.13}$$

woraus sich eine Grenzfrequenz des Gesamtsystems von $f_g \approx 0{,}64/T_a$ ableiten läßt. Die zugehörige Sprungantwort hat eine Anstiegszeit von $t_r \approx 0{,}55 \cdot T_a$.

Differenzspannungsabtastung (Error Sampling):

Aus den vorausgegangenen Überlegungen resultiert, daß im Sinne einer möglichst hohen Systemgrenzfrequenz die Abtastdauer T_a möglichst klein zu wählen ist. Dies aber bedingt nach (6.10) einen entsprechen niedrigen Abtastwirkungsgrad, also eine entsprechend niedrige Ausgangsspannung.

Das Prinzip der hier zu besprechenden "Differenzspannungsabtastung" (Error Sampling) besteht darin, durch einen ebenfalls bei jeder Abtastung geschalteten positiven Rückkopplungskreis die Speicherkapazität jeweils nach dem Abtastvorgang auf den im Abtastzeitpunkt herrschenden Momentanwert der Eingangsspannung nachzuladen. Bild 6.16 zeigt das Prinzipschaltbild. Zum jeweiligen Abtastzeitpunkt werden das Abtasttor und das Speichertor geöffnet. Damit kann die Speicherkapazität vom Signal geladen werden. Wegen der vorher beschriebenen extrem kurzen Öffnungszeit T_a des Abtasttores ist dieser Ladevorgang unvollständig, der Abtastwirkungsgrad gering. Nach Sperrung des Abtasttores bleibt das Speichertor jedoch noch geöffnet, so daß die Mitkopplungsschleife von der Speicherkapazität über einen Wechselspannungsverstärker, die Speichertorschaltung und den nachgeschalteten Integrator zurück zur Speicherkapazität geschlossen bleibt. Über diese Schleife wird die Speicherkapazität bei gesperrtem Abtasttor so lange weiter geladen, bis das Speichertor gesperrt wird. Geschieht dies im richtigen Zeitabstand zum Abtastzeitpunkt, so wird dadurch der Speicherkondensator auf 100% des Eingangssignals zum Abtastzeitpunkt nachgeladen. Am Integratorausgang bzw. an der nachgeladenen Speicherkapazität steht somit die volle Amplitude des abgetasteten Eingangssignals an. Die Gesamtschaltung kann damit einen Abtastwirkungsgrad $\eta_{ges} = 1$ erhalten, wenn Ringverstärkung und Öffnungszeit des Speichertores entsprechend gewählt werden.

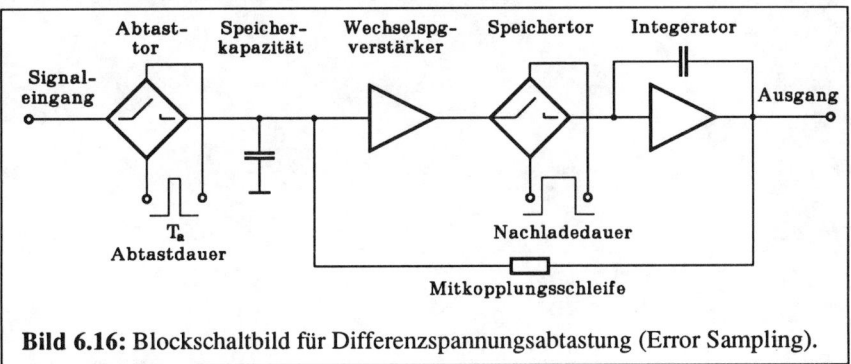

Bild 6.16: Blockschaltbild für Differenzspannungsabtastung (Error Sampling).

Beim nächsten Abtastvorgang muß nun lediglich der Differenzpegel zum vorherigen Abtastpunkt nachgeladen werden. Dies geschieht wiederum in der oben beschriebenen Weise: beginnend mit dem sich aus der Abtastzeit T_a ergebenden niedrigen Abtastwirkungsgrad und anschließend durch Nachladung der Speicherkapazität über die Mitkopplungsschleife bis zu $\eta_{ges} = 1$. Je nachdem, ob der folgende Abtast-Momentanwert größer oder kleiner ist als der vorhergehende, wird die Speicherkapazität entsprechend umgeladen. Ist der folgende Abtast-Momentanwert gleich dem vorhergegangenen, so tritt während der Abtastzeit T_a keine Spannungsänderung an der Speicherkapazität auf, es wird also durch den Wechselspannungsverstärker während der Öffnungszeit des Speichertores auch kein Signal an den Integrator weitergeleitet, die Ausgangsspannung bleibt korrekterweise ebenfalls konstant.

Bisher wurde angenommen, daß die Nachladung der Speicherkapazität exakt bis zum jeweiligen Signalpegel des Eingangssignals zum Abtastzeitpunkt führt. Wird diese Bedingung nicht eingehalten, so führt eine zu große Nachladung zu einem oszillierenden Einschwingen der Abtastwerte auf die echte Signalfunktion; eine zu geringe Nachladung zu einem über mehrere Abtastpunkte "kriechenden" Annähern an die Signalfunktion. Im letzteren Fall benötigt man also eine größere Anzahl von Abtastpunkten zur Darstellung der Signalfunktion. Dieser Nachteil wird jedoch häufig inkauf genommen, weil man bei dieser Darstellungsart z. B. auch ein dem Signal überlagertes Rauschen teilweise unterdrücken kann. Man nennt eine solche bewußte Verringerung des Nachladewirkungsgrades "Smoothing".

7 Messungen charakteristischer Werte von Signalen

7.1 Einführung

Zur Erfassung aller in einem Signalzeitverlauf möglichen Signifikanzen muß der gesamte Zeitverlauf der Signalfunktion verfolgt werden. Die dazu möglichen Verfahren und Meßsysteme sind in Kap. 6 behandelt. Häufig sind jedoch nur ein oder wenige Signalparameter als Informationsträger signifikant. Es lohnt sich deshalb in solchen Fällen nicht, den in Kap. 6 beschriebenen meßtechnischen Aufwand zu treiben.

Vielmehr wird man durch spezielle Meßmethoden gerade die gewünschten spezifischen Signalcharakteristika extrahieren. Beispiele dafür sind die im folgenden dargestellten Meßmethoden für die Signalamplitude, was eine Spannungs- oder Strommessung erfordert, für das Signalzeitverhalten, das durch eine Zeit oder Frequenzmessung beschrieben werden kann, oder für das Signalspektrum [15, 16, 17].

7.2 Strom- und Spannungsmessung

Bei allen Meßverfahren besteht die Grundregel, das zu beschreibende System durch die Messung möglichst wenig zu stören. Das läuft üblicherweise auf die Forderung nach leistungsloser oder zumindest möglichst leistungsarmer Messung hinaus.

Für die Spannungsmessung bedeutet dies, daß das Meßgerät eine möglichst hohe, für die Strommessung eine möglichst niedrige Eingangsimpedanz besitzen muß. Entsprechende Schaltungsprinzipien sind in den Kapiteln 3.1 als Spannungsverstärker und 3.2 als Strom/Spannungswandler beschrieben. Wir nehmen deshalb im folgenden an, daß die Signalzeitfunktionen als Signalspannungsquellen vorliegen, die nun auf ihre informationstragenden Eigenschaften untersucht werden sollen.

7.2.1 Signifikante Signalwerte

Die wichtigsten signifikanten Signalwerte für stationäre Signale sind:

- der Spitzenwert oder Scheitelwert (peak value),

- der Spitze-Spitzewert oder die Schwingungsweite (peak to peak value),

- der Gleichspannungsmittelwert (mean value),

- der Gleichrichtmittelwert oder Betragsmittelwert (average value),

- der Effektivwert (root mean square value),

- der Scheitelfaktor,

- der Formfaktor,

- der Klirrfaktor.

Diese Größen werden im folgenden definiert. Eine meßtechnische Erfassung gemäß diesen Definitionen ist prinzipiell dadurch möglich und wird in modernen Meßanordnungen häufig auch so realisiert, daß die Signalzeitfunktion entsprechend den in Kap. 6.3 dargestellten Regeln abgetastet und digitalisiert und dann die erwünschte Signalgröße entsprechend der jeweiligen Definition in einem digitalen Rechenverfahren ermittelt wird. Dies ist für alle genannten Signalwerte möglich und bedarf keiner weiteren Erläuterung. Wir beschränken uns deshalb im folgenden darauf, entsprechend den jeweiligen Definitionen analoge Schaltungsprinzipien vorzustellen.

Der Spitzenwert oder Scheitelwert (peak value)

ist der größte Wert des Betrags des Signals innerhalb des betrachteten Zeitintervalls (z. B. innerhalb einer Periodendauer eines repetierenden Signals). Man unterscheidet zusätzlich den positiven und den negativen Spitzenwert. Für den Spitzenwert einer Spannung gilt demnach die Definition:

$$U_s = U_p = \hat{U} = \left\{ \begin{matrix} |\ \hat{U}_{pos}\ | \\ |\ \hat{U}_{neg}\ | \end{matrix} \right\}_{max} . \qquad (7.1)$$

Zur schaltungstechnischen Realisierung einer Meßschaltung können z. B. selbstgesteuerte oder fremdgesteuerte Abtast-Halteschaltungen (s. Kap. 3.7) dienen, bei denen ein Speicherkondensator bis auf den zu analysierenden Spitzenwert aufgeladen wird, der dann nach den vorher beschriebenen Methoden gemessen werden kann. Die Steuerung der Kondensatoraufladung kann im einfachsten Fall durch eine vorerst als ideal angenommene Diode geschehen (s. Bild 7.1 a)). Dort, wo die Nichtlinearität der realen Diodenkennlinie im Durchlaßbereich stört, muß eine linearisierte Gleichrichterschaltung unter Verwendung eines OPs (s. Kap. 3.4) eingesetzt werden (Bild 7.1 b)). Der Schalter S_1 dient zur Rücksetzung nach der Messung.

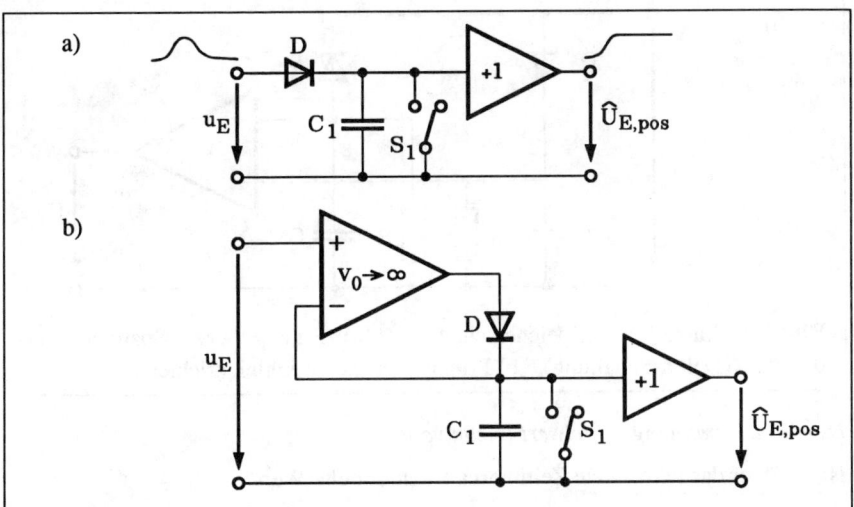

Bild 7.1: Prinzipschaltung eines Spitzenwertspeichers für positive Eingangssignale: a) mit idealer Diode, b) mit idealem Einweggleichrichter.

Der Spitze-Spitzewert oder die Schwingungsweite (peak to peak value)

ist der Signalhub zwischen dem maximalen und dem minimalen Momentanwert innerhalb des betrachteten Zeitintervalls.

$$U_{ss} = U_{pp} = U_{max} - U_{min} \,. \tag{7.2}$$

Zur schaltungstechnischen Realisierung können Kombinationen von Spitzenwertspeichern für den positiven und negativen Spitzenwert verwendet werden. Prinzipschaltungen zeigt Bild 7.2. Auch hier müssen die Dioden durch entsprechende aktive Operationsverstärkerschaltungen ersetzt werden, wenn die nichtideale Diodenkennlinie unzulässige Verzerrungen verursacht.

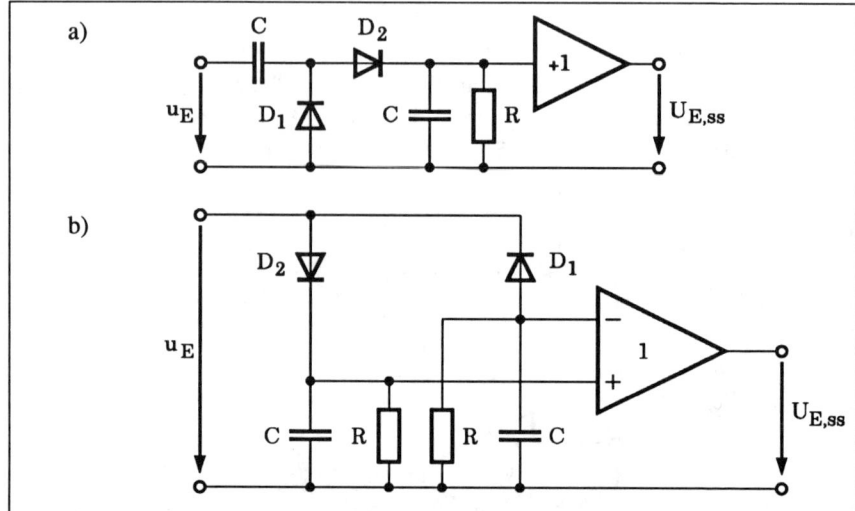

Bild 7.2: Spitze-Spitze-Speicherschaltung: a) Prinzip des Spannungsver-dopplers (Delon-Schaltung), b) Prinzip des Zweiweggleichrichters.

Der Gleichspannungsmittelwert (mean value)

ist der über das betrachtete Zeitintervall T gemittelte Wert

$$U_g = \overline{u} = \frac{1}{T} \cdot \int_0^T u(t) \cdot dt . \tag{7.3}$$

Schaltungstechnisch läßt sich dies annähern durch eine Tiefpaßfilterung, wobei die Zeitkonstante ein Maß für die überlagerte Welligkeit ergibt.

Der Gleichrichtmittelwert oder Betragsmittelwert (average value)

ist der Mittelwert der gleichgerichteten Signalzeitfunktion über das betrachtete Zeitintervall:

$$U_m = U_{av} = \overline{|u|} = \frac{1}{T} \cdot \int_0^T |u(t)| \cdot dt . \tag{7.4}$$

Mögliche Schaltungsprinzipien sind ähnlich denen für Spitzenwertmessung mit dem Unterschied, daß nach der Gleichrichtung der Eingangsspannung statt der

Kondensatoraufladung auf den Spitzenwert nun eine Mittelwertbildung z. B. durch Tiefpaßfilterung erfolgt. Für reale Dioden gilt zur Vermeidung von Verzerrungen, daß der Meßstrom groß gegen den Sättigungsstrom der Dioden sein muß. Wo dies nicht hinreichend gewährleistet ist, müssen, wie bei der Spitzenwertmessung, Schaltungen mit Operationsverstärker verwendet werden. Bild 7.3 zeigt prinzipielle Schaltungsbeispiele.

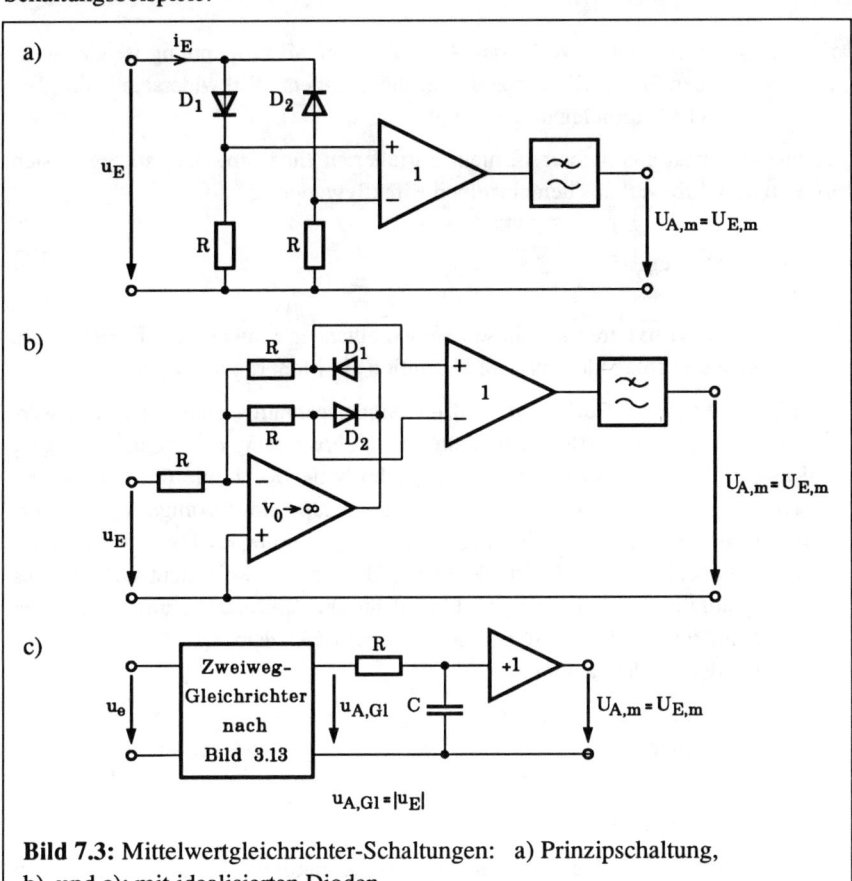

Bild 7.3: Mittelwertgleichrichter-Schaltungen: a) Prinzipschaltung, b), und c): mit idealisierten Dioden.

Der Effektivwert oder quadratische Mittelwert (root mean square value)
einer Spannung ist definiert als:

Def. 1: $$U_{eff} = \sqrt{\frac{1}{T} \cdot \int_0^T u^2(t) \cdot dt} \, ,$$ (7.5)

Def. 2:   Der Effektivwert einer Wechsel- oder Mischspannung ist gleich einer Ersatz-Gleichspannung, die in einem Wirkwiderstand die gleiche Wärmeleistung erzeugt.

Besteht das Signal aus mehreren, nicht korrelierten Einzelanteilen, so ergibt sich der Gesamteffektivwert aus den einzelnen Effektivwerten zu

$$U_{eff,ges} = \sqrt{\sum_i U_{eff,i}} \, .$$ (7.6)

Die Meßmethoden basieren auf diesen beiden einander äquivalenten Definitionen. Beispielhaft sei im folgenden für jede Definition ein Meßprinzip vorgestellt:

1) Gemäß der ersten Definition muß die Signalspannung zuerst quadriert werden. Dies kann im analogen Bereich durch Verwendung eines Quadrierers (s. Kap. 2.3) oder eines Elementes mit quadratischer Kennlinie (z. B. FET) geschehen. Im Hochfrequenzbereich, wo vorwiegend sinusförmige Signale vorliegen, nähert man für kleine Signalspannungen ($|u_E| \ll U_T$) die exponentielle Diodenkennlinie durch die ersten Glieder der Reihenentwicklung bis zum quadratischen Glied an und führt dann eine Tiefpaßfilterung durch. Der so gemittelte Diodenstrom ist dann proportional dem Quadrat des Effektivwerts der Diodenpannung:

Die Signalspannung u_E, deren Effektivwert ermittelt werden soll, speist eine Diode. Entsprechend der Shockleygleichung ist der Diodenstrom

$$i_D = I_0 \cdot \left(e^{\frac{u_E}{U_T}} - 1 \right) \, .$$ (7.7)

Wird die Reihenentwicklung der Exponentialfunktion (für $|u_E| \ll U_T$) nach dem quadratischen Glied abgebrochen, ergibt sich für den Diodenstrom näherungsweise

$$i_D \approx I_0 \cdot \left[\frac{u_E}{U_T} + \frac{1}{2}\left(\frac{u_E}{U_T}\right)^2 \right], \tag{7.8}$$

und nach Tiefpaßfilterung mit $u_E(t) = U_0 \cdot \sin(\omega t)$ ist der Anzeigestrom

$$i_A = \overline{i_0} \approx \frac{I_0}{2U_T^2} \cdot U_{E,eff}^2. \tag{7.9}$$

Die Vorteile dieser Art der Effektivwertmessung sind:

– extrem einfache Schaltungsstruktur,

– Funktion bis zu hohen Frequenzen.

Die Nachteile sind:

– gültig nur für kleine Signalamplituden $U_0 \ll U_T$,

– gültig nur für sinusförmige Signale,

– keine lineare, sondern quadratische Abhängigkeit des Anzeigewertes i_A vom darzustellenden Effektivwert $U_{E,eff}$.

2) Gemäß der zweiten Definition des Effektivwerts kann man diesen durch Vergleich der durch das Signal an einem Widerstand erzeugten Wärmeleistung mit der durch eine Gleichspannung am gleichen Widerstand erzeugten Wärmeleistung ermitteln. Auf diesem Prinzip beruht das Meßverfahren mit Thermo-Umformer (Thermokoppler) [15, 16]. Das sind Funktionseinheiten, bei denen ein Wirkwiderstand thermisch mit einem Thermoelement gekoppelt, elektrisch aber von diesem isoliert ist. Mittels zweier solcher Thermokoppler (TC) wird ein Gegenkopplungskreis nach Bild 7.4 aufgebaut, in dem die vom Signal und von einer Gleichspannungsquelle in zwei identischen Thermokopplern erzeugten Heizleistungen verglichen werden.

Der Thermokoppler TC_1 wird vom Eingangssignal "geheizt" und erzeugt eine entsprechende Thermospannung. Der Ausgangsverstärker ($v_0 \to \infty$) wird mit der Differenz der beiden Thermospannungen $U_1 - U_2$ angesteuert und "heizt" mit seiner Ausgangsspannung im geschlossenen Regelkreis den Thermokoppler TC_2 bis zur Gleichheit der beiden Thermospannungen bei $U_D \to 0$. Damit entspricht die Ausgangsgleichspannung U_A des Verstärkers dem Effektivwert der Signal-Eingangsspannung.

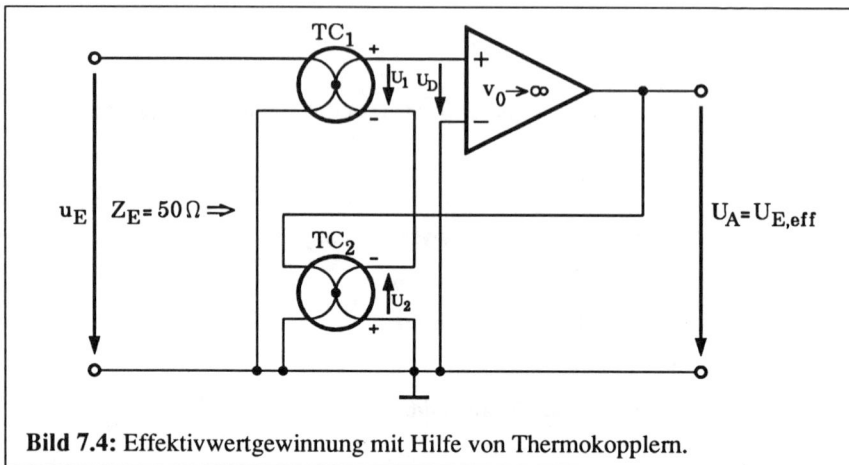

Bild 7.4: Effektivwertgewinnung mit Hilfe von Thermokopplern.

Vorteile dieses Systems sind:

- Hoher zulässiger Frequenzbereich des Eingangssignals,
- Hoher Dynamikbereich.

Nachteile sind:

- Empfindlichkeit der TCs gegen Überlastung (Durchbrennen),
- Erholzeiteffekte der Thermokoppler nach Übersteuerung.

Gerade bei der Effektivwertmessung kommt es häufig dadurch zu Fehlmessungen, daß Momentanwerte des Eingangssignals wesentlich größer sind als der Effektivwert, wodurch der linear verarbeitbare Dynamikbereich der Eingangsschaltungen überschritten wird.

Die Qualität eines Effektivwert-Meßgeräts bezüglich seines verarbeitbaren Amplitudenbereichs ist gekennzeichnet durch den

$$\text{Crestfaktor} = \frac{\text{max. verzerrungsfrei verarbeitbarer Momentanwert}}{\text{Effektivwert}} .$$

Die Begriffe Scheitelfaktor und Formfaktor

charakterisieren die Signalform aufgrund der vorher beschriebenen Signalgrößen. Ihre Definition sind:

Scheitelfaktor $\qquad S = \dfrac{U_s}{U_{eff}} \geq 1$,

Formfaktor $\qquad F = \dfrac{U_{eff}}{U_m} \geq 1$.

Diese Faktoren sind wichtig, wenn die Anzeige eines Meßgerätes eine andere Signalgröße darstellt, als im Gerät selbst gemessen wird. Ein typisches Beispiel dafür sind die einfachen analog arbeitenden Vielfachmeßgeräte, deren Skalen in Effektivwert kalibriert sind, während die Geräte vom Prinzip her den Gleichrichtmittelwert messen. Die Anzeige ist deshalb nur für einen bestimmten Formfaktor richtig. Meist sind diese Geräte für sinusförmige Signale mit dem Formfaktor $F = 1{,}11$ ausgelegt.

Der Gesamt-Klirrfaktor:

gibt den bezogenen Effektivwert des Oberschwingungsgehalts eines periodischen Signals an:

$$k_{ges} = \sqrt{\frac{U_{eff,2}^2 + U_{eff,3}^2 + \dots + U_{eff,n}^2}{U_{eff,1}^2 + U_{eff,2}^2 + U_{eff,3}^2 + \dots + U_{eff,n}^2}} \, . \qquad (7.10)$$

$i = 1$:   Grundschwingung,
$i > 1$:   höhere Harmonische.

Nach dieser Definition können auch die Klirrfaktoren einzelner Harmonischer angegeben werden, z. B.

$$k_2 = \sqrt{\frac{U_{eff,2}^2}{U_{eff,1}^2 + U_{eff,2}^2 + \dots + U_{eff,n}^2}} \, . \qquad (7.11)$$

Bei der Bewertung des Klirrfaktors für die Verzerrung eines Signals ist zu berücksichtigen, daß die Phasenlage der einzelnen Harmonischen zueinander hier unberücksichtigt bleibt, so daß auch keine Rückschlüsse auf die Signalform möglich sind.

7.2.2 Vektorielle Spannungsmessung

Die vektorielle Spannungsmessung periodischer Signale dient zur Messung der Amplitude und zur Bestimmung des Phasenwinkels im Bezug auf eine Referenzspannung gleicher Frequenz.

Da Betragsmessungen weiter vorn bereits behandelt wurden, soll im folgenden die Phasenmessung betrachtet werden:

Hierfür sind verschiedene Schaltungsprinzipien möglich und auch kommerziell in Anwendung, von denen die drei wichtigsten im folgenden vorgestellt werden:

1) Phasenmessung durch Zeitintervallmessung:

Hier wird die Phasenlage zwischen dem zu untersuchenden periodischen Signal und dem Referenzsignal dadurch bestimmt, daß mit einer zeitsignifikanten Triggerschaltung, wie sie in Kap. 3.6 behandelt wurde, Zeitpunkte gleicher Phase (z. B. Signalnulldurchgänge von dem zu analysierenden Signal und vom Referenzsignal) definiert und deren zeitlicher Abstand in Form einer Zeitintervallmessung gemäß Kap. 7.3 gemessen werden. Dieses Prinzip hat den Nachteil, daß für eine hohe Genauigkeit, mit der zeitsignifikante Signalpunkte detektiert werden müssen, je nach Signalform, Wiederholfrequenz und Rauschen unterschiedliche Schaltungsstrukturen erforderlich sein können.

2) Phasenmessung durch multiplikative Mischung von Meß- und Referenzsignal:

Beaufschlagt man einen Analog-Multiplizierer eingangsseitig mit Meß- und Referenzsignal, so ist der Mittelwert des Ausgangssignals u. a. auch ein Maß für die Phasenlage der Eingangssignale zueinander. Dies soll an den Beispielen von sinusförmigen und rechteckförmigen Eingangssignalen im folgenden dargestellt werden.

2a) Multiplizierer mit sinusförmigen Signalen:

Es seien $u_{E,1} = \hat{U}_{E,1} \cdot \sin(\omega t + \varphi_1)$

und $u_{E,2} = \hat{U}_{E,2} \cdot \sin(\omega t + \varphi_2)$.

Damit ergibt sich eine Ausgangsspannung des Multiplizierers (nach Anwendung des Additionstheorems):

$$u_A = \frac{\hat{U}_{E,1} \cdot \hat{U}_{E,2}}{E} = \frac{\hat{U}_{E,1} \cdot \hat{U}_{E,2}}{2E} \left[\cos(\varphi_1 - \varphi_2) - \cos(2\omega t + \varphi_1 + \varphi_2) \right],$$

wobei E ein dimensionsbehafteter Proportionalitätsfaktor (vergleiche Kap. 2.3) ist.

Durch Mittelwertbildung, z. B. in Form einer Tiefpaßfilterung, entfällt der Term mit der doppelten Frequenz und man erhält

$$\overline{u_A} = \frac{\hat{U}_{E,1} \cdot \hat{U}_{E,2}}{2E} \cdot \cos(\varphi_1 - \varphi_2) \,. \tag{7.12}$$

Das Verfahren ist relativ einfach, hat aber den Nachteil, daß die Genauigkeit von der Qualität des Multiplizierers, also auch von dessen Frequenzabhängigkeit sowie Dynamikbereich abhängt. Darüberhinaus muß das Ergebnis durch zusätzliche Amplitudenmessungen korrigiert werden, da die Scheitelwerte multiplikativ in die Phasenmessung eingehen. Schließlich ist das Ergebnis der Phasenmessung eben nicht linear, sondern über die Cosinusfunktion von der Phasendifferenz abhängig.

2b)   Multiplizierer mit rechteckförmigen Signalen **konstanter** Amplitude für $u_{E,1}$ und $u_{E,2}$:

Bei Beaufschlagung des Multiplizierers mit solchen Signalen entfallen für die Ausgangsspannung Fehler, die durch die amplitudenabhängigen Fehler des Multiplizierers gegeben sind. Ein weiterer Vorteil ist, daß die Ausgangsspannung nun **linear** vom Phasenwinkel zwischen Meßsignal und Referenzsignal abhängt. Fehler, die vom Frequenzgang des Multiplizierers herrühren, werden jedoch auch hier nicht eliminiert.

Alle direkten Methoden führen somit zu Schwierigkeiten bezüglich der erreichbaren Genauigkeit, wenn Signale innerhalb eines weiten Frequenzbereichs untersucht werden sollen.

3)   Frequenztransformation mit Phasenregelschleife (PLL):

Man transformiert deshalb sowohl das zu untersuchende Signal wie auch das Referenzsignal mit Hilfe einer Phasenregelschaltung [18] unabhängig von der ursprünglichen Frequenz in Signale einer vorgegebenen festen Frequenz, wobei die Phasenverschiebung der transformierten Signale zueinander derjenigen der ursprünglichen Signale entspricht, ihre Phasenlage zueinander also erhalten bleibt. Die nun im transformierten Bereich erfolgte Festlegung zeitsignifikanter Punkte und deren Zeitintervallmessung geschieht damit unabhängig von der ursprünglichen Signalfrequenz.

Bild 7.5 zeigt das Prinzip einer solchen Phasenmeßanordnung mit Frequenztransformation. Der Eingang 1 führt das zu messende Signal variabler Frequenz, der Eingang 2 das Referenzsignal gleicher Frequenz. Beide werden Modulatoren (z. B. in Form von Abtastschaltern) zugeführt. Die gewünschte, für den Phasenvergleich dienende Festfrequenz f_0 wird von einem Festfrequenzoszillator vorgegeben. Ein Phasenkomparator vergleicht nun diese Oszillatorfestfrequenz f_0 mit dem Modulatorausgangssignal und regelt in einem geschlossenen Phasenregelkreis die Frequenz f_{Takt} eines spannungsgesteuerten Oszillators (VCO), welcher die Taktfrequenz der Abtastschalter liefert, so nach, daß nach Einrasten dieses Phasenregelkreises die beiden Ausgangssignale der Abtastschalter nun die konstante Frequenz f_0 besitzen und in ihrer Phasenlage zueinander derjenigen der beiden Eingangssignale entsprechen. Die transformierten Signale können dann, wie eingangs beschrieben, mit Hilfe einer Zeitintervallmessung oder durch multiplikative Mischung auf ihre Phasenlage zueinander analysiert werden.

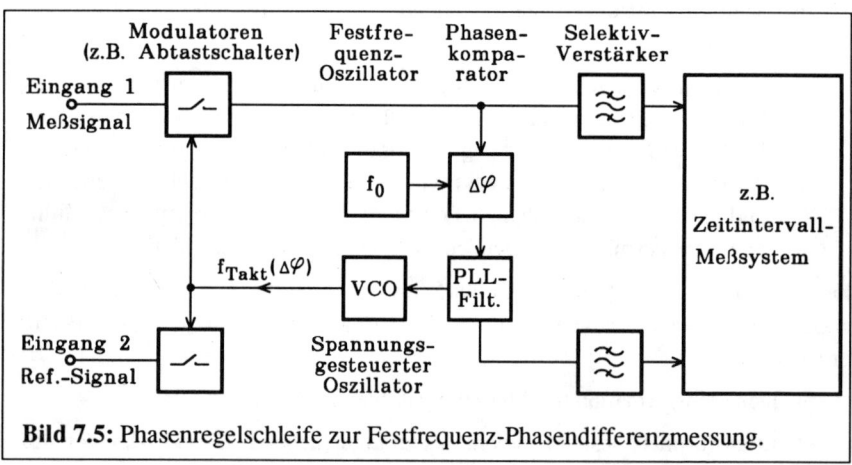

Bild 7.5: Phasenregelschleife zur Festfrequenz-Phasendifferenzmessung.

7.3 Zeitintervall- und Frequenzmessung

Beide Meßaufgaben führen zu ähnlichen Meßprinzipien: Bei der Zeitintervallmessung geht es um die Feststellung, wie oft eine vorgegebene Zeit-Quantisierungseinheit in dem zu messenden Zeitinterval enthalten ist. Bei der Frequenzmessung geht es darum festzustellen, wieviele Perioden der zu bestimmenden Frequenz in eine vorgegebene Zeiteinheit hineinpassen [15, 16].

7.3.1 Zeitintervallmessung

Wir nehmen an, daß das zu messende Zeitintervall der Dauer T_m durch ein Startsignal und ein Stopsignal jeweils mit zeitsignifikanten "Flanken" beschrieben ist. (Wenn die ursprünglichen Start- und Stopsignale nicht a priori solche "zeitsignifikanten Flanken" besitzen, müssen aus diesen Signalen mit Hilfe von zeitsignifikanten Triggerschaltungen (Kap 3.6.2) entsprechende Start- und Stopsignale erzeugt werden.)

Die einfachste Meßanordnung zur Digitalisierung eines so zwischen Start und Stop aufgespannten Zeitintervalls T_m zeigt Bild 7.6: In den Digitalzähler werden während des Zeitintervalls T_m Zeittaktimpulse mit der Frequenz f_0 eingezählt. Deren Zahl z nach Erreichen des Stopsignals ergibt sich zu:

$$z = T_m \cdot f_0 . \tag{7.13}$$

Je nach Phasenlage des Meßzeitintervalls zu der Phase des Taktoszillators ergibt sich dabei eine maximale Quantisierungsunsicherheit $|\Delta z| = 1$. Das führt zu einer Meßzeitunsicherheit ΔT_m und einer relativen Meßzeitunsicherheit

$$\left|\frac{\Delta T_m}{T_m}\right| = \left|\frac{\Delta z}{z}\right| = \frac{1}{z} = \frac{1}{T_m \cdot f_0} . \tag{7.14}$$

Diese wird also umso kleiner, je höher die Taktfrequenz f_0 und je größer das Meßzeitintervall T_m sind. Einer beliebigen Erhöhung der Taktfrequenz f_0 sind Grenzen gesetzt, da Digitalzähler nur bis zu bestimmten Maximalfrequenzen fehlerfrei zählen. Sind die zu messenden Zeitintervalle nicht mehr hinreichend lang gegenüber der Periodendauer der maximal möglichen Taktfrequenz, so müssen andere Meßverfahren angewendet werden. Bewährt ist hier das Prinzip der Zeitexpander.

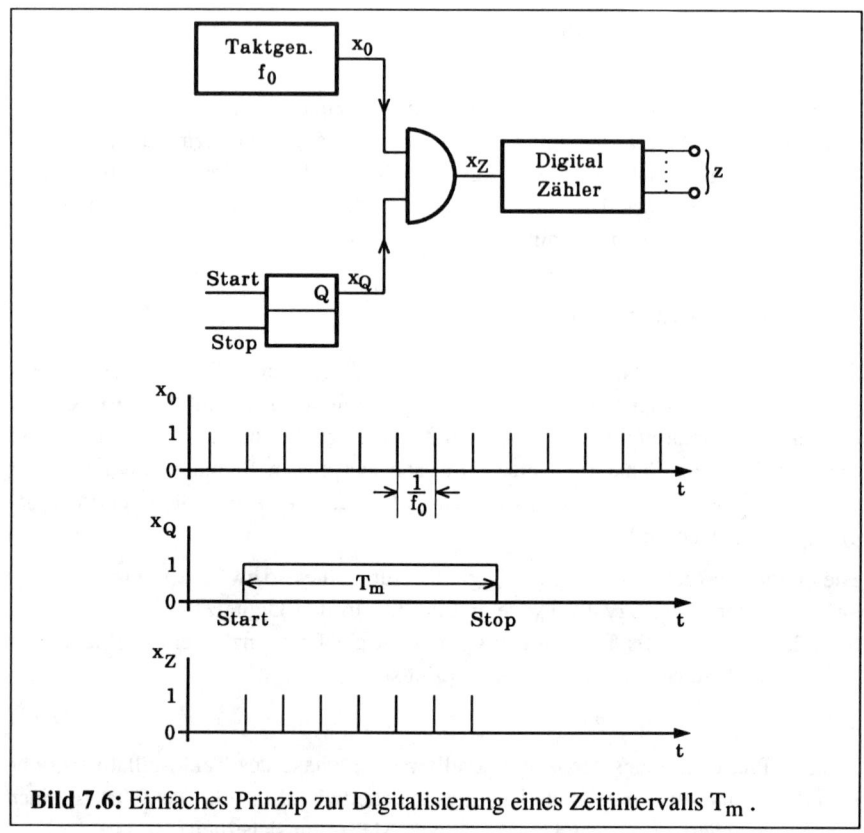

Bild 7.6: Einfaches Prinzip zur Digitalisierung eines Zeitintervalls T_m.

Zeitexpander:

Analog zu der Frequenztransformation durch Frequenzteiler wird hier eine Zeittransformation durchgeführt, indem das kurze und damit der vorher beschriebenen Meßmethode nicht mehr zugängliche Zeitintervall T_m in ein n-mal längeres Zeitintervall (n = const) überführt und damit der ursprünglichen Meßmethode wieder zugänglich gemacht wird. Im folgenden werden zwei wichtige Verfahren vorgestellt:

1) Schwebungsfrequenz-Zeitexpander (Vernier chronotron):

   Phasenstarr mit dem Startsignal wird ein Oszillator der Taktfrequenz $f_1 = 1/T_1$ und phasenstarr mit dem Stopsignal, das T_m später als das Startsignal liegt, ein weiterer Oszillator mit der Taktfrequenz $f_2 = 1/T_2$ gestartet, wobei f_2 geringfügig größer als f_1 ist ($T_{1,2} > T_m$).

Überwacht wird der Zeitpunkt, zu dem die Taktimpulse des Kanals 2 die des Kanals 1 "überholen", im Idealfall der Zeitpunkt, zu dem erstmalig Koinzidenz beider Impulsreihen auftritt. Dieser Zeitpunkt hat vom Startzeitpunkt des Kanals 1 den Abstand T_{Ph} (Phasenkoinzidenzzeit). Diese Signalfolge ist in Bild 7.7 dargestellt. Während der Zeitdauer T_{Ph} sind in einen Digitalzähler z gleich viele Impulse sowohl der Pulsfolge 1 wie der Pulsfolge 2 eingezählt worden. Die Phasenkoinzidenzzeit T_{Ph} ergibt sich zu

$$T_{Ph} = T_m + z \cdot T_2 = z \cdot T_1 . \tag{7.15}$$

Daraus folgt für das zu messende Zeitintervall

$$T_m = z \cdot (T_1 - T_2) . \tag{7.16}$$

Der Zeitexpansionsfaktor n ergibt sich zu

$$n = \frac{T_{Ph}}{T_m} = \frac{T_1}{T_1 - T_2} \tag{7.17}$$

und ist umso größer, je näher die Frequenzen f_1 und f_2 einander sind.

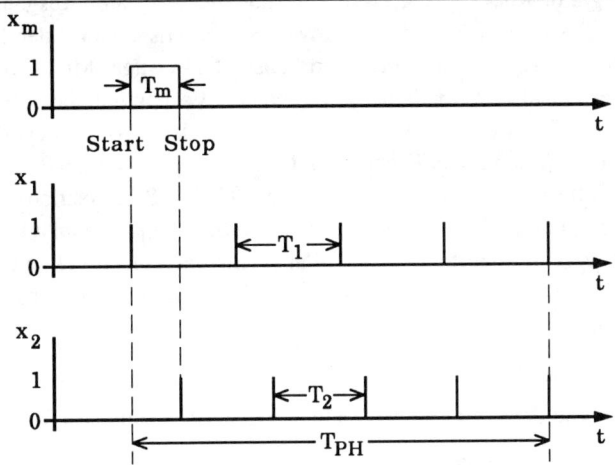

Bild 7.7: Zeitdiagramm des Zeitexpanders nach dem Schwebungsfrequenzverfahren.

2)   Zeitexpander nach dem Doppelrampenverfahren:

Dieses Meßsystem entspricht dem Doppelrampenverfahren zur Amplituden-
digitalisierung in Kap. 4, jedoch mit unterschiedlicher Ansteuerung: Während
beim A/D-Umsetzer in Kap. 4 die zu digitalisierende Eingangsspannung eine
konstante Zeitdauer lang aufintegriert wurde, wird hier während des zu digi-
talisierenden Zeitintervalls T_m ein konstanter Strom $(-n \cdot I_0)$ aufintegriert. Der
erreichte Integrationsendwert enthält neben Konstanten die jeweilige Meßgröße, bei der Amplitudenmessung den Mittelwert der Eingangsamplitude
während der festen Integrationszeit, bei der Zeitintervallmessung den Wert
des Meßzeitintervalls T_m, während der die Konstantstromaufladung stattfand.
Die Digitalisierung der interessierenden Meßgröße geschieht in beiden Fällen
durch Zählung der Taktimpulse der Frequenz f_{Takt} während der Konstant-
strom-Rückintegration. Bild 7.8 zeigt ein mögliches Schaltungsrinzip. Das
Start-/Stop-Flipflop steuert den Schalter S am Eingang des Integrators. Dessen
Ausgangssignal gibt mittels des Komparators K über das nachgeschaltete
UND-Gatter nur während der Rückintegrationszeit $T_{entl} = n \cdot T_m$ die Taktim-
pulse der Frequenz f_{Takt} zur Zählung frei.

Im Ruhezustand $Q = 0$ befindet sich der Schalter S in Stellung a. Die Diode D
im Integrator-Rückkoppelkreis ist leitend, die Integrator-Ausgangsspannung
ist null (genauer: gleich der negativen Schleusenspannung der Diode). Die
Komparatorausgangsspannung sperrt das UND-Gatter. Mit dem Startsignal
wird der Schalter S in Stellung b gebracht. Es beginnt die Integration des
Stroms $(-n \cdot I_0)$. Der Komparator K spricht an, das UND-Gatter bleibt jedoch
gesperrt, weil durch das Kippen des Eingangsflipflops $\overline{Q} = 0$ geworden ist .
Beim Eintreffen des Stopsignals wird der Schalter S in Position a umgeschaltet. Es beginnt die Rückintegration mit dem Strom I_0. Da nun $\overline{Q} = 1$ ist, wird
das UND-Gatter geöffnet, solange der Komparator noch gekippt bleibt, d. h.
so lange die Integratorausgangsspannung noch negativ ist. Diese Bedingung
ist erfüllt während der Entladezeit

$$T_{entl} = n \cdot T_m \, . \tag{7.18}$$

Die während dieser Zeit in den Zähler eingelaufene Impulszahl z entspricht

$$z = T_{entl} \cdot f_{Takt} \, . \tag{7.19}$$

Damit ergibt sich die gesuchte Meßzeit T_m zu

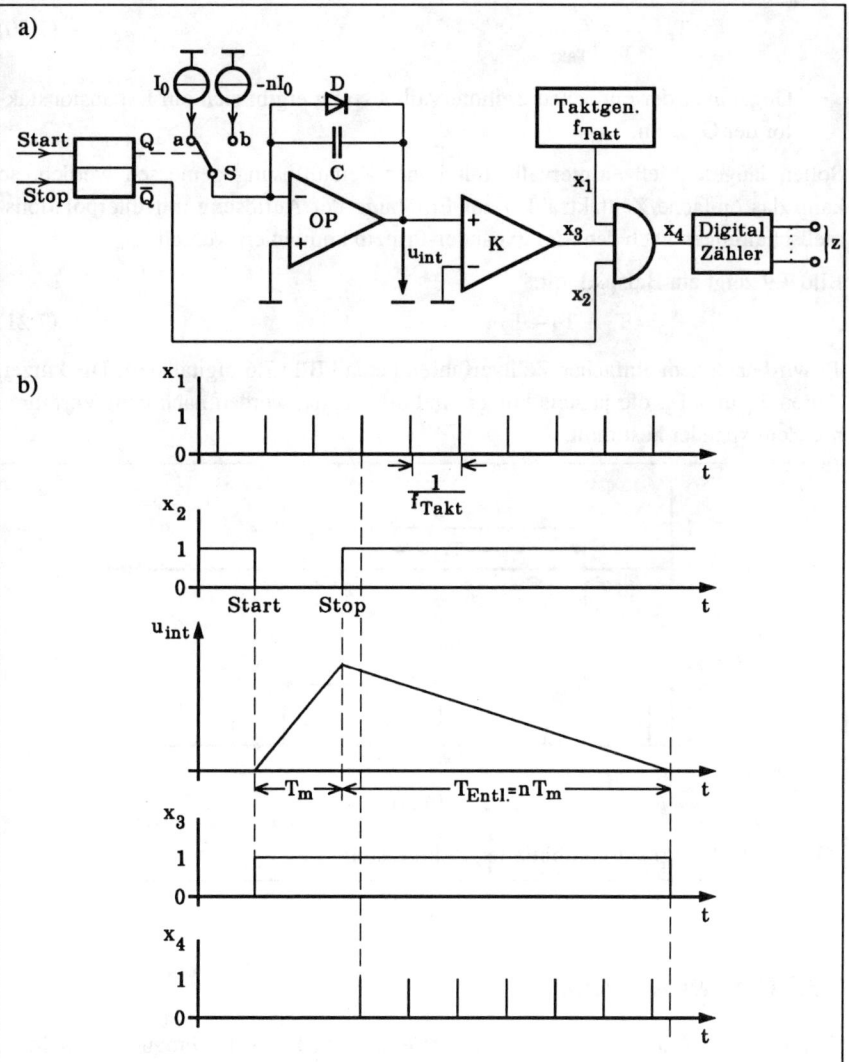

Bild 7.8: Zeitexpander nach dem Doppelrampenverfahren: a) Blockschalt-bild, b) Signal-Zeit-Diagramm.

$$T_m = \frac{z}{n \cdot f_{Takt}} .$$ (7.20)

Gegenüber der einfachen Zeitintervallmessung ergibt sich ein Expansionsfaktor der Größe n.

Sollen längere Meßzeitintervalle mit hoher Zeitauflösung gemessen werden, so kann das einfache Zeittaktzählen zur Erhöhung der Auflösung mit Interpolationsmeßschaltungen nach dem Zeitexpander-Prinzip kombiniert werden.

Bild 7.9 zeigt ein Beispiel mit:

$$T_m = T_1 + T_3 - T_2 .$$ (7.21)

T_3 wird nach dem einfachen Zählverfahren gemäß Bild 7.6 digitalisiert. Die kurzen Zeiten T_1 und T_2, die ja stets kürzer sind als $1/f_{Takt}$, werden nach dem Verfahren mit Zeitexpander bestimmt.

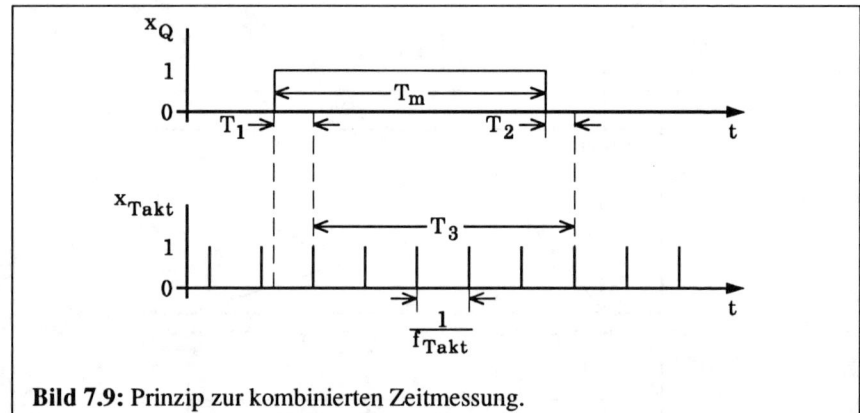

Bild 7.9: Prinzip zur kombinierten Zeitmessung.

7.3.2 Frequenzmessung

Eine einfache Anordnung zur Frequenzmessung in Form der Frequenzverhältnismessung zeigt Bild 7.10. Damit sind zwei verschiedene Meßprinzipien möglich, je nachdem, wo die Signale mit der zu messende Frequenz f_x bzw. der Referenzfrequenz f_{ref} angeschlossen werden:

1) $\left.\begin{array}{l} f_1 = f_{ref} \\ f_2 = f_x \end{array}\right\}$ direkte Frequenzmessung als Zählung der Periodenzahl von f_x pro Zeiteinheit,

2) $\left.\begin{array}{l} f_1 = f_x \\ f_2 = f_{ref} \end{array}\right\}$ indirekte Frequenzmessung, Quantisierung der Periodendauer von f_x.

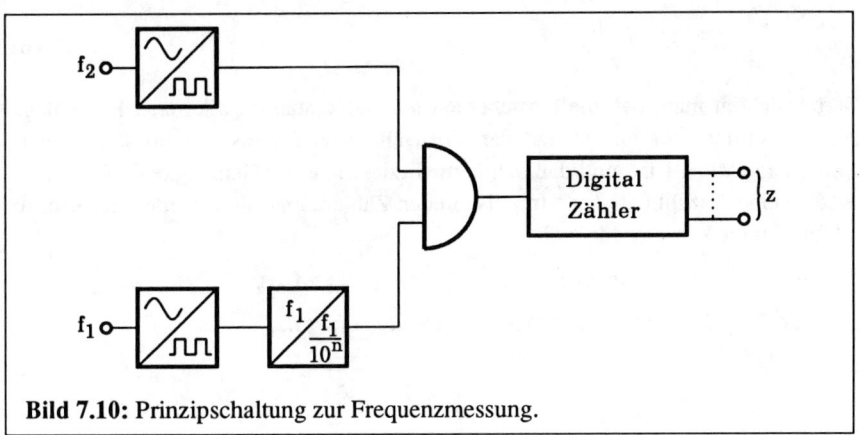

Bild 7.10: Prinzipschaltung zur Frequenzmessung.

1) Direkte Frequenzmessung:

Während einer Zeitdauer T_m (Zeitfenster) wird die Torschaltung geöffnet, und während dieser Zeit die Periodenzahl z der Schwingungen der unbekannten Frequenz f_x gezählt. Es ergibt sich:

$$T_m = \frac{10^n}{f_{ref}} = \frac{z}{f_x} \qquad (7.22)$$

und damit

$$f_x = \frac{f_{ref}}{10^n} \cdot z \ . \qquad (7.23)$$

2) Indirekte Frequenzmessung

Es werden während 10^n Perioden der unbekannten Frequenz f_x Zeittaktimpulse der Referenzfrequenz f_{ref} gezählt. Die Toröffnungszeit T_m beträgt damit

$$T_m = \frac{10^n}{f_x} \ . \qquad (7.24)$$

Während dieser Zeit werden z Perioden der Frequenz f_{ref} in den Digitalzähler eingezählt:

$$T_m = \frac{z}{f_{ref}} . \tag{7.25}$$

Damit ergibt sich die zu messende Frequenz f_x zu

$$f_x = \frac{f_{ref} \cdot 10^n}{z} . \tag{7.26}$$

Berücksichtigt man, daß die Unsicherheit des Zählerstandes z je nach Phasenlage des Zeitfensters zur Phasenlage der einzuzählenden Impulse einem Impuls entspricht, also $\Delta z = 1$ ist, und daß damit zur Erzielung einer Genauigkeit $\Delta f_x / f_x$ mindestens eine Anzahl $(\Delta f_x / f_x)^{-1}$ Impulse in den Zähler eingezählt werden müssen, so ergibt sich die kürzeste Meßzeit

für die direkte Frequenzmessung, wenn $f_x > f_{ref}$,

für die indirekte Frequenzmessung, wenn $f_x < f_{ref}$

ist.

7.4 Spektrumanalyse

Informationen über die Spektralanteile eines Signals $u_E(t)$ lassen sich mit Hife der Fourier-Transformation aus der Darstellung

$$U_E(j\omega) = \int_{-\infty}^{+\infty} u_E(t) \cdot e^{-j\omega t} \, dt \qquad (7.27)$$

gewinnen. Da die Phaseninformation des Spektrums häufig von untergeordneter Bedeutung ist, wird unter Spektrumanalyse im allgemeinen die Ermittlung der Betragsfunktion $|U_E(j\omega)|$ verstanden.

7.4.1 Berechnung des Spektrums aus Abtastwerten

Wie in Kapitel 6.3.2 gezeigt wurde, kann mit Hilfe eines Digitaloszilloskops ein Zeitausschnitt des Signals $u_E(t)$ in Form von k Abtastwerten $u_E(v \cdot T)$ mit $0 \leq v \leq k-1$ (T: Abtastintervall) erfaßt werden. Im folgenden wird vorausgesetzt, daß dabei das Abtasttheorem (6.5) eingehalten wird. Entsprechend der Fourier-Transformation für zeitkontinuierliche Signale läßt sich aus Abtastwerten mit Hilfe der diskreten Fourier-Transformation die Spektralfunktion berechnen.

Für den Fall, daß die Anzahl k der Datenwerte eine ganzzahlige Zweierpotenz darstellt, lassen sich mit Hilfe eines speziellen Algorithmus (Schnelle Fourier-Transformation, FFT) [19] kurze Rechenzeiten erreichen.

Durch die Tatsache, daß nur ein endlicher Zeitausschnitt $(0 \leq t \leq (k-1) \cdot T)$ des Eingangssignals berücksichtigt wird, können sich Fehler in der so berechneten Spektralfunktion ergeben. Zur Minimierung dieser Fehler können geeignete "Gewichtsfunktionen" [19] eingesetzt werden, die die "scharfen Grenzen" des Zeitfensters durch "gleitende Übergänge" ersetzen.

7.4.2 Messung der Spektralfunktion im Frequenzbereich

Mit Hilfe einer Meßanordnung nach Bild 7.11 läßt sich die spektrale Verteilung eines periodischen Signals unmittelbar im Frequenzbereich erfassen. Dazu werden mit Hilfe eines abstimmbaren Bandpaßfilters, welches durch eine variable Mittenfrequenz ω_m und die konstante Bandbreite $\Delta\omega$ charakterisiert ist, nacheinander einzelne Spektralbereiche ausgewählt und die resultierenden Spannungen am Ausgang des Filters mit einem Spannungsmeßgerät ermittelt.

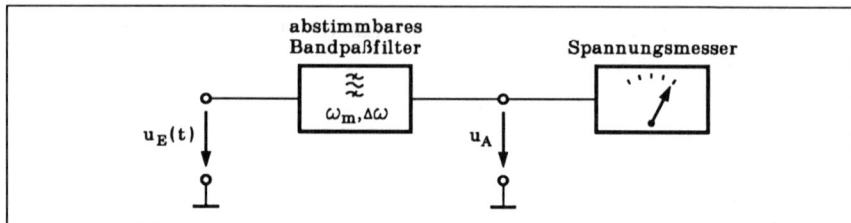

Bild 7.11: Meßanordnung zur Erfassung der Spektralkomponenten eines periodischen Signals im Frequenzbereich.

Für eine automatische Messung wird die Mittenfrequenz ω_m des Filters zwischen der unteren Meßgrenze ω_u und oberen Meßgrenze ω_0 variiert und die jeweils gemessenen Ausgangsspannung $u_A(\omega_m)$ über der Mittenfrequenz aufgetragen.

Weist das Bandpaßfilter eine Übertragungsfunktion

$$H_{BF}(\omega,\omega_m) = H_{BF}(\omega - \omega_m) \qquad (7.28)$$

gemäß Bild 7.12 a) auf, so liefert die Analyse eines Signals mit der Spektralfunktion $U_E(j\omega)$ einen Meßwert

$$\left| U_E^*(j\omega) \right| = \left| U_E(j\omega) * H_{BF}(\omega,0) \right| , \qquad (7.29)$$

d. h. das "gemessene Spektrum" $U_E^*(j\omega)$ ergibt sich aus der Faltung des echten Signalspektrums mit der Bandpaßfilter-Übertragungsfunktion bei einer Mittenfrequenz $\omega_m = 0$. Für das Beispiel eines Linienspektrums zeigt Bild 7.12 b) das Signalspektrum $\left| U_E(j\omega) \right|$, Bild 7.12 c) das resultierende Meßergebnis $\left| U_E^*(j\omega) \right|$. Man erkennt, daß für die "Qualität der Messung" die Filtercharakteristik und dabei speziell die Bandbreite $\Delta\omega$ von entscheidender Bedeutung ist. Für eine fehlerfreie Messung muß eine Bandbreite $\Delta\omega \to 0$ gewählt werden.

Die erforderliche Meßzeit hängt wesentlich von der gewählten Filterbandbreite ab. Für eine Abschätzung soll angenommen werden, daß das kontinuierliche Verändern der Filtermittenfrequenz durch ein stufenweises Verändern mit einer Schrittweite $\Delta\omega$ ($\hat{=}$ Bandbreite des Filters) realisiert wird. Zur Abdeckung eines Frequenzbereichs von ω_u bis ω_0 werden dann

$$n = \frac{\omega_o - \omega_u}{\Delta\omega} \qquad (7.30)$$

Abstimmschritte benötigt. Die Einschwingzeit t_{ein}, die jeweils nach einem Abstimmschritt benötigt wird, damit die Ausgangsspannung u_A auf ihren stationären Endwert einschwingt, ist umgekehrt proportional zur Filterbandbreite $\Delta\omega$, d. h.

$$t_{ein} \sim \frac{1}{\Delta\omega} . \qquad (7.31)$$

Damit ergibt sich die Gesamtmeßdauer aus n Abstimmschritten mit jeweils der Einschwingzeit t_{ein} zu

$$t_{meß} = n \cdot t_{ein} \sim \frac{\omega_o - \omega_u}{(\Delta\omega)^2} . \qquad (7.32)$$

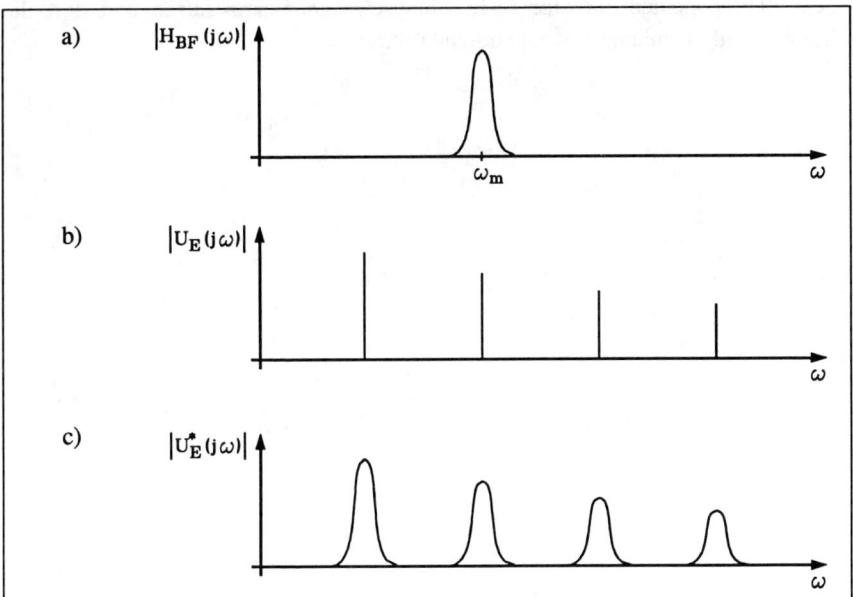

Bild 7.12: Einfluß der Bandpaß-Übertragungsfunktion auf das gemessene Spektrum: a) Übertragungsfunktion des Bandpaßfilters, b) Spektrum des Eingangssignals, c) Meßergebnis.

Ein "zu schnelles Abstimmen" des Filters führt dazu, daß die Ausgangsspannung u_A nicht auf ihren jeweiligen stationären Endwert einschwingen kann und somit Eingangssignal-abhängige Meßfehler entstehen.

Deshalb ist für eine Spektralmessung nach diesem Verfahren die Filterbandbreite $\Delta\omega$ jeweils als Kompromiß zwischen hoher Frequenzauflösung ($\Delta\omega$ klein) und kurzer Meßzeit ($\Delta\omega$ groß) zu wählen.

Schaltungstechnisch ergeben sich große Schwierigkeiten bei der Realisierung sowohl des abstimmbaren Filters als auch des Spannungsmeßgerätes, wenn Signale in einem großen Frequenzbereich analysiert werden sollen. In diesem Fall bietet es sich an, mit Hilfe eines abstimmbaren Frequenzumsetzers, der aus einem abstimmbaren Oszillator sowie einem Multiplizierer (z. B. in Form eines Modulators oder Abtastschalters) besteht (s. dazu auch Kap. 7.2.2, Bild 7.5), die zu messenden Spektralkomponenten auf eine **feste** Analysefrequenz umzusetzen und dort die Filterung und Spannungsmessung durchzuführen.

Literatur

[1] Föllinger, O.: Regelungstechnik. Elitera-Verlag, Berlin.

[2] Unbehauen, H.: Regelungstechnik I. Friedr. Vieweg & Sohn, Braunschweig, Wiesbaden.

[3] Dostál, J.: Operational Amplifiers. Elsevier Scientific Publishing Company, Amsterdam, Oxford, New York.

[4] Gray, P. R.; Meyer , R. G.: Analysis and Design of Analog Integrated Circuits. John Wiley & Sons, New York, Santa Barbara, London, Sydney, Toronto.

[5] Seifart, M.: Analoge Schaltungen. Dr. A. Hüthig Verlag, Heidelberg.

[6] Schmidt, H. U.: Meßelektronik in der Kernphysik. Teubner Studienbücher Physik, B. G. Teubner, Stuttgart.

[7] Kowalski, E.: Nuclear Electronics. Springer-Verlag, New York, Heidelberg, Berlin.

[8] Nicholson, P. W.: Nuclear Electronics. John Wiley & Sons, London, New York, Sydney, Toronto.

[9] Tietze, U., Schenk, Ch.: Halbleiter-Schaltungstechnik. Springer-Verlag, Berlin, Heidelberg, New York.

[10] Seitzer, D.: Electronic analog-to-digital converters. John Wiley & Sons, Chichester, New York, Brisbane, Toronto, Singapore.

[11] Meyer, Gerhard: Oszilloskope. Dr. A. Hüthig Verlag, Heidelberg.

[12] Hölzler, E.; Holzwarth, H.: Pulstechnik. Band 1: Grundlagen. Springer-Verlag, Berlin, Heidelberg, New York.

[13] Oppenheim, A. V.; Willsky, A. S.: Signale und Systeme. VCH Verlagsgesellschaft, Weinheim.

[14] Kester, W.: Mixed-Signal Design Seminar. Analog Devices Technical Reference Books. Published by Prentice Hall.

[15] Cage, O.: Electronic Measurements and Instrumentation. Mc Graw-Hill Kogakusha Ltd., Tokyo, Düsseldorf, Johannesburg, London, Mexico, New Delhi, Panama, Rio de Janeiro, Singapore, Sydney.

[16] Cooper, W. D.: Electronic Instrumentation and Measurement Techniques. Prentice-Hall Inc., Englewood Cliffs, N. J.

[17] Bergmann, K.: Elektronische Meßtechnik. Friedr. Vieweg & Sohn, Braunschweig/Wiesbaden.

[18] Gardner, F. M.: Phaselock Techniques. John Wiley & Sons Inc., New York, London, Sydney.

[19] Stearns, Samuel D.: Digitale Verabeitung analoger Signale. Oldenbourg, München, Wien.

Index